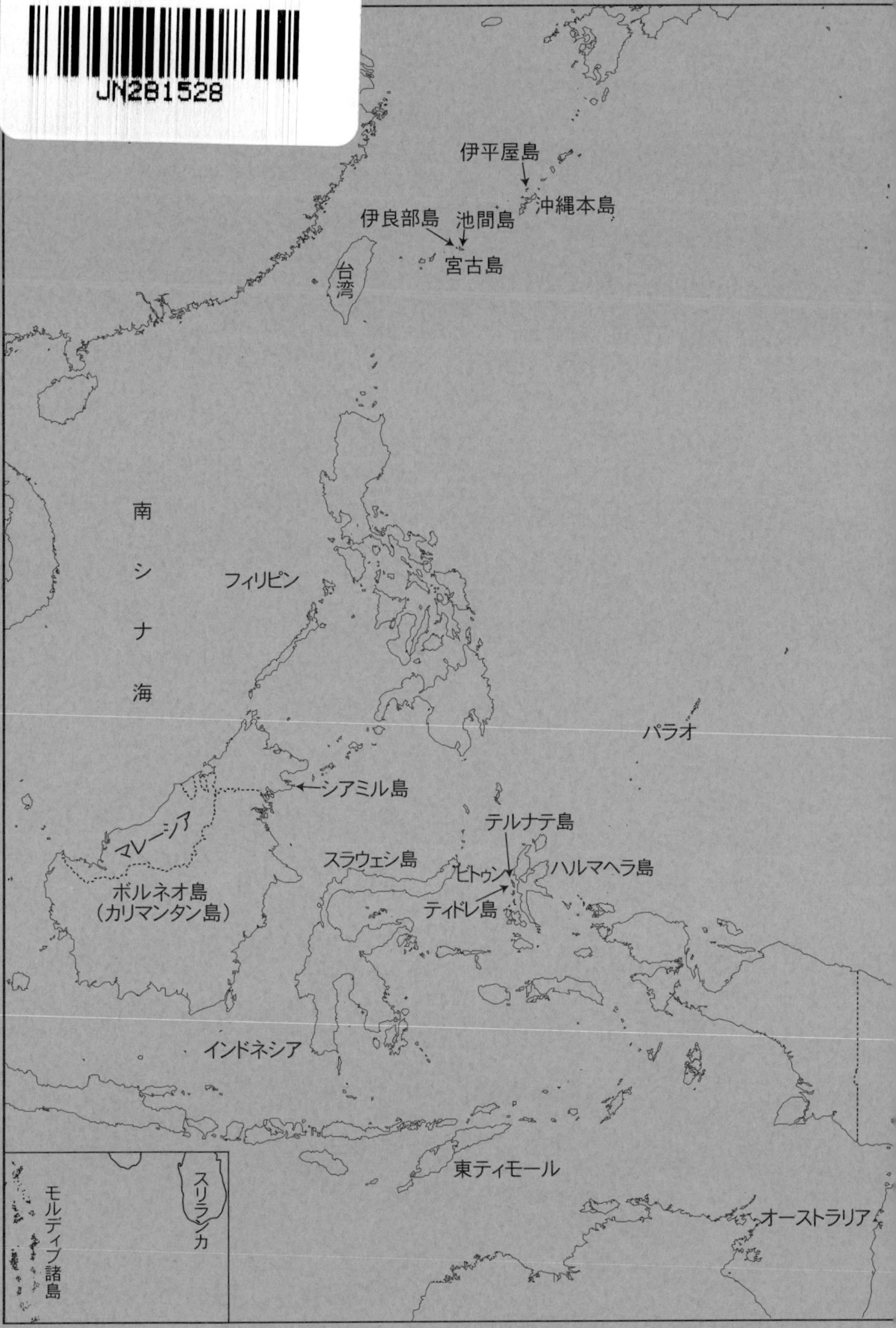

（注） 日本の市町名は2004年9月30日現在。

カツオとかつお節の同時代史

ヒトは南へ、モノは北へ

藤林泰・宮内泰介 編著

コモンズ

【かつお節の分類】

①製造工程による分類

荒節（鬼節）	焙乾、くん蒸工程まで終えた節。削り節、粉末の原料節として使用される
裸節（赤剥《む》き）	荒節の表面をなめらかに削って整形し、乾燥させた節。沖縄では、もっとも多く消費される
枯節（仕上節）	裸節に日乾《ぼ》し・カビ付け工程を2回加え、水分を減らし、香りを高めた節。同じ工程を4〜5回加えた最高級品を本枯節という

②加工部位による分類

本　節	カツオを4つにおろして（3枚におろした左右をそれぞれ背側・腹側に切り分ける）、1尾から4本つくる節。背側を雄節、腹側を雌節と呼ぶ
亀　節	小ぶりのカツオを3枚におろし、左右2枚の切り身からつくる節

③削り節の分類

削り節	カツオ、サバ、マグロなどの節、乾燥したイワシ、アジなどを薄く削ったもの。1種類の原料の場合、たとえば、さば節、まぐろ節などと呼ぶ
かつお削り節	かつお節の荒節もしくは裸節を削ったもの
かつお節削り節	かつお節の枯節を削ったもの
混合削り節	2種類以上の魚の削り節を混合したもの
粉末混合削り節	削り節のうち、25％以上の粉末含有率のもの
削り節粉末	粉末が100％の削り節

（出典）にんべん資料などから作成。

目次●カツオとかつお節の同時代史●ヒトは南へ、モノは北へ

序　章　北上するカツオ、南進する人びと
——かつお節の向こうに私たちが見たかったもの　宮内　泰介　3

第Ⅰ部　私たちの暮らしとかつお節

第1章　カツオ・かつお節産業の現在　宮内泰介・酒井純　14
第2章　削りパックの向こうに見えたもの　白蓋　由喜　25
第3章　「便利」な生活を支える麺つゆ　石川　清　47

第Ⅱ部　北上するカツオ

第1章　カツオが変える漁村社会　北窓　時男　58
第2章　インドネシア・カツオ往来記　藤林　泰　75
第3章　モルディブのかつお節　酒井　純　96
第4章　ソロモン諸島へ進出した日本企業　宮内泰介・雀部真理　115
第5章　外国人が支えるカツオ漁とかつお節製造　北澤　謙　131

第Ⅲ部　南進する人びと

第1章　カツオの海で戦《いくさ》があった　藤林　泰　140

第2章　沖縄漁民たちの南洋　宮内　泰介　158
第3章　「楽園」の島シアミル　高橋　そよ　180

第Ⅳ部　カツオから見える地域社会

第1章　かつお節と薪――海と森を結ぶもの　北村也寸志　198
第2章　餌屋の世界　秋本　徹　215
第3章　カツオに生きる海人《インシャ》　見目佳寿子　232
第4章　小さなかつお節店の大きな挑戦　赤嶺　淳　256
第5章　大航海時代を生き抜く漁民たち　北窓　時男　277
終　章　市民調査研究で広がる世界――報告を終えて　藤林　泰　297

あとがき　309
カツオとかつお節に関する年表　310
さくいん　312

装丁　林　佳恵

カツオとかつお節の同時代史●ヒトは南へ、モノは北へ

序章　北上するカツオ、南進する人びと——かつお節の向こうに私たちが見たかったもの

宮内泰介

1　北上するカツオ

かつお節はいま、もてもてだ。

どこのスーパーにも必ず、「かつお節商品群」とでもいうべきコーナーがある。定番の花かつおは、大口パックあり、小口パックありで、その隣りには、かつお節を謳った、だしの素、麺つゆ、液体だし、だし醤油などが所狭しと並んでいる。

だしの素も麺つゆも近年、「かつお節」を前面に押し出す傾向が強い。単に名前だけでなく、実際に、かつお節を多めに使用するようになっている。たとえば、老舗《しにせ》かつお節店のにんべんは一九九九年、だしを一五％増量した麺つゆを投入した(1)。大手麺つゆメーカーのミツカンも、この一〇年間で麺つゆに使うだし原料を三割増やした(その分、醤油を減らしている)(2)。麺つゆやだしの素メーカーはどこも「だし味アップ」「こくアップ」

を売りにしており、そのときに強調されるのが「かつお節」なのである。

現在、日本人は一人あたり年間約三二〇グラムのかつお節を消費している。[3] かつお節は、おもにだしとして、私たちの食生活に欠かせないものになっている。

いうまでもなく、かつお節の原料はカツオである。私たちがカツオと呼ぶ魚はスズキ目サバ科に属する。赤道を挟む北緯四〇度から南緯四〇度の海域に生息し、海面近くを群れをなして泳ぐ回遊魚の仲間である。大きくなると体長一メートル、体重二五キロにも達する。太平洋、インド洋、大西洋の熱帯から温帯にかけての海域に広く分布し、毎年春になると勢いを増す黒潮に乗って、二月下旬ごろ九州南方海域に現れる。そして、黒潮の北上とともに北へ向かい、四国近海から伊豆七島、三陸、北海道南部沖まで北上していく。一〇月ごろになると戻りカツオとして南下を開始し、一一月下旬に日本近海でのカツオ漁は漁期を終える。

しかし、かつお節の原料となるカツオについて見てみると、奇妙なことに、日本の近海で獲れたものはほとんどない。もちろん日本近海でも獲っているのだが、脂が乗っているために、かつお節には向かないとされている。[4]

ある大手花かつお(削り節)業者は、「花かつおにするには、脂の少ない南海産が理想だ」と語った。この業者がいうところの「南海産」とは、いったいどこの産のことなのか。

統計だけ見ると、かつお節の原料となるカツオの約八割は「日本国内産」である。ただし、これには水産統計独自のからくりがある。水産統計では、外国の海で獲れても、日本船籍の船が日本の港に水揚げした魚は、すべて「日本産」になる。実際のところ、かつお節の原料となる「日本産」のカツオのほとんどは、いわゆる遠洋漁業で獲れたもので、おもにミクロネシア海域が多い。

さらに、現在は多くのカツオが輸入され、そのほとんどがかつお節にまわっている。カツオの輸入先は、インドネシア、キリバス、台湾、フィリピンなどだ。

インドネシア東部ハルマヘラ島。その北西部にあるラワジャヤ村で、私たちは住民が獲ってきたカツオに出会った。この地域でフナイと呼ばれる独特のカツオ一本釣り船[5]で獲ってきたものだ。水揚げされたカツオを、仲買人が計って買い取っている。村人たちは総出で、それをトラックに氷詰めしている。トラックの荷台でカツオはきれいに並べられ、上から氷と塩を詰められ、バナナの茎と板を間に敷いて何層にもされる。カツオ約三トンを載せたトラックは、陸路とフェリーで合計三六時間かけて、スラウェシ島北部のビトゥンに向かう（第Ⅱ部第1章参照）。

ビトゥンは、インドネシアにおけるカツオ産業の中心地である。周辺の漁民からさまざまなルートで買い集められたカツオは、ここでかつお節になって日本に輸出されるか、冷凍ないし缶詰にされて日本やその他の国に輸出される。かつお節工場では、地元労働者たちがカツオを生切りし、煮熟《しゃじゅく》（熱湯を入れた煮釜で一～二時間ゆでること）し、骨をとって形を整え、培乾《ばいかん》（あぶって乾かすこと）していた。日本のかつお節工場とまったく同じ光景だった。

私たちが訪れた一九九八年は原魚のカツオが不足しており、かつお節工場も缶詰工場も原魚の取り合いをしていた。ビトゥン周辺では、カツオの半燻製（日本の「なまり節」に近い）が地元向けの人気商品だ。「かつお節工場や冷凍工場が原魚を取ってしまうから、こっちまでまわってこない」と燻製工場の人は嘆いていた。

かつお節そのものの輸入も、全体からするとまだ少ないが、量を拡大させている。九〇年には一〇六四トンだったのが、九五年に二二九三トン、二〇〇〇年には四一七七トンと、一〇年間で約四倍になった。現在では、私たちが消費しているかつお節の約一割が外国産だ。おもな輸入先は、カツオと同じくインドネシア、フィリピン、ソロモン諸島である。

日本近海に来るカツオは、熱帯地域から海流に乗って北上してきたものだ。しかし、私たちは、カツオ自身が回遊してくるのを待ちきれずに熱帯で獲り、冷凍したり加工したりしたうえで、日本まで運んできている。

カツオをめぐって何が起きているのか。それを追ってみたい、と私たちは思った。

2　南進する人びと、北上する人びと

「日本の伝統的な食材かつお節の原料も、いまや外国産」。そう言うと、マスコミにでも受けそうだ。しかし、ことはそう簡単でもない。そもそも、かつお節は日本の伝統なのか?

たしかに、かつお節は長い歴史をもっている。通説によれば、一七世紀後半、紀州(和歌山県)の角屋甚太郎が、培乾というかつお節製造の重要なプロセスを発明した。それが土佐(高知県)に伝わり、以来、土佐を主生産地とするかつお節は、大阪や京都の上層階級の間でその消費を伸ばしていく。江戸時代後期には、土佐与市というかつお節職人がこの製法を関東に伝え、その後全国に広まった。

これだけ見ると、かつお節は日本の伝統と断言してもよさそうである。しかし、そう簡単な話でもない。

一九四一(昭和一六)年から翌年にかけて、日本民俗学会の前身である「民間伝承の会」が全国五八カ所で食べもの調査を行っている。その報告書[6]を読むと、ちょっと意外な事実に気がつく。かつお節をふだん使っていない、あるいはだしそのものをふだん使っていない、という地域が多く見られるのである。たとえば、岐阜県

郡上《ぐじょう》郡奥明方《みょうがた》村（現在の郡上市明宝《めいほう》）では、「だしとしてはうむし・煮干・鰹等を用いる。平常はだしを用いない方が多」かったという。長野県南佐久郡川上《かわかみ》村では「現在は鰹節・ごまめ・削節などを使う。昔は、だしは何も使わなかった」。

だしを使わない料理というのは、いまの私たちには想像しにくい。しかし、すでにかつお節が日本全国に浸透しつつあった昭和一〇年代でさえ、多くの地域にとって、かつお節はまだ高級品だったし、ハレのときの食材だった。どうやら、かつお節は日本の「伝統」という側面と同時に、近代の産物という側面をもっているようだ。

ところで、この食べもの調査が行われた昭和一〇年代、もっとも多くかつお節を生産していた地域はどこだったのだろうか。高知県か、鹿児島県の枕崎《まくらざき》か、静岡県の焼津《やいづ》か。実は、そのどこでもない。当時もっとも多くかつお節を生産していたのは、「南洋群島」であった。これには私たちもちょっと驚いた。これは、いったいどういうことなのだろうか。

一九一四（大正三）年、ミクロネシアの島々は、国際連盟の「委任統治領」という名目で日本の植民地になり、南洋群島と呼ばれた。そこでサトウキビと並ぶ産業となったのが、かつお節である。昭和初期に始まった南洋群島のかつお節産業は、南洋庁（当時の日本の植民地政府）の積極的な後押しもあってまたたく間に急成長をとげ、多くの移民が乗り込んできた。そのほとんどは沖縄からだった。

沖縄は日本のなかで、かつお節産業の後進地域である。明治時代以降、日本の各県でかつお節産業の振興が政策的に行われた。一例だけあげると、茨城県は一八九〇（明治二三）年、高知県からかつお節製造の指導者を招いている。高知県のかつお節は市場で高く評価されていたので、県内のかつお節産業を育成しようというものだった。(7) こうした育成策が各県で行われて、かつお節産業が発展していったのだが、沖縄ではそれを後追いするような形で一九〇一(明治三四)年、ようやくかつお節産業が誕生し、以降急成長をとげる。そして昭和に入ると、南洋群島へのかつお節移民が急増するのである。沖縄からの多数のかつお節移民を得た南洋群島は、ピークの一九三七(昭和一二)年には、日本全体のかつお節生産のなんと六一%を占めるまでに至った。

海外でカツオ漁やかつお節生産が行われたのは、南洋群島だけではなかった。現在のインドネシア(第二次世界大戦前の蘭領東印度)では、スラウェシ島(旧セレベス島)のビトゥンでカツオ産業が花開いた。沖縄県人が一九二〇年代にカツオ漁を始め、あとから入ってきた愛知県出身の事業家大岩勇《おおいわいさむ》が三〇年代にこれを統合した。やはり漁師として沖縄県人を雇い、獲ったカツオを地元で販売(鮮魚・加工)するのに加え、かつお節にして日本に輸出したのである(第Ⅱ部第2章参照)。また、ボルネオ島沖の小島シアミル島では、元海軍少佐の折田一二《おりたいちじ》が、二六年にボルネオ水産を創業し、カツオ漁とカツオ缶詰・かつお節の生産を大規模に始めた。当初は愛媛県や高知県から労働者を雇用していたが、途中からは沖縄県人を積極的に雇い入れるようになった(第Ⅲ部第3章参照)。

このように、かつお節の歴史を追いかけていくと、「伝統」にたどり着くよりも、南進、植民地、あるいは沖縄にたどり着いてしまう。これはいったいどういうことなのか。「伝統」食材と思われていたものが、一気に日本近代史のきなくさい色どりに染まった商品に見えてくる。かつお節を追いかけることで、近代日本の動きが見えてくるのではないか。かつお節を見ることで、私たちの生活の背景に何が広がっているのかが見えてくるのではないか。

かつお節を求めての「南進」は、戦争でいったん途切れる。南洋群島もボルネオ島も戦場になり、移民たちは、ある者は逃げ帰り、ある者は軍隊に入隊し、またある者は亡くなった。
戦後、本格的に「南進」が復活するのは七〇年代からである。今度の舞台は、インドネシアに加えてパプアニューギニアとソロモン諸島だ。パプアニューギニアとソロモン諸島では、戦前の沖縄移民たちが、あるいはその息子たちが、大手漁業会社との契約によってカツオ漁に進出し、戦後の「南進」をまた支えた。インドネシアの舞台は、戦前と同じビトゥンだった。

戦前と戦後のつながり、そしてそのなかでダイナミックに動く人びとの姿に、私たちは注目した。すると、今度は、南進する人びとだけでなく、北上する人びとの姿もまた浮かび上がってきた。

現在、日本のカツオ船には多くの外国人が乗っている。カツオ船を含め、現在日本の漁船に乗っている外国人は三六五一名(〇三年九月末現在)にのぼる(そのほとんどは遠洋マグロ船で、遠洋カツオ船は三二七名)[8]。さらに、「漁業研修生」として日本の漁船に乗っている外国人も一五〇〇人近くになる[9]。おもに中部太平洋の小国キリバス人やインドネシア人が外国人船員として、あるいは研修生として、日本船籍のカツオ船に乗っている(第Ⅱ部第5章参照)。

かつお節などの水産加工現場でも、外国人労働者は欠かせない存在になりつつある。たとえば、枕崎市では中国人研修生二十数名(〇二年二月)を受け入れており、彼らはかつお節工場などで働いている[10]。また、茨城県東茨城郡大洗《おおあらい》町は、しらす干しなどの水産加工の町として有名だが、現在この町の水産加工工場を支えているのは日系インドネシア人である。彼らはビトゥンから来ている。大岩勇が戦前カツオ産業を興し、現在も日本へのカツオ・かつお節輸出の拠点となっている、あのビトゥンである。彼らは戦前に沖縄などから渡った移民の血を引いており、日系人ビザで日本へ来て、水産加工に従事しているのだ。

かつお節をめぐって、人びとは、北へ南へと動いていた。それをもっとさぐってみたいと、私たちは考えた。

3　揺らぐかつお節生産地

一方、日本国内のかつお節生産地は、どういう状況なのだろうか。

枕崎市は、焼津市、鹿児島県揖宿《いぶすき》郡山川《やまがわ》町と並んで、日本のかつお節生産の中心地である。現在この三カ所で、かつお節生産の九割以上を占めている。各地にあった生産地は、いつのまにかこの三カ所に収斂された（第Ⅰ部第1章参照）。

ただし、枕崎の漁港で水揚げされるカツオのうち、枕崎港を船籍とするカツオ船からのものは実はわずかである。しかも、そのほとんどは刺身用のカツオだ。かつお節用のカツオの多くは、県外船（おもに宮崎県船籍）が遠洋漁業で獲り、枕崎港で水揚げされる。輸入カツオも多く、枕崎港に直接入るほか、鹿児島市やかつお節生産のライバル、焼津市からも搬入されてくる。

枕崎市には税関がないため、以前は輸入カツオを水揚げできなかった。そこで枕崎市は官民あげての運動を繰り広げ、九三年にまず鹿児島市などで通関手続きをした船が入港できるようになり、九九年には直接輸入できるようになった。(11)「開港」は、枕崎生き残りの切り札だった。その結果、さらに多くの輸入カツオがかつお節生産に使われるようになった。枕崎の船が獲ったカツオを枕崎でかつお節に加工する、という古きよき図式は、いまや通用しないのである。

かつお節製造業者にも変化が出ている。現在、枕崎市のかつお節業者のほとんどは、〝色分け〟が進んでいる。味の素系、ヤマキ系、にんべん系、マルトモ系と、大手企業による系列化が進んだのである。また、現在ではパックに入った削り節用が中心なので、製品は荒節《あらぶし》中心になった。手間ひまかけた枯節《かれぶし》などは、いまや風前の灯である。かつお節作りを支えてきた職人の腕も、いまや活用されない時代になってきた。

こうしたなか、模索を続ける業者もいる。今井鰹節店（第Ⅳ部第4章参照）は、近海で獲れた生鮮カツオを使ったかつお節の製造に取り組んでいる。遠洋ないし輸入の冷凍カツオしか使われなくなったこの時代に、あえて生鮮物を使う。自分で納得する味を追求し、市場でも勝負しようとする。グローバリゼーションや系列化の波のなかで、かつお節生産地もまた大きく揺れている。

伝統的食材とはいえ、なかなか毎日口にはできなかったかつお節が、いまやどこでも手に入り、だれもが「よりよい味」を求めて大量に消費する時代になった。その生産は、戦後停滞しかけたものの、六九年のにんべんによる小口パック（「フレッシュパック」）開発を契機に急増し、七五年には初めて二万トンを突破、二五年後の二〇〇〇年には、ついに四万トンを突破した。

それは、かつお節にとって幸せな時代なのだろうか？　それは、かつお節をめぐる人びとにとって幸せなのだろうか？　この本で考えたいことはそういうことだ。カツオやかつお節をめぐる悲喜こもごもの小さなドラマと、その後ろに流れる大きなドラマ（歴史と構造）を探ってみた。それがこの本である。

（1）『食品産業新聞』二〇〇〇年四月六日。
（2）「コク求める飽食な舌」『朝日新聞』二〇〇二年七月二日。

（3）二〇〇二年のデータから、一人あたり年間消費量＝〈かつお節生産量＋かつお節輸入量〉÷人口で計算。なお、かつお節三五〇グラムは、原魚のカツオに換算すると一・七キロになる。
（4）実際には、脂が乗ったカツオをかつお節にしても、まずいわけではない。くわしくは一八ページ参照。
（5）北窓時男『地域漁業の社会と生態——海域東南アジアの漁民像を求めて』コモンズ、二〇〇〇年、一七四ページ以下、参照。
（6）復刻版が、成城大学民俗研究所編『日本の食文化』（岩崎美術社、一九九〇年）として刊行されている。
（7）山本高一『鰹節考』筑摩書房、一九八七年（初版は一九三八年）、一〇四ページ。
（8）海外漁業船員労使協議会による。
（9）『読売新聞』（西部版）二〇〇三年八月一三日。
（10）『朝日新聞』（鹿児島版）二〇〇二年二月二二日。
（11）『南日本新聞』一九九三年九月二一日、一九九四年七月一二日、二〇〇〇年六月二日。

第Ⅰ部

私たちの暮らしとかつお節

第1章　カツオ・かつお節産業の現在

宮内泰介・酒井純

1　カツオはどこで獲られているのか

二〇〇二年現在、世界全体で漁獲されているカツオは約二〇六万トンにのぼる。[1] そのうち、一五％にあたる三〇万トンを日本が漁獲している。日本は世界最大のカツオ漁獲国である。二位はインドネシア、三位は台湾、四位は韓国で、この四カ国で世界の漁獲量のほぼ半分（四六％）を占める（図1）。

では、日本で私たちが食べているカツオは、どこで、どのように獲られ、どういうルートで、私たちの口に入るのだろうか。本章では、統計数値を中心にカツオ・かつお節産業の全体像に迫ってみたい。

まず、日本で供給されているカツオはどこで獲れたものか。これは、おもに次の五つに分かれる（表1）。

①日本近海での一本釣りによるもの。
②近海（おもに三陸沖）での巻き網によるもの。

表1　漁法別のカツオの国内生産量と総供給量（2002年）　（単位：t）

国内生産量	生鮮	近海一本釣り	55,702
		近海巻き網	25,982
		その他	8,327
	冷凍	遠洋一本釣り	42,569
		遠洋巻き網	168,738
		その他	597
	合計		301,915
輸出入量	輸入		73,137
	輸出		29,559
総供給量			345,493

（注）この表は、（社）全国近海かつお・まぐろ漁業協会の八塚明彦氏が、『漁業・養殖業生産統計年報』をもとに、（社）漁業情報サービスセンターおよび業界団体の資料を用いて、生鮮・冷凍それぞれの漁法別生産量をまとめたものを、提供いただいた。「近海一本釣り」は「沿岸一本釣り」を含む。輸出入は『日本貿易月表』による。

図1　世界のカツオ漁獲量（2002年）

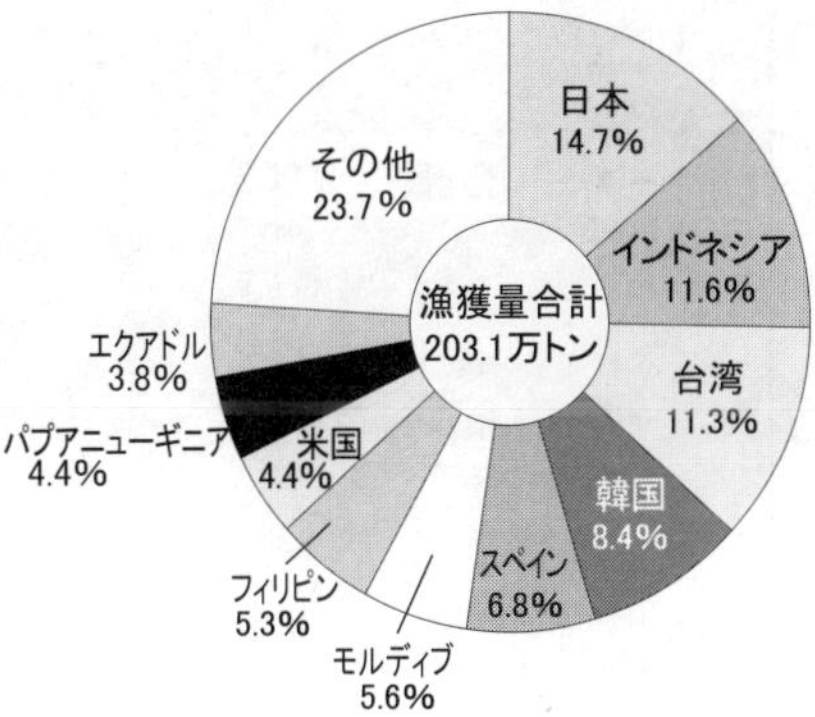

（出典）FAO統計より集計。

③遠洋（おもにミクロネシア海域）での一本釣りによるもの。
④遠洋（おもにミクロネシア海域）での巻き網によるもの（いわゆる「海外巻き網」、略して「海巻き」）。
⑤輸入によるもの。

近海一本釣りは、二〇～三〇トンの漁船が日本近海で操業する。冷凍設備は備えていない。漁獲したカツオは、鮮魚のままか、氷水に詰めて水揚げされる。

遠洋一本釣りは、おもにミクロネシア海域で獲っている。それは、冷凍技術の発達によって可能となった。ふつうは、冷凍設備を備えた二〇〇トン以上の漁船が一一～四月に操業する。(2) 漁獲の八五％はB1製品と呼ばれるブライン凍結されたもので、刺身とたたきに利用される。

巻き網は、魚を大きな網で包囲して、すばやく網底をしぼって袋状にし、網をせばめて一網打尽に獲る漁法である。巾着の紐を結ぶようにして獲ることから、巻き網は巾着網とも呼ばれる。また、第二次世界大戦後にアメリカから導入されたので、アメキンと通称される。「海外巻き網」は、おもにミクロネシア海域に

図2　冷凍カツオの輸入量と輸入先の推移

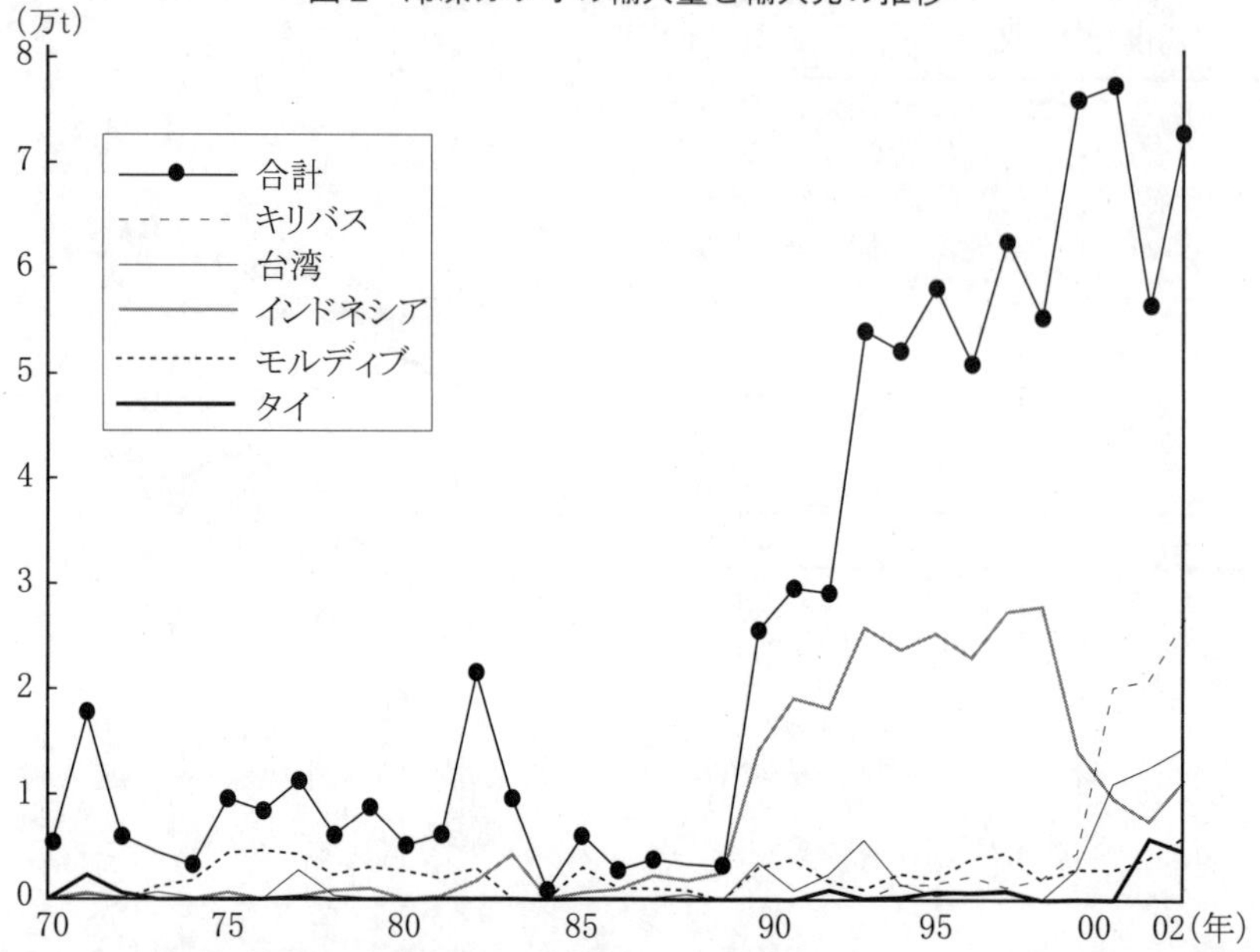

おいて大型の巻き網船でカツオやマグロを獲るケースを指す。漂流する木片に付くプランクトンをねらって集まる回遊魚の習性を利用し、直径約八〇〇メートルの巻き網で獲る。一九八〇年代に遠洋カツオ一本釣り漁からの転換が政策的に行われて以降、この方法がカツオ漁獲の大きな割合を占めるようになった。[3] 韓国や台湾も同じ海域で、巻き網によって操業しており、その影響で日本近海に上ってくるカツオが少なくなったと指摘する声も多い。

このように、海外巻き網も遠洋一本釣りもミクロネシア海域で操業し、船上で凍結して日本に持ち帰って、水揚げする。各国の経済水域内で操業を行う場合は、入漁料を払う。[4]

表1に見るように、〇二年の数字では、日本近海(沿岸を含む)での一本釣りが五万五七〇二トン(輸入量を含めた数字の一四・九%。以下、同じ)、近海での巻き網が二万五九八二トン(六・九%)、遠洋での一本釣りが四万二五六九トン(一一・四%)で、

もっとも多い遠洋巻き網（海巻き）は一六万八七三八トン（四五・〇％）である。また、輸入は七万三一三七トン（一九・五％）で[5]、そのほとんどを冷凍品が占める。

冷凍カツオの輸入は、とくに九〇年代に著しく伸びた（図2）。これは、かつお節用冷凍カツオ需要の伸びに加えて、インドネシアをはじめとする海外でのカツオ輸出産業が定着してきたことを背景としている。〇二年の冷凍カツオ輸入は、キリバスから二万六六四七トン、台湾から一万四五四二トン、インドネシアから一万一五一二トン、モルディブから六〇四三トン、タイから五五一〇トンなどで、合計七万三一三七トンに及ぶ。このうち、キリバスからの輸入には、日本の合弁会社（KAO＝キリバス・アンド・オトシロ漁業。日本の音代《おとしろ》漁業（本社・三重県度会《わたらい》郡南勢《なんせい》町）とキリバス政府の合弁会社）が獲ったカツオなどが含まれている（インドネシアとモルディブについては、第Ⅱ部第1章と第3章を参照）。

一方、カツオは輸出もされている。〇一年の輸出量は二万九五五九トンで、そのほとんどはタイ向けだった。タイは現在、世界のカツオ缶詰生産とカツオ・マーケットの中心地である。そのタイへ、日本漁船が獲ったカツオの一部が輸出されているのだ。

2　カツオはどう利用されているのか

日本におけるカツオの漁獲量、輸入量、輸出量を考慮すると、国内で利用されているカツオの量は年間三四・五万トン程度になる[6]。

もっとも多い利用は、かつお節である。〇二年のかつお節生産量は三万五八三九トンだ。かつお節製造関係者によれば、「かつお節一を得るには、原魚が五必要だ」という（もちろん、カツオのサイズや製法にもよる）。これに従うと、かつお節に使われたカツオは約一八万トンとなり、供給量全体の五二％を占める計算だ。残りの四八％が、刺身やたたき、あるいは缶詰などの利用である。

ところで、かつお節になるカツオと刺身やたたきになるカツオでは、獲れる場所に違いがあるのだろうか。実は、割にはっきりした違いがある。近海の一本釣りで獲ったカツオの多くは、生鮮カツオとして、たたきや刺身になる。逆に、遠洋で獲ったカツオや輸入カツオは、冷凍カツオとして、多くはかつお節に利用される。

これは、刺身やたたきには脂が乗っているカツオが好まれ、かつお節には脂が乗っていないカツオが好まれるためである。回遊しているカツオは、北上する過程で体に脂をためこむ。だから、日本近海で獲れるカツオは脂が乗っていて、刺身やたたきには適すが、かつお節には適していないというわけだ。

もっとも、脂が乗っているカツオが本当にかつお節に適していないのかというと、少々あやしい。脂が乗っているほうがいい味のかつお節ができる、と語る業界人も少なくないからだ。ただし、現在のかつお節は、花びらのように薄く削った花かつおの状態で売られる場合が多い。脂が乗ったカツオは薄く削るのがむずかしいので、きれいな花かつおにならない。つまり、見た目の問題によって、かつお節用には遠洋もの、輸入ものが好まれるのである。(7) また、酸化しやすいというのも嫌われる原因だ。

3　かつお節生産・輸入の増大と製品の多様化

カツオの最大の供給先であるかつお節は、どこで、だれが、生産しているのだろうか？　また、その生産量

図3　かつお節の国内生産量と輸入量の推移

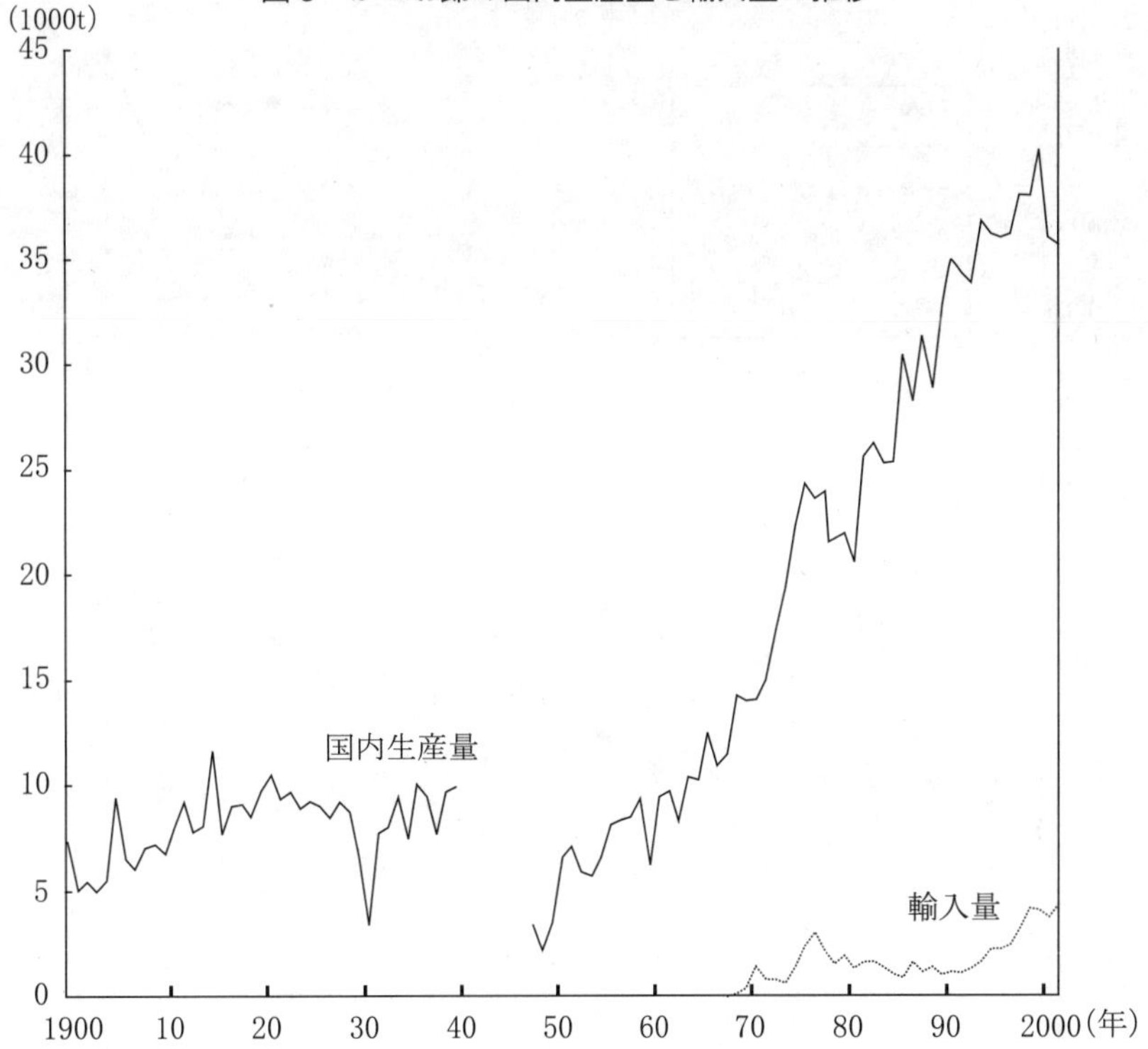

(注)1941～47年は統計がない。

は伸びているのだろうか、減っているのだろうか？

図3は、二〇世紀のかつお節生産量と輸入量の推移である。これを見ると、六〇年前後に第二次世界大戦前の水準にまで回復し、その後はほぼ一貫して生産量を伸ばしている。二〇〇〇年には史上初の四万トン台に達した。「伝統的」と思われているかつお節の生産量は、どんどん伸びているのである。

その一方で、輸入もまた増えている。全体からすると大きなウェイトを占めているわけではないが、九〇年代に入って着実に伸び、四〇〇〇トン前後にまで至った。輸入先はインドネシアが半分程度を占め、〇二年はソロモン諸島、タイ、モルディブ、フィリピ

図４　かつお節の輸入量と輸入先の推移

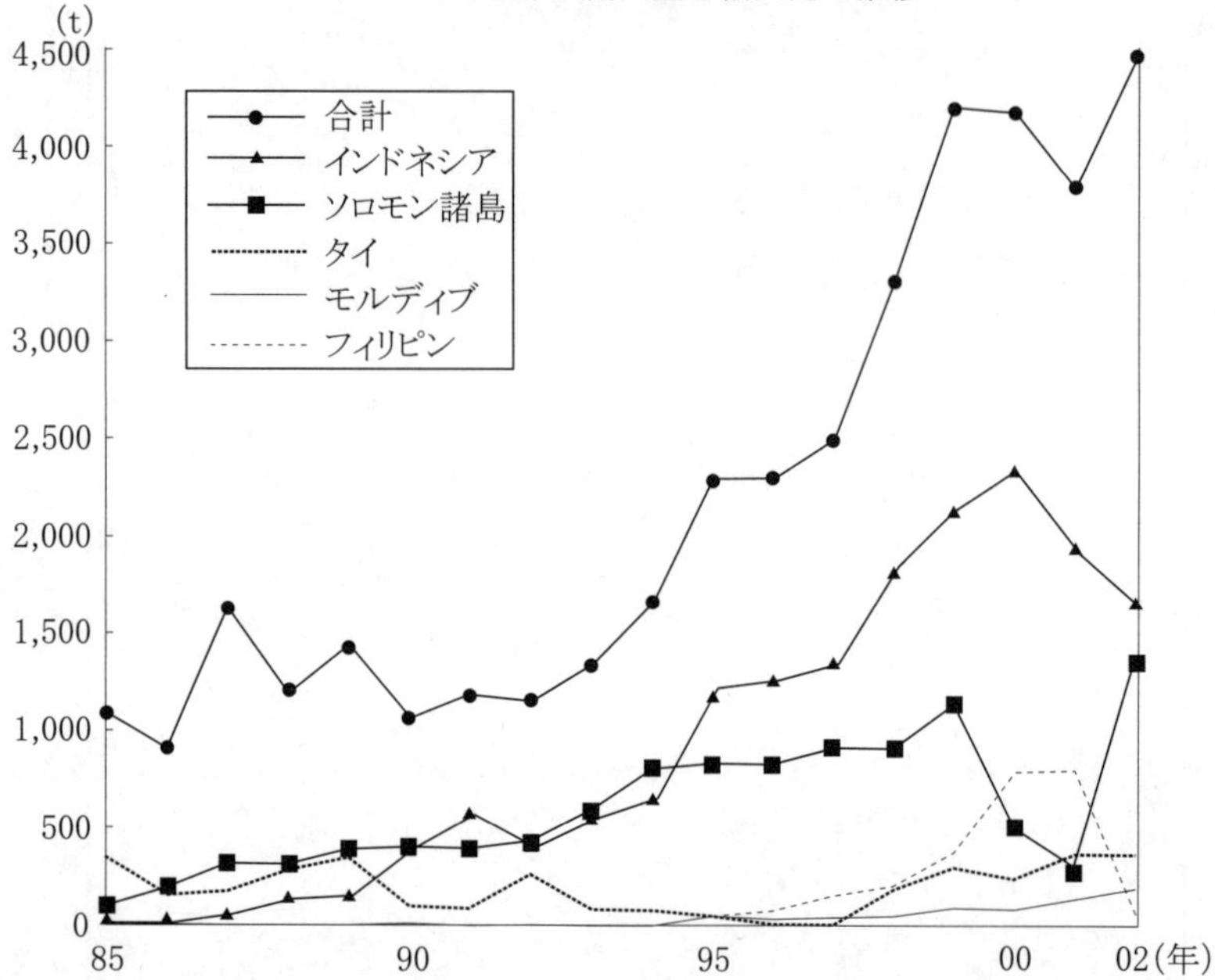

ンと続く(図４)。

しかし、あの伝統的な固いかつお節そのものを見かけることは、ほとんどなくなった。削り器がある家庭でも、押入れにしまいこんでいる場合が多いだろう。私たちがスーパーなどで見るのは、すでに削ってある花かつお(削り節)だ。二〇〜一〇〇グラムの削りパックや、一袋三〜五グラムの小口パックのセットなどがある。[8] さば節やあじ節など、他の節と混ぜたパックも見られる。

また、かつお節売り場の周辺には、かつお節を使ったさまざまな製品が置かれているのに気がつく。麺つゆ、だしつゆ、だしの素などだ。かつお節風味が加えられている味噌もある。このようにかつお節の利用が多様化しているために、かつお節の需要全体が伸びているわけだ。

これらの用途にそれぞれどれだけのかつお節が使われているか、正確な統計はない。そこで、全国削節工業協会が九七年に政府の家計調査年報を

図5　カツオとかつお節の需給(2002年)

(単位：1000 t)

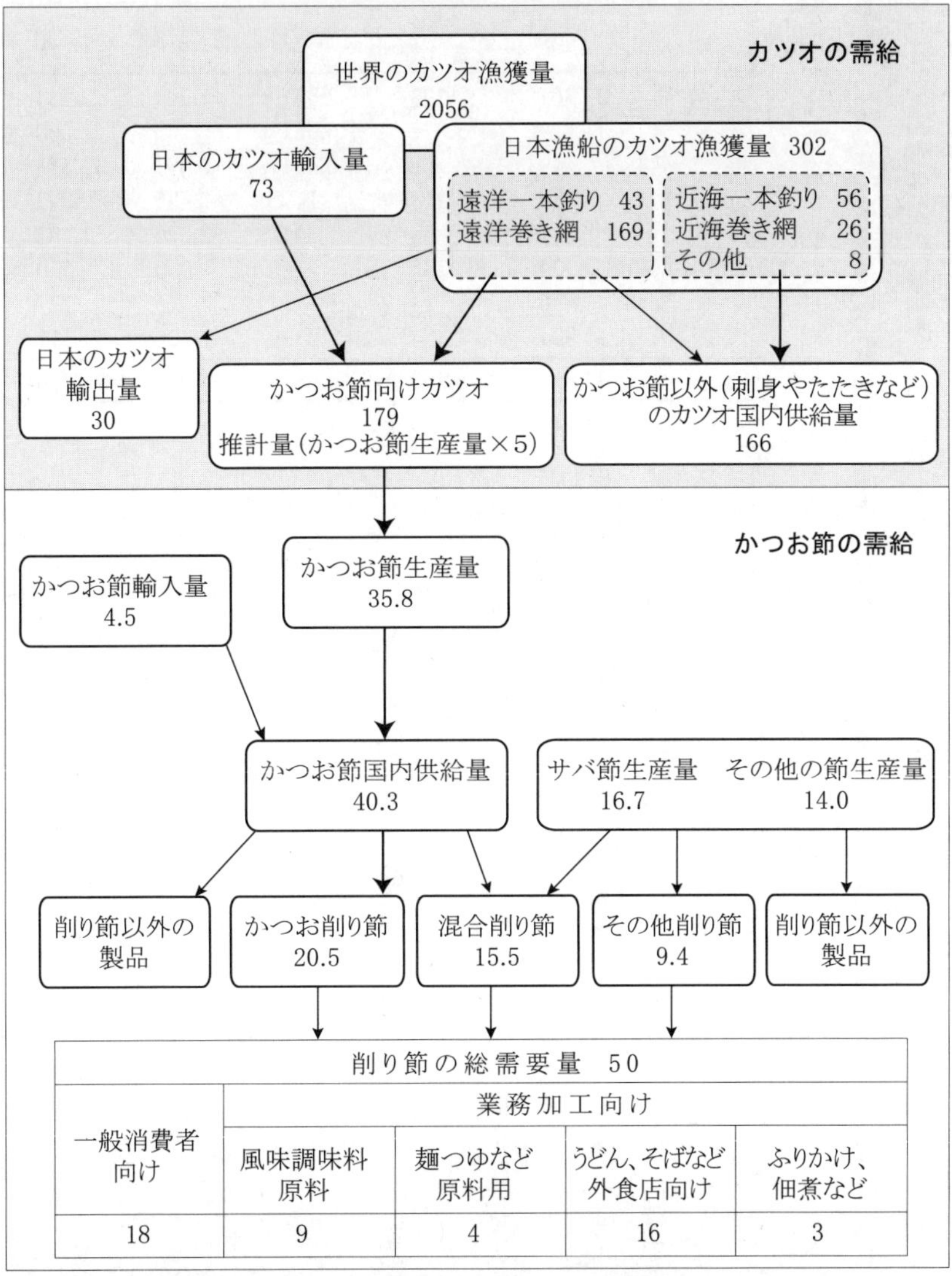

削り節の総需要量　50				
一般消費者向け	業務加工向け			
	風味調味料原料	麺つゆなど原料用	うどん、そばなど外食店向け	ふりかけ、佃煮など
18	9	4	16	3

(注1) かつお節以外のカツオ国内供給量には、なまり節を含む。
(注2) その他の節には、雑節を含む。
(出典) *FAO Yearsbook Fishery Statistics*、『漁業養殖業生産統計年報』、『日本貿易月表』、『水産物流通統計年報』。削り節の用途別数量は、1997年に(社)全国削節工業協会が家計調査年報より推計したものをもとに再計算した。

使って算出した結果[9]をもとに、今日の用途別需要を推計してみた。すると、一般消費者向けの削りパックが四割弱、だしの素などの風味調味料に二割、麺つゆ・ふりかけなどに一割弱、そば屋などの外食店に約三割となる。

以上をまとめてカツオ・かつお節産業全体を図式化すると、図5のようになる。

4　かつお節・削り節はどこでつくられているのか

江戸末期に全国に広がったかつお節製造は、明治時代に入ると各県が産業育成を競い合った。たとえば高知県の技術が高いと知ると、各県は高知県から技術指導者を招き、品質向上に努力したのである。当時の生産量一位は、一八九四（明治二七）年が茨城県、一九〇四（明治三七）年は高知県、一九一四（大正三）年は鹿児島県、一九二四（大正一三）年は岩手県と、各県の競争によってめまぐるしく変わっている[10]。それだけ広くかつお節がつくられていたということである。

しかし、現在の生産地は、静岡県焼津市、鹿児島県山川町、鹿児島県枕崎市の三カ所にほぼ限られており、それぞれ全国生産の約三割を占める（表2）。

表2　かつお節など節類の県別生産量（2002年）　（単位：t）

	かつお節	かつおなまり節	さば節	その他	合　計
鹿児島	23,361	293	2,331	1,249	27,234
静岡	11,429	3,047	6,981	743	22,200
熊本	449	—	6,331	6,593	13,373
高知	185	218	119	2,475	2,997
和歌山	71	88	103	2,020	2,282
三重	24	285	17	200	526
愛媛	16	14	372	325	727
その他	304	354	433	420	1,511
全国	35,839	4,299	16,687	14,025	70,850

（出典）『水産物流通統計年報』2002年。

表3　削り節の都府県別生産量(2002年)(単位：t)

	かつお削り節	混合削り節	その他	合　計
愛　媛	7,309	4	2,823	10,136
静　岡	3,995	1,145	2,063	7,203
東　京	1,476	660	206	2,342
愛　知	1,417	3,865	860	6,142
大　阪	1,200	4,815	112	6,127
兵　庫	676	1,465	275	2,416
その他	4,474	3,551	3,036	11,061
全　国	20,547	15,505	9,375	45,427

(出典)表2に同じ。

本書で取り上げた沖縄県の池間《いけま》島や伊良部《いらぶ》島などは、この三カ所に比べれば、本当に細々と続けているにすぎない。また、カツオというと土佐のイメージが強いが、かつて主要なかつお節生産地だった高知県は、現在はごくわずかしか生産していない。ソウダガツオの宗田節(表2では「その他」に入る)やカツオのなまり節(さばいたカツオをゆでて、半乾しにしたもの)生産に、ほぼシフトした。

一方、削り節の生産地は、かつお節とは大きく異なる。生産量第一位は愛媛県で、ヤマキとマルトモという大手削り節メーカー二社の存在が大きい(表3)。

かつお節そのものが消費市場に登場することがきわめて少なくなった現在、削り節、だしの素、麺つゆといった商品が市場を左右している。それゆえ、そうした商品を作っているこの両社や、にんべん、味の素などの大手メーカーが、かつお節業界を支配していると言っても過言ではない。焼津、山川、枕崎のかつお節業者の多くは、これらの大手メーカーによって系列化が進んでいる。

(1) 執筆時点(二〇〇四年九月)で〇三年の統計をすべてそろえるのは無理だったので、本章では〇二年の統計を中心とした。

(2) 五月から一〇月は、おもに近海(三陸沖)でカツオ(戻りカツオ)を獲っている。

(3)『日鰹連史Ⅳ』日本鰹鮪漁業協同組合連合会、一九八七年、三九〇～四二七ページ。
(4)入漁料は相手国によって異なる。たとえばミクロネシアのマーシャル諸島国との間では、カツオ一本釣り船一隻あたり一一九万円(二〇〇一年一一月の数字)である(水産庁『平成一三年度農林水産年報』)。
(5)「遠洋かつお一本釣り船」に分類される船でも、近海でカツオを獲っている場合は「近海」での漁獲に加えた。また、後述するように輸出もされているが、漁業種別の輸出量は不明なので、ここでは省略した。
(6)実際には在庫の増減があるが、ここでは考慮しない。
(7)一九七〇年代に遠洋カツオ漁業が定着したころから、この傾向が強まった。
(8)さばからつくられるさば節は、単独で、あるいはかつお節などと混ぜられて、だし用に利用される。おもに、静岡県や熊本県で製造されている。
(9)『日本食糧新聞』一九九八年三月二七日。
(10)山本高一『鰹節考』筑摩書房、一九八七年(初版一九三八年)、一一三ページ。

第2章　削りパックの向こうに見えたもの

白蓋　由喜

1　消えた本枯節

一二月、お節《せち》料理をつくろうとスーパーに行き、「鰹節」と書かれたコーナーを見た。陳列棚には、大小さまざまなパックに入った削り節が並んでいる。「厚削り」「薄削り」「血合い抜き」「ソフト削り」と、種類も多い。かつお節のほかにも、さば節、あじ節、ウルメイワシの削り節、それらを混合した商品などがあった。調味料陳列棚にも、かつおだし入りの醤油や味噌、液体や顆粒のだしの素などのかつお節製品が並んでいて、より取り見どりだ。

パック入りの削り節は、少量使うには便利だし、味を調える必要のないかつおだし調味料も重宝だ。しかし、用途に応じて多種類のかつお節製品を買えば、相当な支出になる。一方、自分で削れば、いろいろに使える。そう思った私は、昔ながらの自分で削るタイプ（「本枯節《ほんがれぶし》」と呼ばれる）を探したが、そのスーパーにはな

スーパーにはさまざまな削りパックが並んでいる

い。そこで、大手資本のスーパー、高級食材を扱う店、百貨店系列のスーパーにも足を運んだが、事情はどこも同じだった。

その後、東京都中央卸売市場（築地市場）にあるかつお節専門店で、一キロ約三八〇〇円で売られていた本枯節を見つける。スーパーでは、一〇袋入り（一袋五グラム）の削り節（にんべんの「フレッシュパック」）は二九八円だったので、一瞬、高いと感じた。しかし、一グラムあたりの価格で比較すると、本枯節は四円弱、パック入りの削り節は六円だから、実際には本枯節のほうが割安だ。

本枯節は、四キロ以上のカツオからつくられる、カビ付けされたかつお節だ（カビが節内の水分や脂肪分を吸収し、保存性、味、香りをよくする）。大きめのカツオを使って三枚におろし、片面の背側を雄節《おぶし》、腹側を雌節《めぶし》と呼ぶ。一匹のカツオから、それぞれ二本ずつ取る。それより小さいものは三枚におろした片面を一つの節にして、亀節と呼ぶ。かつて、本枯節は雄節・雌節を一対として冠婚用や贈答用に、亀節は日常用に売られていた。だしを取る、料理にまぶす、ふりかけにするなど、一本でさまざまな使い方ができ、重宝な食材だったからだ。ところが、削る手間が疎まれ、いつのまにか一般家庭の台所から姿を消していった。

使う側から考えれば、手間をかけるより便利さのほうを選んだ結果だろう。売る側にしてみれば、本枯節のまま売るよりも付加価値を付けた商品にしたほうが、利益率が高いし、新たな需要も生み出せる。ここまでは、だれでも思いつくだろう。しかし、本枯節がスーパーにある多様なかつお節製品に変わっていく過程を調べてみると、それほど単純ではなかった。かつお節の製造工程や流通経路の変化が、生産地や生産量に大きな影響を及ぼしていたのだ。

きっかけは、ひとつの商品である。その誕生から始まった小さな変化は次第に大きな波紋となり、かつお節に関係する人びとを越えて、消費者を巻き込む渦となっていく。

2　削りパックの誕生

画期的な「フレッシュパック」

日本で最初にパック入りの削り節が発売されたのは、一九六九年だ。いまもスーパーに並ぶ五グラム入りの「フレッシュパック」である。透明の袋に入れて密封した削り節五パックが、ギフトとして一箱一〇〇円で売られた。発売したのは、一六九九(元禄一二)年創業の老舗《しにせ》かつお節店・にんべん(本社・東京都中央区日本橋)である。[1] 本稿では、こうした袋に入った削り節を削りパックと呼ぶことにする。

「フレッシュパック」は、にんべん本店や新宿・伊勢丹などのデパートで販売され、好調な売れ行きを示し、半年後にはギフト用も売り出された。便利さを求める時代のニーズに加えて、人びとが天然調味料のよさを見直し始めたことも追い風となったのだ。[2] まもなくスーパーや小売店でも販売され、他のかつお節関連メーカーも次々に削りパックに参入するなど、かつお節業界全体が活気づいていく。[3]

そのころ、日本のGNPは世界第二位となり、国民の九割が中流意識をもつようになる。[4] ほとんどの家に「三種の神器」といわれた冷蔵庫、洗濯機、テレビがゆきわたり、台所には化学調味料やインスタント食品が並び、戸棚には手軽に食べられるインスタントのラーメンやカレーが買い置きされていた。

六〇年代初頭のかつお節生産量は、九〇〇〇トン程度である。景気がよくなったにもかかわらず、第二次世界大戦以前の一万トン台に戻っていなかったのだ。化学調味料やインスタント食品が浸透し、家事に費やす時間が減っていくなかでは、かつお節を削ってだしを取る人が少なくなるのも無理はない。食品メーカーは六〇年代なかごろから、「作ったものを売る」から「売れるものを作る」に、考え方を変えていった。[5] かつお節業界も同様で、新商品の開発が始まっていく。そこで考えられたのが、だしから「ふりかけ」への発想の転換である。

「フレッシュパック」には、削ったかつお節の重さを量り、紙の袋に入れて売る従来の削り節とは顕著な違いがあった。それは、長期間にわたって保存できる袋の存在である。にんべんで開発責任者をしていた新海豊《しんかいとよ》一《いち》さん(一九三三年生まれ)に、「フレッシュパック」開発のプロセスを聞いた。[6]

「人びとは削る手間を惜しむようになり、かつお節は売れなくなっていました。でも、かつお節をきらいになったわけではなく、削ったものを提供すれば買ってくださるのです。問題は売り方です。かつお節は削るとまもなく劣化が始まり、紙やセロファンの袋では、防止できません。劣化を止める袋を探し、封入する方法を考えれば、消費者を呼び戻せるのではと考えました」

カビや害虫をよせつけず、削りたての風味を保つためには、ガス置換包装という技術が必要だった。劣化の原因となる酸素を除去し、窒素や二酸化炭素のような不活性ガスを入れて、鮮度を保つのである。にんべんでは六一年に、アルミ製の袋に不活性ガスを入れる方法をすでに開発していたという。だが、イワシやサバを削ったものも「花かつお」と呼ばれて売られていたため、「中身が見えなければ、消費者が本物のかつお節かどうか判断できない」という意見が多く、発売に至らなかった。新商品は、ポリプロピレン、ポリエチレン、ビニロンを三層に組み合わせた透明な積層フィルムの完成を待つこととなる。「フレッシュパック」という名前は、包装の革命を意味していたのだろう。

その開発過程では、削り節の製造方法や小分けの分量も検討された。不活性ガスで鮮度を保っても、封を切れば劣化は始まる。風味を大切にするのであれば、使いきりの量が求められるはずだ。そこで、おひたしに振りかける分量の四～五人分を想定して、一袋が五グラムと決定された（後に「フレッシュパック」でだしを取る人がかなりいることがわかり、だし用の大袋も発売された）。こうして、窒素を充填した透明な積層フィルムの袋に詰められた削り節が完成する。

新商品の販売価格は一袋二〇円と試算され、六九年五月に、一箱五袋入り一〇〇円で発売が決まった。当時、秤《はかり》売り削り節の小売り価格は八〇グラム一七〇円[7]だったから、五グラムに換算すると約一一円だ。倍近い価格にもかかわらず、七〇年の生産量は六五トン、他社の参入が始まる七一年には二〇〇トンにはね上がった。[8]ちなみに、同時期に発売されたボンカレーは八〇円、明星チャルメラは三五円である。[9]

販売ルートの確立

削り節を売るという発想自体は、新しいわけではない。歴史を調べると、干イワシの削り節が始まりだった。

明治時代末期、広島県深安《ふかやす》郡福山町（現在の福山市）の海産物商・安部和助《あんべわすけ》が、地元で獲れるイワシの有効利用として、干イワシを削って売り始めたのが最初のようだ。安部は一九一二（大正元）年に各地の海産物商と委託販売の取り引きを始め、販売網が全国に広がっていく。[10] これに触発されて削り業を始めたなかに、後のヤマキとマルトモの創業者となる城戸豊吉《きどとよきち》や明関友市《みょうせきともいち》がいた。彼らの出身地である愛媛県郡中郡《ぐんちゅうぐん》（現在の伊予市）も、イワシの水揚げが多い地域である。静岡県焼津町（現在の焼津市）でも、一九一四（大正三）年に清水善八《しみずぜんぱち》が、サバやイワシなどの削り節の製造を始めた。[11] 一九（大正八）年ごろには、同じ静岡県の由比《ゆい》や蒲原《かんばら》にも、削り業者が集まり出していたという。

当時は、削った節はすべて「花かつお」と呼ばれていた。[12] それは、六四年五月にJAS（日本農林規格）が削り節の規格を定めるまで続き、その後、かつお節と雑節（さば節・あじ節・宗田節など）に分類される。

では、六九年から次々に発売された削りパックがよく売れたのはなぜだろうか。それは、各メーカーとも商品を顧客に届けるまでの販売ルートがすでに確立しており、実演販売をとおしてニーズが確認され、原料の供給体制も整備されたからである。また、小袋に入れて販売したことも影響しているのではないだろうか。たとえば、にんべんは一九五二年ごろから日本橋本店前で紙袋入りの削り節の販売を始め、それがパック製品の開発につながっていく。販売ルートは、日本橋本店のほかに、新宿・伊勢丹、日本橋・高島屋、新宿・小田急、渋谷・東横（現・東急東横店）、日本橋・白木屋など、東京都内のデパートを中心に確保されていた。

また、七一年に削りパックに参入した焼津の老舗かつお節メーカー・柳屋本店も、一九一四（大正三）年の日本橋・三越に始まり、銀座・松坂屋、新宿・伊勢丹などに、贈答品の販売ルートをもっていた。こうした取引先デパートでの削り節の実演販売や、六六年から出荷を始めた伊予市のマルトモへのかつお節の供給量の増加により、売れ行きを確信していたと思われる。

そのマルトモは、一九四九年に東京支社、六三年に東京工場を設立し、関東地方に進出していた。さらに、削りパックの発売に至るまでに、大阪、福岡、札幌、仙台と大都市圏に販売の拠点となる営業所をもっていた。同じく伊予市のヤマキも、一九二三（大正一二）年に地元に削り工場を設立したのを皮切りに、五七年に名古屋、六二年には東京にも設立する。販売ルートも、マルトモと同様に、削りパックの発売までに全国に確立していた。伊予市の削り節は、六〇年代なかばに和紙製の袋から透明な包装に変わったことで売上げを増し、弥満仁《やまに》を加えた三社で五〇〇〇トンが生産されていたという(13)。

削りパックの原料となるかつお節の生産量は、「フレッシュパック」発売前の六八年には一万一〇〇〇トンだったが、発売された六九年には一万四〇〇〇トン台と急増。ヤマキとマルトモが削りパックに参入する七二年には一万五〇〇〇トン台になった（表1）。それは当然、原魚であるカツオの供給体制の確立を物語っている。

表1　かつお節生産量の推移

年	生産量(t)	対前年比伸び率(%)
68年	11,531	4.6
69	14,360	24.5
70	14,098	−1.8
71	14,178	0.5
72	15,080	6.4
73	17,447	15.7
74	19,505	11.8
75	22,393	14.8
76	24,464	9.2
77	23,755	−2.9
78	24,081	1.4

機械化の進展

六〇年代後半から、大型のカツオ船が建造されていく。活餌となるイワシの蓄養設備や、獲ったカツオを瞬時に冷凍できるブライン凍結装置(14)を備えた大型船は、カツオ漁の周年操業を可能にした(15)。海外のかつお節製造拠点の整備も含めたこうした供給体制の変化は、カツオの北上に合わせて季節的に行っていたかつお節の生産を、周年労働に変えたのである。

また、削りパックの製造方法も進化していく。かつお節は、カツオを三枚におろし、ボイルド(以下、煮熟《しゃじゅく》)、スモーク(以下、焙乾《ばいかん》)という工程を経てつくられる(くわしくは三六〜三八ページ参照)。新海氏によると、「フレッシュパック」の発売当初は、かつお節の生産工程や削り機は以前と変わらず、手作業でかつお節を削り機に入れて削り、袋詰めするという人海戦術で製造されていた。かつお節の生産量は、六九年からの三年間は一万四〇〇〇トン台だ。このころはまだ、削りパック用のかつお節の生産体制が確立しておらず、本枯節として流通するはずの商品が、削りパックの材料にまわされていたわけである。

その後、削りパックの売れ行きが伸びるにつれ、加工機械が次々に開発されていく。

たとえば、七二年に焼津式乾燥機が発売された。焙乾は、最下層に置かれた火種から立ちのぼる煙の上昇を利用して行われる、静岡県一帯に伝わる伝統的な手火山《てびやま》と、土佐で開発され、九州に伝えられた急造庫《きゅうぞうこ》の二つの方式がある。いずれも焙乾用の蒸籠《せいろ》にカツオを並べ、幾重にも重ねる。蒸籠内のカツオに煙を均質にゆきわたらせるためには、蒸籠の順番を入れ替える必要がある。この入れ替えが重労働だった。焼津式乾燥機は、入れ替えの労力を削減するために、火種と庫との関係を垂直から平行に変更し、庫の隣りで火を焚き、煙を庫内に設置したファンで送る方式である。

また、七五年には、ガス置換機、計量器、袋詰め機の一体型が完成し、自動生産ラインが可能になった。さらに、七七年にはカツオの頭切り機から進化した割裁機(カツオの内臓と腹皮を切り取る)や自動身おろし機の開発も行われている。こうした機械の開発成果を表すように、かつお節の生産量は七三年から年間二〇〇〇トン単位で増加し、七五年以降は二万トンを上回っている。

表2　かつお節産業の「ブランドメーカー」3社と老舗2社（2003年7月現在）

企業名	本社所在地	創業	法人設立	資本金	売上高（1人あたり）	従業員数	協力工場所在地	販売先
にんべん	東京都中央区	元禄12年（1699）	1918年	8800万円	160.7億円（6809万円）	236	焼津市、枕崎市、山川町、西伊豆町	スーパー、デパートなど
ヤマキ	愛媛県伊予市	大正6年（1917）	1950年	8560万円	359.3億円（5795万円）	620	枕崎市、山川町、ソロモン諸島、モルジブ、台湾、タイ	スーパーなど
マルトモ	愛媛県伊予市	大正7年（1918）	1964年	5億4986万円	304億円（5672万円）	536	枕崎市、山川町	スーパーなど
ちきり清水商店	静岡県焼津市	天明2年（1782）	1951年	1000万円	9.9億円（2200万円）	45		デパート、ヤマキ、地元スーパー、結婚式場
柳屋本店	静岡県焼津市	明治元年（1868）	1949年	1000万円	54.3億円（3034万円）	179		デパート、ギフト販売業者、冠婚葬祭業者、味の素、ヤマキ

3　削りパックを支える人びと

原料節をつくらない「ブランドメーカー」

「かつお節業界は、かつお節をつくる工程と削る工程が分かれた二層構造になっています」（九八年七月、マルトモ）というのが、「ブランドメーカー」の考え方である。

現在のかつお節業界を概観したのが表2だ。ヤマキが売り上げ三五九億円でトップ、マルトモが三〇四億円、にんべんが一六一億円で続く。この三社をここでは「ブランドメーカー」と呼ぶことにする。「ブランドメーカー」には、削りパックの原料となるかつお節（原料節）の製造を行わないという共通点がある。原料節の製造から販売まで一貫して行っているメーカーと比較してみよう。

自社ブランドの削りパックを販売している焼津市の老舗二社、一八六八（明治元）年創業の柳屋本店と、一七八二(天明二)年創業のちきり清水商店の売り上げは、それぞれ五四億三〇〇〇万円と九億九〇〇〇万円である。売り上げ高を人数で割った一人あたりの売り上げを「ブランドメーカー」のそれと比較すると、二〜三倍の開きがある。「ブランドメーカー」は原料節生産を行わず、調達することで、削り節の大量生産と高売り上げを可能にしているのである。では、どのようにして原料節を調達しているのだろうか。

にんべんの場合は、古くからの取引先である焼津市、枕崎市、山川町、西伊豆町(静岡県)にある合計五社のかつお節製造業者から調達し、沼津市や裾野市(静岡県)にある一〇〇%出資した削り工場で製品に加工している。『焼津鰹節史』によれば、削りパックの開発当初は、神奈川県横須賀市の佐島水産に試作生産を依頼していたが、七〇年と七一年に焼津市の山七と富士七へかつお節の製造を委託し、生産体制を固めた(16)。特定のかつお節製造業者との関係は他の二社にも見られ、「ブランドメーカー」は委託先を「協力工場」と呼んでいる。山七は、にんべんの社長を取締役に迎えた典型的な協力工場だ。

「ブランドメーカー」と協力関係にある原料節製造業者は、協力工場ばかりではない。生産調整の役割を果たす業者や、臨時の原料節調達先(スポット買いと呼ばれる)となる業者も存在する。調達先を「ブランドメーカー」が自ら公表することはほとんどないなかで、以下はマルトモと、その協力工場(九九年当時)である近藤水産と福島商店の協力を得た調査結果をまとめたものである。

原料節の生産現場

マルトモには、枕崎市と山川町に三軒の協力工場がある。原料節の七割を製造しているのは枕崎市の近藤水産で、一尾二〜三キロのカツオを一日に五〇トンさばき、一〇トンの原料節を生産している(加工すると五分の一に減る)。これは、家族経営の本枯節の業者が一日にさばく量の約二五倍にあたる。同社の前身は宮崎県日南《にちなん》市出身の本枯節製造業者で、現在の近藤和夫社長で六代目となる。地元のカツオ水揚高の減少をきっかけに六〇年に枕崎市へ移り(17)、マルトモが削りパック製造に参入した翌年の七三年から協力関係を続けている(18)。

マルトモは、望ましい協力工場の条件は「男手と後継者の存在」と公言していた。近藤水産は七代目社長となる後継者もおり、正社員三五人のうち一三人が男性で、その条件を満たしている。正社員の平均年齢は三五歳だ。原料節の製造に携わるのは社員とパート計七〇人(19)。原魚は赤道付近で一本釣りされた冷凍カツオで、買い付けはマルトモが行う。数千トン単位で入る原魚を冷凍庫で保管し、一日に五〇トン(一尾二キロのカツオなら二万五〇〇〇尾)のペースでさばく。協力工場から見れば、冷凍庫の保管費用は必要だが、原魚の仕入れを行わないので、相場に左右されるリスクはない。

また、近藤水産は、「加工を早く終わらせたい」という理由で、生産の一部を委託している。原魚の保管期間を短くし、保管費用を下げるためである。取材した当時(九九年二月)の委託先は、約三〇キロ離れた山川町の福島商店だった。同店は、マルトモから見れば孫請けにあたる協力工場だ。

福島商店は五八年に山川町に移り、七〇年から原料節の製造を始めた。一六人の従業員が一日に一〇〜一五トンさばく。マルトモの指示に従って製造し、近藤水産が製品チェックを行う。取引先はマルトモだけではない。原料節を扱う問屋もあり、築地市場のかつお節専門店で、福島商店という名前入りの箱が山積みされている光景を見かける。

では、マルトモの場合、原料節はどのようにつくられているのだろうか。

削りパックの原料節は一九七六年一二月に、パック用の「削り節のJAS」ができて以来、JAS規格に従ってつくられるようになる（本枯節にはJASは適用されない）。カビ付けを二回以上施したものを「枯節」（正確には大量生産用の「荒仕上節《あらしあげぶし》」）、カビ付けしないものを「荒節《あらぶし》」と呼び、枯節の削り節を「かつおぶし削りぶし」、荒節の削り節を「かつお削りぶし」と表示する。近藤水産では、主としてふりかけ用の小袋の削りパックに使われる枯節をおもに製造し、だし用の大袋として削りパックなどに使用される荒節は、福島商店などが製造している。

近藤水産の第一工場は、原料節の匂いと湯気が充満し、焙乾の際に出る煤《すす》と煙で、設備全体が黒っぽい。広い構内には、冷凍カツオを解凍する浴槽のようなバット、割裁機、煮熟釜、焙乾装置などが配置されている。私が作業を見学した日は、三キロ大の冷凍カツオ一〇トン分を処理していた。

冷凍カツオはまず地下水で解凍され、頭と腹皮を同時に切る機械にかけられる。頭切りの担当者は、一人で一時間四トンのペースで処理するという。頭切りが終わると、一五人の男性が手作業で背びれと内臓を取り、背割りして半身にする。ここまでの工程を生切《なまぎ》りという。一〇トンあったカツオは七・五トンに減っている。

次は煮熟だ。半身を二〇尾ずつ並べた煮籠《にかご》を一一段重ね、クレーンで熱い湯が入った立方体の釜に運び入れて、一度に煮熟する。一つの釜で処理できるのが四〇〇キロ、二時間半がかりだ。こうした釜が二〇機ある。工場責任者の近藤和正さんによれば、煮熟時の温度と時間の管理が重要だという。

「足りなければ中まで熱が通らず、割れや臭みの原因になります。煮えすぎると味が湯に流れてしまい、おいしいかつお節にはなりません」

煮上がったカツオは、熱を冷ましたあと、三〇人ほどの女性たちの手で肋骨部分の大きな骨を抜き取る（骨抜き）。骨が残ると、骨そのものが異物となるし、ねじれた形で収縮が進み、削り機の刃を傷める原因になる

骨抜きを行うのは、多くは女性だ(近藤水産)

のだ。骨抜きを終えると、カツオは煮籠から蒸籠に移され、煙を使った乾燥工程に入る。これが焙乾である。焙乾は、カツオの入った蒸籠を移動させながら均質に煙がいきわたるようにする作業だ。力仕事となるので、ここからは再び男性の仕事である。最初の焙乾は、煙を横からファンで送る焼津式乾燥機に入れ、二回に分けて、計二四時間行う。

　これを常温で三時間おいて(あん蒸)、一番下に薪を燃やす火床がある急造庫に移す。急造庫は煙が上っていくのを利用した焙乾方式で、焼津式乾燥機だけを使う場合と比べて、できあがりの風味がよいといわれている。火を焚く時間は、早朝六時から一二時間。その後、三時間休ませる(あん蒸)。この間に内部の水分が上ってきて蒸発する。夜九時から午前三時まで再び焚き、三時間あん蒸する。これが一日のサイクルだ。

　急造庫は三階から五階の階層構造になっている。骨抜きされたカツオを並べた蒸籠は、まず最下層に入れられる。強い熱気と煙でカツオは焙乾され、収縮していく。収縮に合わせて入れ替えを行いながら、蒸籠は何日もかけて次第に上の階へ運ばれる。

図1　削りパックの原料節の製造工程

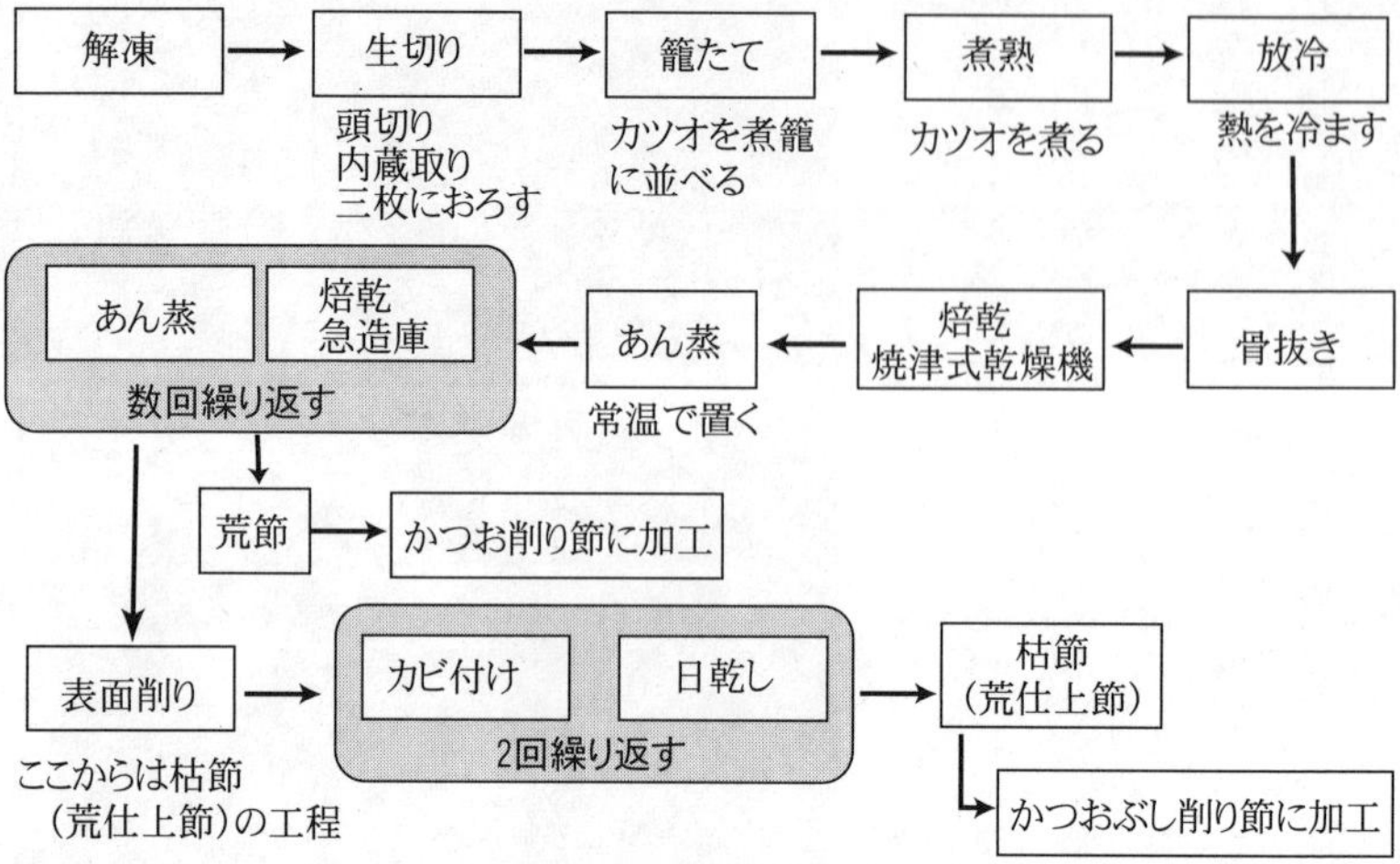

原料節は、削られた節の水分量がＪＡＳ規格どおりとなるようにつくられる。荒節の焙乾は、できあがりの水分量が一八％（ＪＡＳの基準は二一％以下）になる一〇日目で終了するが、枯節の場合は、焙乾後にカビ付けの工程が加わる。かつお節カビ[20]に適した水分量の二〇％となる八日目で焙乾を終了する。

焙乾後の原料節は、煙と油分が混じったタールが付着している。そこで、表面をグラインダーで削ってタール分を落としたあと、枯節はカビ付けの工程に入る。工程の差は、スーパーに並ぶかつおぶし削りぶしとかつお削りぶしの価格差になって現れる。スーパーでは三グラム五袋入りの場合、約三〇円程度カビ付けのほうが高い。こうしてつくられた原料節が本社工場に運ばれ、削りパックなどの製品に加工されるのだ。

原料節は、ビーフジャーキーを大きくしたような印象である。見た目は本枯節よりずっと小さく、同じかつお節とは思えないほど違う。本枯節とは売り方が違うから、化粧をほどこす工程がなくなるのは当然だが、その工程の違いから、「原料節は本枯節とは別物」「原料節をつくっていると本枯節はつくれなくなる」という話を生産現場で少なからず聞いた。

集中化してきた生産地

日本国内のかつお節生産量は、静岡県と鹿児島県が抜きん出て多い。両県が占める割合は、六〇年の六九％から、六九年の七三％、二〇〇〇年には九五％と増えている（表3）。徐々に二県に集約されてきたわけだ。事実、近藤水産も福島商店も他県から移ってきた。

山川町の山川水産加工業協同組合に加盟するかつお節製造業者は〇三年二月現在、四三軒である。原料節が一五軒、本枯節との兼業が七軒で、本枯節は一二軒だ（その他の九軒は、生節、雑節、エキスなど）。他地域からの移住者が二二軒と、過半数を占めている。

表3　かつお節の生産量と静岡・鹿児島両県の割合

年	生産量(t)	静岡県	鹿児島県	両県計
1960	6,348	23.6%	45.0%	68.6%
1965	10,327	23.3%	46.3%	69.7%
1969	14,360	25.1%	47.7%	72.9%
1972	15,080	26.3%	55.2%	81.5%
1975	22,393	28.4%	56.9%	85.3%
1980	22,162	42.1%	48.1%	90.2%
1985	25,487	45.1%	48.2%	93.3%
1990	32,939	40.6%	53.8%	94.3%
1995	36,402	34.2%	58.6%	92.8%
2000	40,339	33.4%	61.7%	95.1%

山川町のかつお節製造は、貸し納屋《なや》から始まった。大正時代末期から昭和初期にかけて、カツオを獲る動力船は著しい進歩をとげる。獲ったカツオを保存するための冷氷施設をもつ山川町には大量のカツオが水揚げされ、それを求めて土佐市宇佐《うさ》町（高知県）、土佐清水市（高知県）、五島列島福江島の富江《とみえ》町（長崎県南松浦郡）などのかつお節製造業者が短期滞在するようになる。こうした業者に場所を提供するためにつくられた施設が、貸し納屋だった[21]。山川町では、地元出身者のかつお節製造業者は地《じ》っ子《こ》、土佐市宇佐町、土佐清水市、幡多《はた》郡大方《おおがた》町出身者を土佐納屋、富江町出身者を五島納屋と呼ぶ。福島商店は五島納屋である。

現在の富江町には、かつお節製造業者は存在せず、かつお節生産地だったことさえ知らない人も多い。だが、福島商店初代社長・福島哲雄さんの弟にあたる富江町の元漁協長・福島鎮雄《しずお》さんによれば、戦前までは、かつお節をつくる「小島」と呼ばれる職能集落があったという。

小島集落では、男女群島(福江島の南沖、東シナ海の北緯三二度)付近でカツオを獲り、回遊に合わせて山川町と福江島を行き来しながら、かつお節をつくるのが、一般的な生活だったそうだ。できあがったかつお節は東京の問屋に卸され、鎮雄さんによれば、「かつお節御殿が建つほど潤った」時期もあったという。その後、カツオの回遊ルートが変わり、人びとは転業か移転かの選択を余儀なくされたのだ。

福島家では、鎮雄さんの父が船主で、おじさんがかつお節を製造していた。おじさんの後を継いで製造業者になった哲雄さんは戦後、山川町に移り、一九五八年に福島商店を開く。二代目の敏彦《としひこ》さんは、原料節の製造を始めた理由を「この地に根づくため」と語った。

4 多様化を支えるブレンド技術

そもそも、かつお節製品の多様化はなぜ生じたのだろうか。そのもととなったできごとは、削りパック発売前に遡る。にんべんが「フレッシュパック」の開発を行っていたころ、柳屋本店とちきり清水商店も、静岡県工業試験場などの協力を得て、長期間保存できる削り節を研究していた(22)。不活性ガス充填包装などの開発プロセスは、にんべんと類似点が多い。だが、小分けの考え方は異なっていた。

当時、市販されていた削り節が大きな袋で売られていたことを考えれば(23)、新商品は、通常なら「だし用」の大袋を想定するはずだ。ところが、にんべんの新海さんは、「当初だしを取ることは想定していなかった」と語る。にんべんに転職後、関西地方でいわゆる万能だしとして利用される調味料である八方だしを想定した「つゆの素」を開発し、六五年に発売していたことから、次の新商品は「ふりかけ」と位置付けた。袋のサイズは新海さんの発案で五グラムとし、削り花を細かく破砕して入れたのである。これが多様化への一歩となる。

つゆの素は、蕎麦つゆのような味である。煮物や吸物などには使えるが、味噌汁のだしにはならない。また、味噌汁を仮に「フレッシュパック」でつくるとすると、一袋で二人分のだししか取れない。六〇年代後半の都市部の平均的な家族構成を四人と考えれば、大袋入りがつくられるのは時間の問題である。こうして、削りパックに大袋が加わる。

「フレッシュパック」はいっそうの口当たりのよさを追求し、厚さ二五ミクロン以下の削り花がつくられた（これをソフトタイプと呼ぶ）。削り花は薄く削られたために量が増え、五グラム用の袋に入りきらなくなる。だが、袋を大きくすると、コストがかかるし、見た目の点でも消費者の購買意欲をそぐ恐れがあると、にんべんは考えた。そこで、五グラム用の袋にソフトタイプを少なめに入れ、七九年に三グラムのパックとして売り出したのである。このソフトタイプは、破砕した削り節のような舌触りがない。料理にかけると、ふんわり軽く溶けるような感触が特徴だ。こうして「フレッシュパック」は「ふりかけ」と想定したことで、削り機の技術革新を背景に、見た目と触感の面で多様化が進んでいく。

自分で削るタイプの本枯節とパック用の原料節は、製法のほかにも使用するカツオに違いがある。前者は日本沿岸に遡上した四〜八キロのカツオを使うが、後者は赤道付近の海域で獲った二キロ程度の回遊前のカツオが主流だ。この小ぶりのカツオは短い時間で煮熟できる。また、脂肪分が少ないとされ、削ったときに美しい削り花となる。削りパックでは削り花の見ばえが売り上げに影響するので、加工しやすい小ぶりのカツオが原魚として定着していく。しかし、問題もあった。それは、だしを取ったときの味だ。

削り花の美しさを重んじれば、脂肪の少ない部分が使われることになる。刺身の赤身とトロを考えればわかるように、かつおの味もまた、脂肪分の多い腹の部分が背側よりも濃厚である。だが、脂肪分の多い部分は削ると粉になる。削りパックに含まれる粉の割合はＪＡＳ規格で決められているし、粉が多いと見た目のボリュームに欠け、売りにくくなる。結果、「おいしいところは液体だし原料に回る」ことになる。

だし用につくられる削りパック商品には、長時間かけて煮出す厚削りがある。また、赤道付近の小ぶりのカツオを使いつつ、濃いだしが取れるように特別の方法で製造された削りパック用の原料節を使った製品もある。

削りパックを考えるうえで見逃せないのは、原料節のブレンド技術である。[24] 原料節の製造方法は、製造業者だけが決めるわけではない。原魚のコスト、かつお節の市場価格の動向、注文者の意向などの要素を勘案して決められている。味を重視する工程を選ぶ場合もあれば、時間やコストを重視する場合もあり、できあがる原料節は必ずしも一様ではない。カツオの大きさ、漁獲や保存の条件によっても、味や品質は変わる。こうした状況で、削りパックの品質を常に一定に保つために編み出されたのが、ブレンドの技術である。

ブレンドの基準は、ＪＡＳ規格に従っている場合も、スーパーやメーカーが独自に設けている場合もある。例えて言えば、スーパーのプライベートブランドの削りパックは、スーパーが顧客のニーズと価格を考慮し、設定しているブレンド商品だ。[25] また、マルトモの「直火焼き本鰹」シリーズも、濃いだしの取れる原料節をブレンドした、ブレンド商品である。

スーパーの棚には、以前にも増して多様な商品が並んでいる。半透明のリボンのような「花削り」、お好み焼きやうどんにトッピングすると湯気で踊るように揺らぐ通称「踊る削り節」、血合いを除去して生臭みを除いた「血合い抜き」……。サイズも、一・二グラム、四グラム、一五グラム、二〇グラム、三〇グラム、一〇〇グラムと豊富になり、だし用と「ふりかけ」用の兼用さえある。「どんなご要望にもお応えしますよ」と言わんばかりの品ぞろえだ。そこで、ひとつの商品を手に取って、説明書きを読むと、「五人分のだしを取るのに三〇グラム必要」とある。[26] 発売当初の「フレッシュパック」は、一袋五グラムで二人分のだしが取れた。「ふりかけ」に「進化」するなかで、品質が変わっている。

「フレッシュパック」の登場以降、消費者にとってのかつお節は、本枯節から削りパックへと変わった。最大公約数の顧客に合わせて、一定の品質にして売る「ブレンド商品」へと変貌したのである。だが、ブレンド技術は、原料となるかつお節の履歴を消費者から覆い隠す側面があることを忘れてはならない。

本枯節と削りパックの違いは、一尾のカツオから成る単一商品とブレンド商品の違いである。削り業者は、原料節という素材を削りパックという商品に組み換えるため、市場の動向に合わせてブレンドし、そのニーズに従って付加価値を加える役割を担っているのである。

5　便利さと個性

かつお節業界が意図したように、かつお節の消費量は着実に増加した。二〇〇〇年に生産量は四万トンを超え、削りパックが発売された年の三倍近くになっている。

削りパックの製造工場は衛生的で近代的な設備を備え、湯気と煤《すす》にまみれたかつお節の製造工場とは印象が大きく異なる。協力工場から運ばれた原料節は前処理を施し、削り機で削られる。並んで置かれた削り機は、製品ごとに異なる原料節を飲み込んでいく。

ソフトタイプの製造ラインでは、原料節が繊維に平行になるように尻尾を上にして削り機に挿入され、ティッシュペーパー程度の薄さに削られていく。だし用と見間違うような大きな袋に入るものもあれば、五グラムの袋に入るものもある。だし用は〇・〇八〜〇・一ミリ、沖縄向け厚削りは〇・二ミリだ。削り花は、人手にふれることなくベルトコンベアに乗って流れ、それぞれ袋に詰められる。

生産過程で生じたカツオの煮汁や粉分は、だしの素や顆粒だしなどに加工され、用途別に付加価値を付けて販売されている。こうした製品の増加は、関連する製造機械や包装、流通などの業界をも活性化していく。

だが、忘れてはならないことがある。「フレッシュパック」は「包装の革命」だったことだ。削りパックの包装は、封を切ると同時にその役割を終え、捨てられる運命にある。削りパック生産量の上昇は、同時に資源の減少とごみの増加を物語っているのである。私たち消費者は、便利さと引きかえに、環境に負荷をかける商品の流通を促進してきたことになる。その一方で、市場原理とは無縁の、四キロ以上のカツオを原料とし、手間と時間をかけてつくられる職人的な本枯節は、すべてが店頭に並べられるわけではなく、だし調味料の原料としてブレンドされているものも多い。

しかし、視点を変えれば、本枯節は、使い手の用途に合わせて多目的に利用できる「便利な」商品である。カツオの個体差や製造方法の違いから削ったときの色や香りや味が変わり、一つひとつが個性をもっている。だから、カツオの状態や製造工程を想像しながら、自分が好むかつお節を選ぶという選択肢があってもよいはずだ。

いま私たちは、メーカーが供給する商品を当たり前のように利用している。人びとのニーズを先取りしながら進化する商品は、一定の品質と安全性を保証する。だが、それは、各自の判断基準や創意工夫といった、人間が本来もっていた感性を薄れさせてはいないだろうか。あふれんばかりの商品のなかで、独自の個性を放つ本枯節は、消え去ろうとしている。これを時代の変化と受け入れてしまって、よいのだろうか。

(1)かつお節店とは、にんべんのように製造も削りも委託し、販売のみを行う業態を指す。これに対して、ヤマキやマルトモのように自社で削りを行う業態、柳屋本店やちきり清水商店のように自社でかつお節をつくり、削りも行う業態をかつお節関連メーカーと呼ぶ。
(2)グルタミン酸ソーダの有害性が指摘され、人工甘味料チクロが一九六九年に使用中止になった。
(3)現代経営研究所編著『かつお節物語』にんべん、一九七九年。この本は、にんべんの二八〇年史として発行された。焼津鰹節史編集委員会編『焼津鰹節史』(焼津鰹節水産加工協同組合、一九九二年)にも同様の記載がある。
(4)経済企画庁編集『国民生活白書(昭和四四年版)』大蔵省印刷局。
(5)石井淳蔵『ブランド』岩波新書、一九九〇年、三〇ページ。
(6)新海豊一氏への聞き取りは一九九八年九月に行った。
(7)「かつお節ミニパックのガス置換包装」『ジャパンフードサイエンス』一九七七年二月号。
(8)野口栄三郎編『水産名産品総覧』光琳書院、一九六八年、二八七ページ。
(9)どちらも二〇〇四年現在販売されており、ボンカレー一四八円、明星チャルメラ八七円である。
(10)宮下章『鰹節(下巻)』一九九六年、二三〇ページ。
(11)前掲『焼津鰹節史』二一四ページ。
(12)静岡県沼津市の野村水産や高知市の森田鰹節店は、一九四六～四八年に削り機を購入し、削り節をつくって行商した。また、沼津市の秋元水産は米販売業から一九四六年に削り業に転業し、名古屋市のマルアイも四六年に創業している。

(13) 前掲(8)、二八七ページ。

(14) 塩分濃度の濃いマイナス三〇度の液体(ブライン凍結液)に釣ったカツオを浸し、瞬時に冷凍する装置。

(15) 前掲(11)、七五三ページ。

(16) 前掲(11)、七四四〜四五ページ。

(17) 枕崎市には移住業者は少なく、近藤水産を除けば土佐市宇佐町出身の丸十國澤《まるじゅうくにさわ》だけである。二〇〇一年の東京商工リサーチの調査によれば、同社はヤマキの協力工場のひとつである。

(18) 会社設立は一九七〇年二月。近藤水産の聞き取りは一九九九年二月に行った。

(19) 二〇〇二年二月の東京商工リサーチ調べ。なお、パート労働者は五〇代以上の女性である。

(20) かつては木箱や樽にかつお節を詰め、室《むろ》とよばれる小部屋に入れて自然発生させていた。近年では、優良カビといわれる人工的に開発したかつお節カビ(通称ニンベンカビ)を人工的に噴霧している。

(21) 前掲(10)、五六九ページ。

(22) 前掲(11)、七四三ページ。

(23) 一九六六年に伊予市の三社で販売されていた一袋の容量は、特大=二〇〇〜三〇〇グラム、大=一〇〇〜一二〇グラム、中=六〇〜八〇グラム、小=二〇〜六〇グラムだった。前掲(8)、二八七ページ。

(24) 沼津市にある秋元水産での聞き取り(一九九九年三月)。白蓋由喜「スーパーの削り節パック」『カツカツ研ニュースレター』No.3(二〇〇〇年七月)。

(25) 前掲「スーパーの削り節パック」。

(26) にんべんの「本がれかつお節」の「上手なだしの取り方」による。

第3章　「便利」な生活を支える麺つゆ

石川　清

1　多様なかつお節商品

カツオはいったい、どのように形を変えて、私たちの生活のなかに入り込んでいるのだろうか。そんな軽い気持ちからカツオの七変化を追い始めたのだが、いまはちょっと後悔している。カツオは末端に行くと、追いかけようもないほど複雑な変化を巻き起こして、私を翻弄してしまうからだ。カツオは、私たち日本人が日ごろ口にするいくつもの加工食品に姿形を変えて入り込んでいた。

先日、自宅の近所にある郊外型の巨大なショッピングセンターへ出かけた。せっかくだから、すべてのカツオ製品を買ってみようと考えたのである。

カツオの刺身やたたきは、明らかにカツオとすぐにわかる。かつお節も、まあいいだろう。目にする機会が少なくなった本枯節であれ、スーパーに大量に並べられている削りパックであれ、まだ「カツオ」の名前が堂々と表示されているのだから。問題はその先である。かつお節はさらに形を変えて、さまざまな加工食品や

表1　おもなかつお節加工食品と原材料名（かつお節関連）

食品名	メーカー名	商品名	原材料名
ふりかけ	永谷園	おとなのふりかけミニおかか	調味顆粒（鰹節粉、鰹節エキスパウダーなど）、味付鰹削節（鰹削り節、鰹エキスなど）
	丸美屋食品工業	のりたま	エキス（鰹など）
風味調味料（かつお）	味の素	ほんだし	風味原料（かつおぶし粉末、かつおエキス）
	シマヤ	だしの素	風味原料（かつおぶし粉末、かつおエキス）
	ヤマキ	だしの素	風味原料（かつおぶし粉末など）
麺つゆ	シマダヤ	チルドだからおいしいうどんつゆ うす口仕立て	風味原料（宗田節、かつお節など）
	にんべん	つゆの素ゴールド3倍濃厚	風味原料（かつおぶし、こんぶ）
	ヒガシマル醤油	ぶっかけうどんつゆ 冷やし	風味原料（かつおぶし、混合ぶしなど）
		粉末つゆの素うどんスープ	かつお節
	ミツカン	クッキング追いがつお	かつおだし
	桃屋	〈特選〉桃屋のつゆ「無添加」	かつおぶし
	ヤマキ	極味伝承無添加つゆ	風味原料（かつおぶし、かつおぶしエキス、そうだかつおぶしなど）
その他	エスビー食品	おでんの素	かつお節エキスパウダー
	エバラ食品工業	エバラすき焼きのたれ	かつおだし
	永谷園	ゆうげ生みそタイプ	調味みそ（鰹節粉など）、具（調味顆粒（鰹節粉など））
	ミツカン	揚げずに揚げだし豆腐の素	濃縮だしつゆ（かつおだし、かつおぶし）
	桃屋	江戸むらさきごはんですよ！	魚介エキス（かつおなど）

（注）04年9月現在。

調味料に変化していく。

表1をご覧いただきたい。まずはふりかけ。「おとなのふりかけ」や「のりたま」に、かつお節やカツオのエキスが使われているようだ。

だが、加工粉末調味料になると、わかりにくい。たとえば、よく知られる調味料である「だしの素」と「ほんだし」を見てみよう。どちらも食品名は「風味調味料(かつお)」と同じ表記だ。原材料名を確かめると、両者に「風味原料(かつおぶし粉末)」が使われ、シマヤの「だしの素」には「風味原料(かつおエキス)」も入っている。

さらに、かつお節が使われている麺つゆの種類もずいぶん多い。「うどんスープ」は粉末、「クッキング追いがつお」「つゆの素ゴールド」などは液体だ。

そのほか、料理の味つけ(「おでんの素」「揚げずに揚げ出し豆腐の素」)やつくだ煮(「江戸むらさきごはんですよ!」)など多様な食品群にカツオの味が取り込まれているようだ。また、かつお節・鰹節・かつおぶしなど表記は統一されていない。

2　紛れ込むかつお節

かつお節はわかるし、かつお節粉までは、どんな原材料か想像がつく。しかし、「風味調味料」「風味原料」「エキス」というのは、いったい何なのだろう?

二〇〇二年の時点で国内で利用されているカツオ約三五万トンのうち、かつお節には一八万トンが使用され、そこから約三・六万トンのかつお節ができる。これに輸入かつお節約四五〇〇トンを加えた約四万トンが、国内のかつお節供給量の総計となる。これにさば節などのカツオ以外の削り節が加わって、国内の削り節の総需要量は約五万トンに達する（二一ページ参照）。

そのうち一般消費者向けに出荷される削り節は、約一万八〇〇〇トン。残りはさまざまな業務加工用にあてられている。内訳は、風味調味料原料が九〇〇〇トン、麺つゆなどの原料が四〇〇〇トン、飲食店向けが一万六〇〇〇トン、佃煮やふりかけ向けが三〇〇〇トンだ。実は、国内では、削り節のまま直に消費者の手に渡るのは少数派で、六割以上は何らかの形にさらに加工されてから、私たちの口に入るのである。

さて、カツオが加工された「エキス」とは、抽出濃縮物ということだ。メーカーによっては、かつお節を煮出して取ったり、かつお節をつくる際に生じる煮汁を煮詰めて取る場合もあるという。液体状になるため、加工しやすいという長所がある。

次に、風味原料や風味調味料。なんとなく風味がつくものとは想像できるが、どんな調味料なのか、字を見ただけではまったくわからない。調べてみると、農林水産省が二〇〇〇年の告示（風味調味料品質表示基準）で両者を定義していた。

①風味調味料

調味料（アミノ酸等）及び風味原料に糖類、食塩等（香辛料を除く）を加え、乾燥し、粉末状、顆粒状等にしたものであって、調理の際風味原料の香り及び味を付与するものをいう（第二条）。かつおぶしの粉末及び抽出濃縮物並びにかつおの抽出濃縮物の含有率が一〇％以上のものにあっては「かつお」と（中略）「風味調味料」の文字の次に、括弧を付して記載すること（第四条）。

②風味原料

かつおぶし、煮干魚類、こんぶ、貝柱、乾しいたけ等の粉末又は抽出濃縮物をいう（第二条）。風味原料は、「風味原料」の文字の次に、「かつおぶし粉末」、「かつおエキス」、「煮干いわし粉末」（中略）その最も一般的な名称をもって、原材料に占める重量の割合の多いものから順に、括弧を付して記載すること（第四条）。

要するに、風味原料は、かつお節やカツオエキスなどの混合調味料のことだ。そして、風味原料が他のさまざまな調味料と混合されてできた調味料が、風味調味料というわけである。

かっこ内に記されている風味原料の原材料名は、多い順に書かれている。ここを読めばカツオ色が強いとかサバ色が強いとか、ある程度わかる。ただし、風味調味料の場合、たとえカツオ由来の原材料が使われていても、含有割合が一〇％以下なら、商品のラベル上の「原材料名欄」には記載されない。

したがって、風味原料や風味調味料を使用した食品（菓子類や総菜類など）では、カツオ由来の原材料が使われていても、表示されないことになる。つまり、「原材料欄」を見るだけでは、私たちはカツオ由来の食品のすべてを追跡できない。微量しか使用されていない原材料については、最終製品のラベルを見るだけでは把握できないわけだ。

3　拡大する麺つゆ市場の皮肉

とくに、麺つゆやカツオ風味液体だしなど液体調味料の流れは複雑である。何がどれくらい使われているのか、正確に把握するのはきわめてむずかしい。ところが、現実には固形より液状の調味料のほうが、消費者に

図1　麺つゆ生産量と1世帯あたり麺類消費量の推移

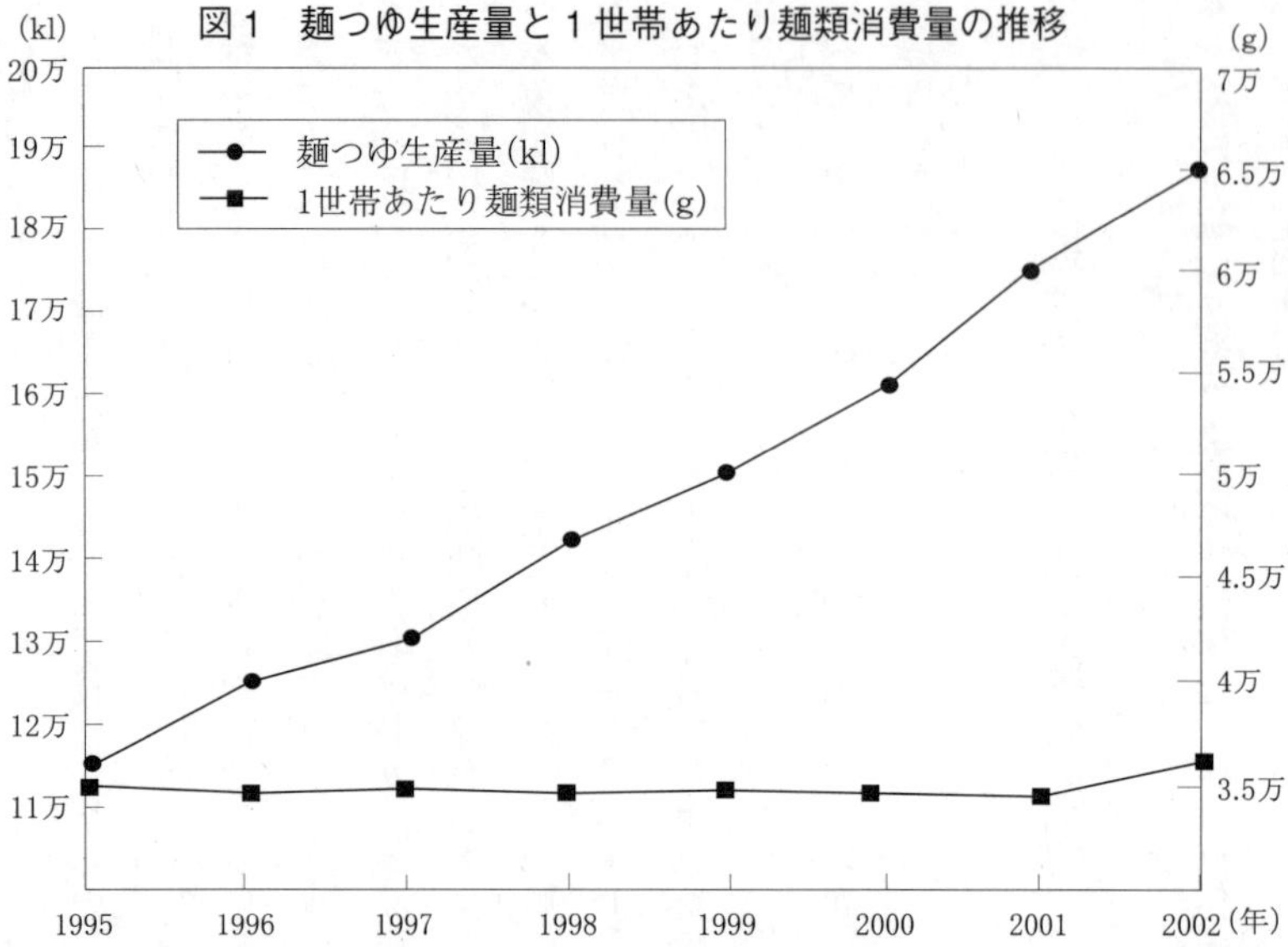

とっては「便利」で、「利用」しやすい。鍋に入れて水で薄めるなどすれば、だれでも簡単にそこそこの味を出せるからだ。このため、液体調味料の生産量や消費量は年々増えている。

カツオが使用されている液体調味料の代表は麺つゆだ。ここで日本の麺つゆ事情に目を向けてみよう。麺つゆとはそもそも、醤油とだしなどをあわせた複合的な調味料。そのままストレートで、もしくは水で薄めて、手軽にそうめんやそばなどのつゆがつくれるという、いたって重宝なものだ。

国内の麺つゆ生産量は、消費不況と言われる近年にあって、例外的に大きな伸びを見せている。九五年には一一万五四一五キロリットルだったが、九八年には一四万二九八五キロリットルに増え、〇二年には一八万七三一八キロリットルへと達した。五年間で実に一・六倍を超える伸びを見せているのだ(図1)。金額ベースでみても、九五年の六七五億円から、〇二年には約九三五億円へと、一・四倍近くに伸びている(『平成一四年版酒類食品統計年報』日刊経済通信社、二〇〇二年）。

だが、一方で奇妙なデータもある。麺つゆのおもな利用法は、文字どおり麺類のおつゆだ。ところが、その麺類の一世帯あたりの消費量は頭打ちの状態が続いている。九五年に年間三万五〇九六グラム、九八年に三万四九五六グラム、〇二年に三万六四九三グラム（図1）と、横ばい状態なのだ（総務省『家計調査年報』各年版）。

つまり、麺類全体の消費量はさほど伸びていない一方で、麺つゆの使用量ばかりが増えている。家庭でも料理店でも、かつお節や昆布などからていねいにだしを取るという作業を次々とやめ、その代わりに麺つゆを使って調理するようになっているわけだ。いまや、手軽にそこそこの味を提供してくれる麺つゆは欠かせない存在となりつつある。麺のつゆだけでなく、鍋料理や煮物の味付けに使えるのも強みだ。

ところで、〇二年三月、静岡県焼津市のあるかつお節メーカーを訪ねたとき、整然とうず高く積もったカビ付けされていないかつお節の山を前に、こう言われた。

「うちがにんべんに納めるかつお節にはA、B、Cの三つのランクがあるんだ」

このメーカーは、にんべんにかつお節を卸す指定メーカーの一つである。

「指定メーカーは全国で六社しかないのです。削り節などの原材料は、原則としてこの六社からしか仕入れません。六社は定期的に製品の品質検査を行い、仮に不十分な質のかつお節が見つかった場合は、同時に製造したすべてのかつお節が返品されてしまいます。食品だけに、品質管理に細心の注意を払っているのです」

ここで気になるのが、A級、B級、C級の各ランク付けの話。どういうことなのだろうか。

「A～Cの各級は、かつお節中に含まれる脂分の割合で分別されています。Aには脂分がほとんど含まれていません。B、Cとなるほど、脂分の含有割合が増えます」

脂分が多いと、腐敗が進みやすい。保存食として珍重されてきたかつお節の場合、脂分や水分が少ないほど日持ちがいいとされている。だから、脂分の少ないかつお節がA級となるわけなのだ。販売価格も一般的にA級のほうが高い。

「だけど、実は味がうまいのは、脂分が若干あるB級だったりするのですよ。脂分の多寡は、うま味にかかわってきますから」

だが、A級のかつお節は原則として削り節の材料に、B級は麺つゆの原料に、C級は風味調味料などその他の用途に、自動的にランク分けされるという。

「うまいはずのB級がことごとく麺つゆ用に加工されてしまうというのも、おかしな話ですよね」

4　麺つゆの進化とライフスタイルの変化

なんとも「便利」なこの麺つゆが誕生したのは、いつごろだろう。実は、そんなに古いものではない。

麺つゆが誕生したのは一九五二年。愛知県の小さな醤油・味噌メーカーであるイチビキが開発したのが最初とされる。当時の麺つゆは七〜八倍程度に高濃縮されたもので、立ち食いそば屋などで手軽につゆをつくれる商品として開発されたという。

しかし、伝統的にだしを取って味を調えることが調理の基本とされていた業界や家庭では、手軽な麺つゆは、「安かろう、まずかろう」と思われがちで、すぐには普及しなかった。麺つゆが調味料のひとつとして一般家庭で広く認識されたのは、八〇年代後半から九〇年代である。まだ二〇年も経っていないわけだ。

麺つゆメーカーは中規模から小規模が大半で、圧倒的なシェアを誇るメーカーは存在しない。二〇〇〇年の主要メーカーの販売額(日本経済新聞社調べ)を見ると、一位がにんべん(一一二億円)、二位がヤマキ(一〇八億円)、三位がミツカン(一〇〇億円)で、以下、ヤマサ醤油、キッコーマン、桃屋と続く。トップのにんべんのシェアは、わずか一三・六%にすぎない。

このうち最近になって急速にシェアを伸ばしてきたメーカーが、家庭用に限定して販売しているミツカンだ。家庭用麺つゆ市場では、九九年からトップの地位を確保している。また、にんべんはおもに関東地方、ヤマキはおもに関西地方を中心に販売しているため、全国展開のメーカーではミツカンが最大手となる。

麺つゆに代表される液体調味料やかつお節加工食品が普及した背景には、核家族化、共働き、単身世帯の増加、AV機器やカラオケボックスなどアフターファイブを気楽に過ごせる娯楽施設の普及などがあげられるだろう。その結果、私たちが家庭で調理や食事に費やす時間は著しく減少した。たしかに一見、調理の選択の幅は広がり、豊かになったかのように見える。しかし、一方で多くの問題も生じつつある。その一つは、材料であるかつお節そのものの個性が必要とされなくなってきたことだ。

以前は、かつお節は産地ごとに土佐節や薩摩節などとブランド分けされ、一本ごとにカビ付きの具合や形状を吟味して売られていた。しかし、麺つゆ製造の現場では、大量のかつお節が次々と混ぜられていく。B級かつお節がその一例だ。一定以上の品質さえ確保し、荒節(カビなし)、枯節(カビ付き)程度の大まかな区別がつけば、それで十分。ブランドごとに均質な味、種類こそ豊富だがどれもほどほどの味の範疇におさまる麺つゆが大量にできあがる。きめ細かく、風味豊かな手づくりのかつお節の味や技術は、いつのまにか消えていこうとしている。

また、麺つゆの普及は家庭生活の思わぬ変化も知らせてくれる。たとえば、かつては多様だった家庭ごとの「おふくろの味」は、風味調味料や風味原料の均質な味に収斂され、置き換えられていく。さらに、家庭で調理や食事に時間を割けなくなり、一家団欒の時間が減ることは、私たち一人ひとりの精神生活にも少なからず影響を与える。家族の崩壊や親子の断絶などが叫ばれて久しいが、家族やぬくもりを軽視してきた社会の歪みと麺つゆの普及は、必ずしも無縁ではない。

麺つゆを追求していくと、深く考えずになんでも簡単に処理して、楽な方向を選び続けてきた私たちの姿が、お手軽文化に気軽に手を染め続けてきた消費者の姿が、垣間見えてくる。「便利」な生活に慣れきって、かつお節は生活から手放し、麺つゆは手放せなくなってしまう自分自身の姿を、あまり目にしたくはない。

だが、変化したのは、かつお節だけではない。私たちのライフスタイルと、それを甘受する私たち自身の価値観も、大きく変化しているのである。

第Ⅱ部

北上するカツオ

第1章　カツオが変える漁村社会

北窓　時男

1　船積みされて北上するカツオ

カツオは黒潮に乗って日本近海へやって来るもの、と思っていた。でも、最近のカツオは船旅でも北上するらしい。その現場を黒潮の源流に近いインドネシアの海から見ていこう。

カツオの日本への船旅がとくに増えるのは、一九八〇年代なかば以降だ。そのころ、円高が急速に進む。日本の漁網会社に勤めていた私が「インドネシアの合弁企業へ出向を命じる」という辞令を受けたのは、八五年七月である。一二万五〇〇〇円だった初任給をもらってから、二年半が経過していた。全額ドル建ての給与明細を見て、一ドル二三五円のレートで換算すると、日本での給与の三倍に近い。喜び勇んでインドネシアへ赴任したことを覚えている。もっとも、その直後からどんどん円高が進み、半年後に家族を日本から呼び寄せたときには、一ドル一二〇円を突破していた。半年たらずの間に、給与が半減したような気がしたものだ(円に換算すればの話だが……）。

この急速な円高の進行によって、日本を中心とするアジアの水産物流通が大きく変化する。輸入水産物の単価（円換算）が大幅に低下し、輸入量が急激に増加した。魚種は高級魚（エビ、マグロ、サケ・マスなど）から中・低級魚（タラ、サバ、イワシなど）にまで広がり、海外に原料魚を依存する水産加工業者が急増する。その後のバブル経済の崩壊で、輸入の中心であったエビ類が減少に転ずるものの、円高は変わらなかったため、水産加工分野の積極的な海外投資は続いた。付加価値を高めて輸出する販売戦略によって、日本では調整品（ウナギの蒲焼き用製品などの半加工品）や加工品（塩蔵品、乾燥品、燻製品など。かつお節も、そのひとつ）の輸入が伸びていく。(1)

インドネシアにおけるカツオの漁獲は、八五年の八・七万トンから九五年の一六・〇万トンへ、一〇年間でほぼ倍増した。そのうち、スラウェシ島が三七％、マルク州とイリアン・ジャヤ州（当時、ニューギニア島西部）が四〇％を占める（九五年実績）。スラウェシ島以東の東部海域が主要な生産地となっているのだ。なかでも、スラウェシ島北部のビトゥン周辺にはカツオやマグロを原料とする水産物加工会社が多く、インドネシアにおけるカツオ需要の中心地となっている。ここで冷凍魚、缶詰、かつお節に加工されたカツオが、船積みされて海外へと向かう。

一方で、この地に住む人びとはカツオを鮮魚の状態で、あるいはイカン・フフと呼ばれる半燻製品として、従来から食生活に利用してきた。この地を何度も訪れ、地域に住む人びとの生活を肌で感じ、歩きながら考えてきたことを、ここで語りたい。

2　漁労と流通の現場で

漁民と水産会社の協力システム

漁業が対象とする生産物は、主食とはならない。だから、漁業の活動は生産物の交換を必要とし、商品生産へと移行しやすい。そのとき、生産物を商品として扱う商業的仲介者の存在が必要になる。たとえばマラッカ海峡に面するスマトラ島東岸地域では、頭家《たうけ》(Tauke)と呼ばれる華人商人[2]が複数のマレー系漁民[3]を傘下に従え、集荷した鮮魚をマラッカなどマレー半島の鮮魚市場へ販売している。

また、国際商品であるカツオやマグロ資源が豊富なインドネシア東部海域には、広大な海に多くの島々が分布する。分散した島社会の一つひとつはどれも小さいため、域内で有効な鮮魚市場が形成されず、水産物を輸出したい水産会社と船や漁具を持たない漁民が、プルサハン・インティ・ラヤット(Perusahaan Inti Rakyat 通称PIR《ピイル》システム)[4]と呼ばれるシステムで結びついた。これは、核会社となる国営や民間の企業が傘下メンバーとなる農・漁民に生産活動の便宜を供与し、彼らの生産物を買い付ける、両者の協力システムである(図1)。七〇年代初めにプランテーションで導入され、その後さまざまな分野に適用されていく[5]。

図1　PIRシステムの概念図

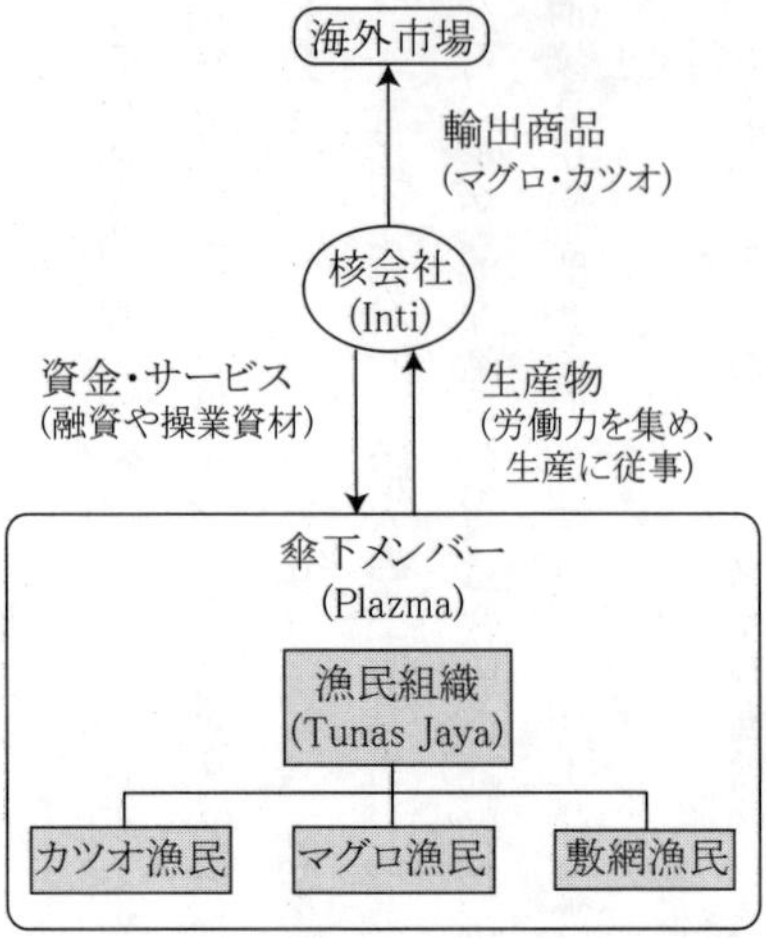

水産分野では、八〇年代初めに国営のウサハ・ミナ社が始め、その後バリ・ラヤ社、プリカニ社、プリカナン・マルク社、プルケン・ウタマ社などが続く。こうして、スラウェシ島からイリアンジャヤ州までの二〇〇〇キロに及ぶ広範な海域で暮らす多くの漁民たちが、PIRシステムに巻き込まれていく。それらはいずれも、カツオ・マグロを日本など海外市場へ輸出することを目的とした。水産会社は漁民が漁船を建造するための融資を提供し、燃料や氷や食料など操業に必要なすべてを用意する。漁民は人を集め、魚を獲りに行きさえすればよい。

PIRシステムは、この地域の漁民が統合(インテグレーション)されていく契機を提供したのである。

PIRシステムの終焉

こうして社会的な広がりをみせていたPIRシステムは、九〇年を過ぎたころから徐々にほころびが目立ち始める。その端緒はビトゥン周辺である。

この地に本部を置くプリカニ社が地元のカツオ漁民をPIRシステムに組み込んだのは、八六年以降だ。漁民に漁船を建造するための融資を提供し、氷や燃油を廉価で販売し、運搬船による集荷サービスを実施。さらに、漬け木(中層魚礁=魚が集まる核になる)を設置し、傘下漁民共有の漁場を提供した。見返りとして、プリカニ社は傘下漁民が漁獲したすべてのカツオを要求する。引き取り価格は九〇年当時、一キロあたり輸出用一級品が九五〇ルピア(当時、約七三円)、二級品が七五〇ルピア、国内用が五〇〇ルピアだ。ビトゥンの鮮魚市場での卸売価格は一キロあたり二〇〇〇ルピア程度だったから、プリカニ社が要求する魚価は市価の半値以下だったことになる。

ビトゥン周辺では八〇年代なかば以降、輸出をめざす水産物加工会社が増え、カツオ・マグロの需要が増加していた。スラウェシ島北部では魚の買い付け業者が奔走し、あらゆる漁民に渡りをつけていく。激化する買い付け競争で、当然、魚価は上昇する。こうした流れのなかで、この地のＰＩＲシステムは機能不全に陥った。多くの傘下漁民が、自分たちの漁獲物をプリカニ社以外の水産会社へ市価で販売し始めたからだ。九八年当時、プリカニ社がＰＩＲシステムで回収不能に陥った金額は八億ルピアに達していた。多くの漁民がＰＩＲシステムを見限ったのである。

水産資源を開拓し、それを海外市場へ輸出するベクトルをつくり出し、そのなかへ地域の漁民を放り込む契機を提供したＰＩＲシステムは、その役割を終えようとしている。

拡大する流通網

九七年のアジア通貨危機に始まるルピアの暴落は、この地に水産物輸出の好機をもたらした。輸出をめざす水産物加工会社が集まるビトゥンでは、原料となる水産物の需要が増し、流通網が拡大する。九九年当時、その範囲は北スラウェシ州の全域からハルマヘラ島北部にまで及んだ。ここでは、ハルマヘラ島北部のトベロから陸路と海路を利用してやってくるカツオの事例を紹介しよう。

ハルマヘラ島北部の町トベロの市街地に、ラワジャヤという漁民集落がある。九八年の夏にこの地を訪れた。浜では、水揚げされたカツオが盛んにトラック積みされている。スラウェシ島北部の水産物加工会社へ送られるのだ。カツオは舟に横付けされた大八車に移され、浜の計量場へ運ばれる。尾数と重量がチェックされ、氷水にしばらく漬けられたカツオは、トラックの荷台に敷き詰められた砕氷の上へ並べられていく。賑や

カツオは大八車で浜の計量場へ(98年8月、ラワジャヤ集落にて)

かで雑然とした作業のなかに、カツオの品質を気づかう入念さが感じられる。
　ハルマヘラ島西部のシダンゴリ港からテルナテ島へ向かうフェリーに乗ったわれわれは、トベロからビトゥンへカツオを搬送するトラックに再び遭遇した。そのとき、責任者のウディンさんから話を聞いた。
　ウディンさんは、九八年一月にこの事業を始めたという。アジア通貨危機に端を発するルピアの暴落が進行していたころだ。米ドル建てで輸出される冷凍カツオの価格は、ルピア貨が一米ドル二五〇〇ルピアから一万ルピアに暴落したことで、わずかの間に四倍に跳ね上がる。これが漁民からの買い付け価格に転化し、浜を潤していた。わずかばかりの商いから始めたウディンさんの事業は、瞬く間に一週間で六～八トンのカツオを出荷するまでに成長する。
　深夜にトベロを出発したトラックは五～六時間後にシダンゴリ港に着き、午前一〇時過ぎ発のフェリーで正午ごろテルナテ島に到着する。品質の低下を防ぐため、こ

図2　トベロからビトゥンへのカツオ輸送ルート

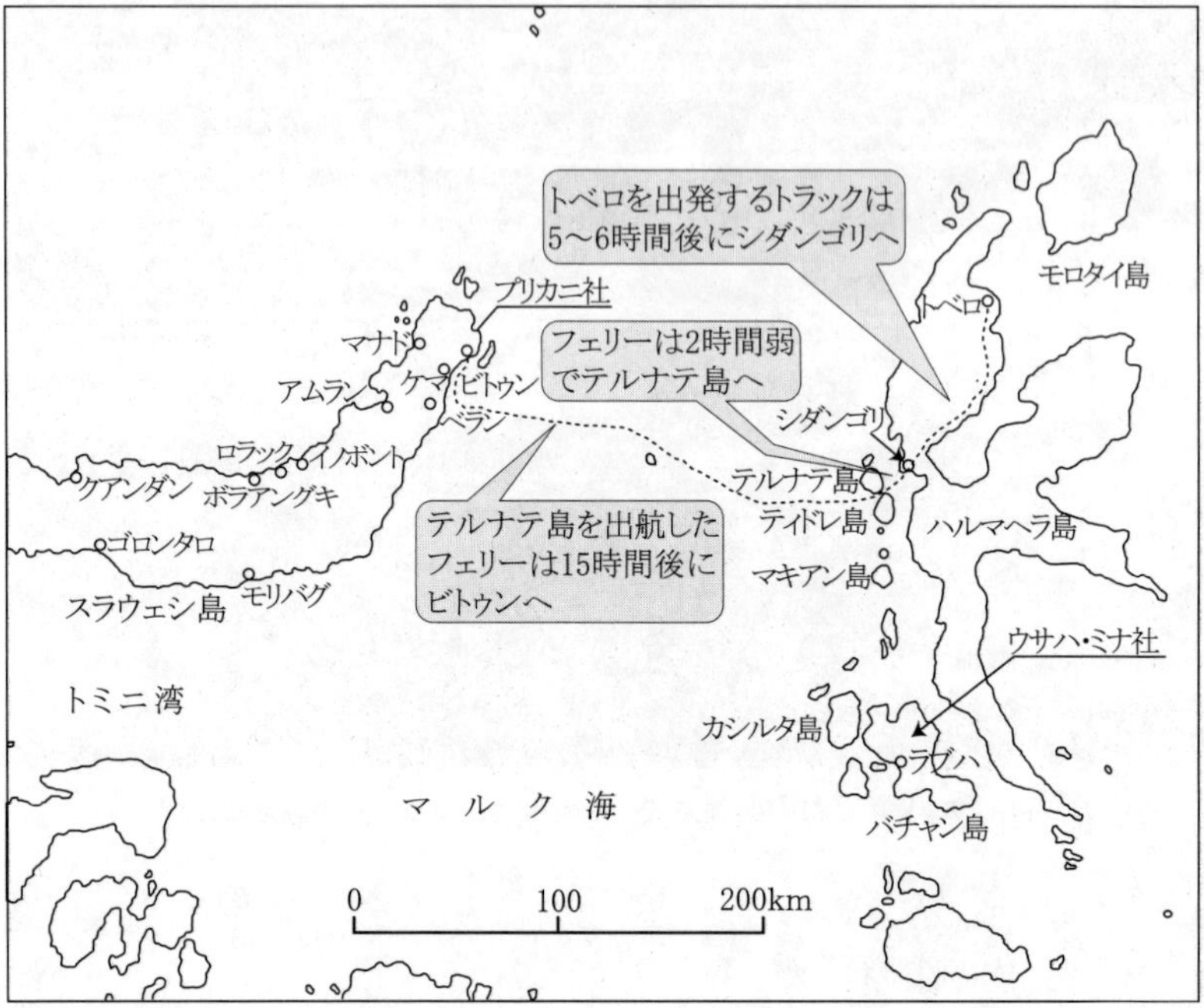

こで再度砕氷とともに積み直されたカツオは、その日の夜七時に出航するフェリーで、翌朝一〇時ごろビトゥンに入港する。トベロで氷蔵されたカツオが、陸路と海路を利用し、約三六時間をかけてビトゥンに到着するのだ(図2)。

カツオ満載のトラックに同乗するウディンさんは、トベロ出発後も忙しい。ビトゥンに着くまでに、カツオの受入先を探さねばならないからだ。水産物加工会社の買い付け担当者に直接、電話で交渉する。価格交渉は、到着したカツオの状態を見てから。だから、ウディンさんはいつもカツオとともにビトゥンへ行かなければならない。支払い条件は即金か翌日現金払い。カツオを引き渡し、代金を受け取ると、その日の飛行機でテルナテ島へ戻る。そして、氷を手配し、再びチャーターしたトラック便に乗り込んで、ラワジャヤ集落へ向かう。

トベロでカツオを買い付け、ビトゥンの水産

図3　漁民の統合化がもたらすもの

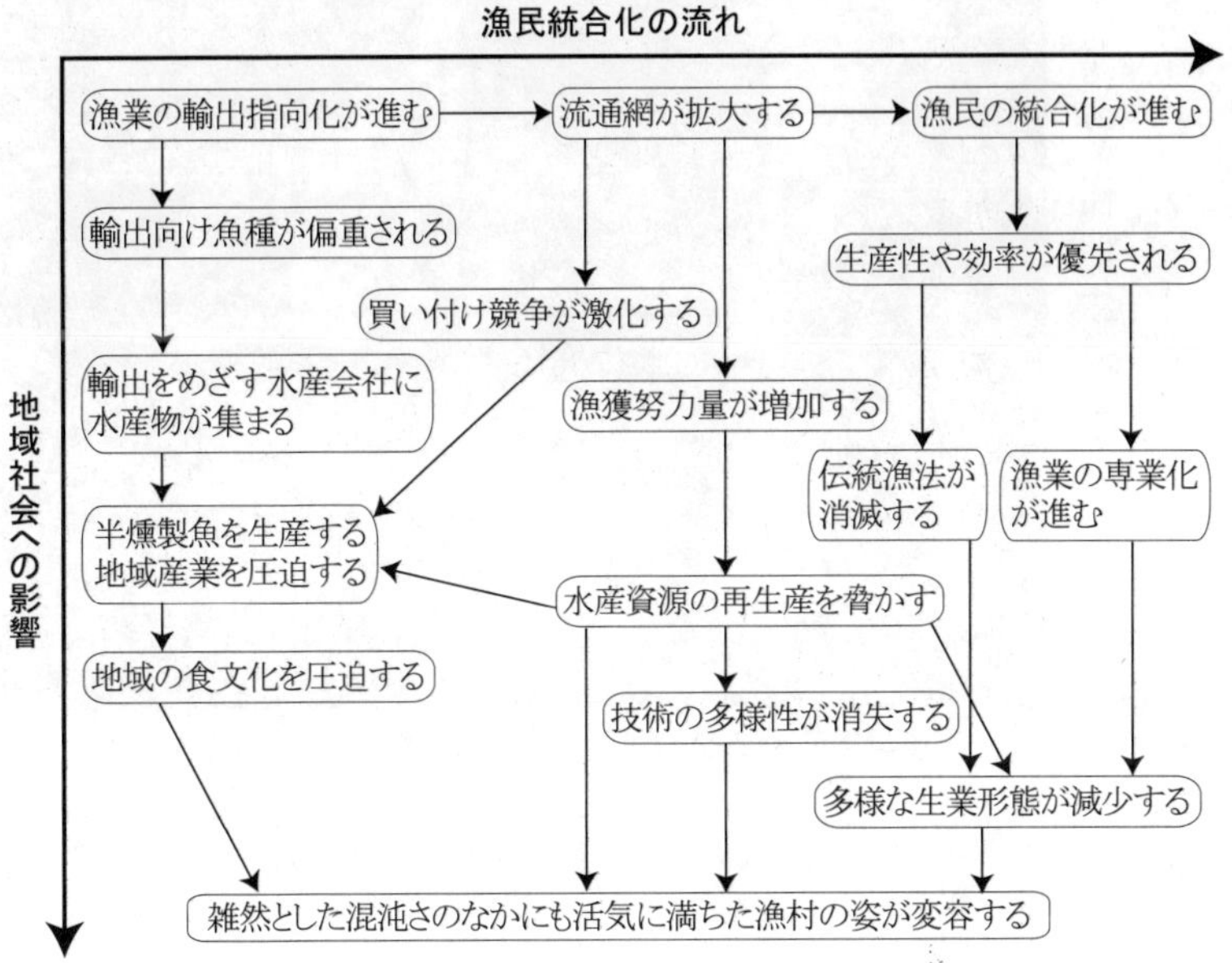
漁民統合化の流れ
地域社会への影響
漁業の輸出指向化が進む
流通網が拡大する
漁民の統合化が進む
輸出向け魚種が偏重される
生産性や効率が優先される
買い付け競争が激化する
輸出をめざす水産会社に水産物が集まる
漁獲努力量が増加する
伝統漁法が消滅する
漁業の専業化が進む
半燻製魚を生産する地域産業を圧迫する
水産資源の再生産を脅かす
地域の食文化を圧迫する
技術の多様性が消失する
多様な生業形態が減少する
雑然とした混沌さのなかにも活気に満ちた漁村の姿が変容する

物加工会社へ販売するウディンさんの試みは、カツオという地域資源が海外市場へ向かう多くのベクトルの一つである。そうしたベクトルの一つひとつに巻き込まれていく漁民やその活動に携わる人びとの総体が、水産物流通網の拡大とともに膨らんでいく。

3　統合化のなかで何が起こったか

多様性の低下と食文化への影響

拡大する水産物流通網のなかで、地域の人びとへ水産タンパクを供給するために多様な活動に従事してきた漁民たちが、海外市場への輸出をめざす水産会社を中心とする経済活動に巻き込まれる。それは、地域漁民が水産会社のもとに統合されていく過程である。この流れのなかで、何が起こったのだろうか（図3）。

まず、スラウェシ島北部やマルク諸島のバチャン

市場で売られるカツオの半燻製品（04年5月、マナドにて）

島など、ＰＩＲシステムが強力に推し進められた地域ほど、フナイと呼ばれる在地漁法が姿を消し、より効率的で規模の大きなフハテ漁法への転換が進んだ（フナイとフハテの漁法や歴史については、第Ⅳ部第5章を参照）。

フナイは、竿が長くて重い、釣り上げたカツオを脇の下で押さえて針をはずす方法に時間がかかるなど、フハテより効率が悪い。経営規模も零細で、生産量でかなり見劣りがする。また、雇用関係が比較的明確なフハテに比べて、雇用形態や分配方法には、相互扶助を建前とする伝統社会の様式が投影されている。フハテが経済性を担うとすれば、フナイは社会性を担っているといえよう[6]。

漁業の輸出指向が強まり、漁民の統合化が進むなかで、生産性や効率が重視されるようになる。そして、地域の社会関係を担うがゆえに生産性の低い伝統漁法は敬遠され、効率的な漁法への転換や漁業の専業化が進む。その結果として、生産技術や生業形態の多様性は減退する[7]。

カツオやマグロなど輸出商品となる魚種の漁獲が偏重され、それが輸出を目的とする水産会社に吸収されるため、地域への水産物の供給が制限され、それを消費する域内の食文化に影響を与える。私たちはそれを、地元消費向けにカツオの半燻製品をつくって販売するイスマイルさんの言葉から知った。

カツオの半燻製品を加工・販売する経営体は、かつてマナド市場の周辺に五軒あった。先述したように八〇年代なかば以降、周辺地域に水産冷凍会社、缶詰会社、かつお節会社が増え、原料魚の買い付け競争を招く。米ドルに対するルピアの価値が常に下落していく環境のなかで、製品を外貨建てで輸出する会社は、原料魚のルピアでの買い付け競争を有利に乗り切れる。反面、地域市場を対象とする半燻製品の経営体は、原料価格の上昇を製品価格に転化させることがむずかしい。このため原料魚の入手が困難になり、経営難や閉鎖に追い込まれていった。私たちが聞き取りした九八年と九九年、イスマイルさんの作業場では、一日四〇〇尾を加工する能力があるにもかかわらず、一〇〇尾程度の生産に甘んじる日々が続いていた。

水産資源と漁村社会への負のインパクト

さらに、水産資源への負のインパクトである。資源学者でない私は、東部インドネシア海域にどの程度のカツオ・マグロ資源があって、漁獲適正量がどれほどなのか、数字のうえではわからない。ただ、浜を歩くなかで出会った漁村の現実を知り、そこから考えるばかりだ。

北スラウェシ州のゴロンタロを訪れたのは、九〇年五月と九八年四月の二回である。ここでは、ウサハ・ミナ社が八八年二月に周辺の漁民を組織化し、マグロの生産を目的とするＰＩＲシステムが始まっていた。

私が訪れた村は、海に突出する山あいに広がった、ネコの額ほどの空間に人家が密集する典型的な漁村だ。地味は乏しく、明らかに漁業以外に生活の糧がない。九〇年には、ＰＩＲシステムに組み込まれた五五〇人の漁民がマグロ漁業にいそしんでいた。その八年後、この地を再び訪れた。漁業に依存して生きる村の姿は昔と変わらない。しかし、マグロ漁民の姿はもうどこにもなかった。九二年以降、ゴロンタロ近海ではマグロが獲れなくなり、ウサハ・ミナ社が漁民に貸し付けた融資額の半分が焦げ付いたのだ。ゴロンタロ近海のマグロ資源がどの程度あって、どういう状態にあるのかは、わからない。しかし、多くの漁民が一度にマグロの漁獲に集中した結果、マグロ資源に負のインパクトを与えたことは疑いない。

加えて、雑然とした混沌さのなかにも活気に満ちた漁村像の変容である。九六年に訪れたマルク諸島北部のバチャン島ラブハで、私はそれを直感した。

ウサハ・ミナ社はここで八七年からＰＩＲシステムを始め、九六年当時、六四隻のカツオ一本釣り船、一一七隻のマグロ立て縄船、一八隻の底釣り船、四五隻の敷網船を傘下に従えていた。遠隔地のために競合他社の参入が少ないことも幸いし、水産分野のＰＩＲシステムではもっとも成功した事例の一つといわれる。

私が初めてラブハを訪れたのは八八年八月、この地でＰＩＲシステムが始まって一六カ月が経過したころだ。多くの漁船が各地から集まり、生産高は右肩上がりだった。浜には雑多な漁具が散乱し、人びとが忙しそうに立ち働いている。浜上げされたさまざまな魚が、鮮魚や燻製魚として流通し、入り乱れた人びとの活気が浜に満ちあふれていた。

それから八年後、再び訪れたラブハの浜には、雑然とした騒々しさがどこにもなかった。それは、ウサハ・ミナ社が九一年に冷凍加工基地をラブハ近郊に建設したからだ。ラブハの漁民組織も、まもなくそこへ引っ越す。あとに残されたラブハの村には、しらじらとした虚ろさだけがただよっているように思われた。これが、水産分野の統合化が進んだ結果として生じるひとつの帰結であるならば、人びとがいきいきと暮らせる活気ある漁村は滅びざるを得ないのではないだろうか。

4　統合化に対抗する風土の力

価値観の多様性

東南アジアの海域世界は、多様性に富む世界である。インドネシア独立の理念となった「多様性のなかの統一」は、多民族・多宗教・多文化からなる社会状況を反映している。インドネシアの言語強化開発センターがリストアップした民族語は、四一五にものぼるという(8)。

たとえば、四国ほどの大きさのハルマヘラ島に住む人びとは、周辺の小島をあわせてもわずか四二万人にすぎない。その島に、なんと一八以上もの言語集団が暮らす。テルナテ語やティドレ語を除くと、一つの言語を用いる人口はわずか二～三万人ほどで、なかには数千人程度の言語もある(9)。エスニック集団の数は多いが、一集団あたりの人口は少ないのだ。

社会集団としてのエスニック集団が、ある場面において生き方のスタイルを表現している場合がある。漂海民として暮らすバジャウ、艱難辛苦《かんなんしんく》型の農民像と重なるジャワ、通過型土地利用が得意なスタイリストのムラユなどが、その一例だろうか。それらは、あるエスニック集団が共有する神話や歴史に裏付けられた価値観の表出である。いわば、本拠地である土地の風土がつくりあげてきた、彼らの文化的表現だ。東南アジア海域世界は、そうした価値観に裏付けられた多様な文化的背景をもつ人びとからなる世界である。

ＰＩＲシステムでは、核会社が生産報奨制度を設け、生産性重視の価値観を傘下漁民に植えつけていく。地域の漁民を統合しようとする大きな流れは、生産性や効率性を重視する画一的な価値観をもっている。その結果、社会性を担うフナイは「存在価値」を失いつつあるかのようだ。ただし、ここでいう存在価値とは、あくまで生産性や効率性を重視する価値観を前提とするものだ。さまざまな価値観をもつ多様な人びとが存在するかぎり、それはあくまでも多くのなかのひとつの価値観にすぎない。

しかし、そうした人びとのなかに生産性や効率性を重視する価値観が浸透し、それがエスニック集団間の文化的価値観の差異を凌駕してしまうとすれば、このひとつの価値観は、ある日全体の価値観となってしまうかもしれない。そのとき、この地域が風土として備えている社会構成員の多様性は失われてしまうだろう。

資源と技術の多様性

人びとが住む世界から海の世界へ、目を転じてみよう。サンゴ礁の海に潜ると、ベラ、フエダイ、ブダイ、タカサゴなど色鮮やかな魚たちが群れをなして泳いでいる。その種類の多さには圧倒されるばかりだ。そこには生物資源の多様性が広がっている。しかし、一定の空間に存在できる生物量にはおのずと限界がある。種類が多いということは、裏を返せば一種類あたりの生存量はさほど多くないということだ。むしろ、透明度が高くプランクトンに乏しい南の海は、北の海に比べて単位空間あたりの生物生産量が少ないといわれている。

水産資源は一定の範囲内で漁獲するかぎり、再生産が可能である。だが、資源の限界を超えて漁獲量が拡大すると、枯渇の一途をたどる。水産資源の種類が多く、一種類あたりの生物生産量がさほど多くない特徴をもつ海では、さまざまな種類の漁労技術を駆使して、それらの資源を少しずつ、過不足なく漁獲し、利用することが、理にかなっている。時に応じて、漁業だけにとらわれない、幅広い生業形態の維持が重要だ。この地域の人びとが実践するそうした資源の利用戦略が、この地域の自然資源を賢く利用する知恵である。

輸出指向型漁業が進展し、国際商品であるカツオやマグロなど特定の水産資源に偏重した生産が拡大すると、対象資源の再生産性は維持できなくなる。しかし、ナマコ、フカヒレ、鼈甲《べっこう》[10]、真珠貝など、これまでこの地域が外部地域へ海産物を供給してきた歴史は古い。人びとはこれらの海産物を域内で利用する文化をほとんど育てなかったから、それらは中国など外部市場向けに生産される完全な輸出商品だった。この地域は長年、水産物の輸出を手がけてきたのである。

ここで問題とすべきは、水産物輸出という行為そのものではなく、その行為によって生じる変化の速度と量である。ゆっくりとした速度であれば、人びとはそれに対応できる。自らが移動する術をもたないナマコを、売れるからといって採り続ければ、資源は早晩枯渇する。それを避けるため、この地域の人びとはサシと呼ばれる伝統的な資源管理制度を導入し、禁漁区や禁漁期間を設定した[11]。そうした制度が生まれ、整備されるまでには、かなりの年月がかかり、試行錯誤が繰り返されたであろう。ゆっくりした速度であれば、人びとはそれに対応できる。しかし、現在の変化はあまりに速く、変化の量は大きい。そこに問題がある。

風土としての海のネットワーク社会

漁民の統合化が進むことで、血液が脳から末端の毛細血管へ流れていくように、生産性の重視や効率性の優先という画一的な価値観が、水産会社から傘下漁民へ染み込んでいく。その過程で、東南アジア海域世界の社会風土はじわじわと変質していく。それは事実である。しかし、私はそれに対抗する力もまた、この地域に備わっていると考えている。それを一言で表現すれば、「現場情報の組み換え機能」という力である。

東南アジアの市場や港を訪れると、いつも多くの人びとでにぎわっている。船から魚を降ろす人、魚の重量を量って帳面に書きつける人、麺類や氷菓子を売る人、ぼんやりと付近をながめる人、なにやら叫ぶ人……。そうした雑多な人びとが行き交い、そして立ち働いている。その場から発散されるエネルギーは莫大なものだ。そのエネルギーの一つひとつが現場情報の組み換え機能をもち、あふれるような活気をもたらしている。

ここでいう現場情報の組み換え機能とは、人びとがさまざまな現場にコミットし、その人びとの主観のなかで獲得された現場情報が、時々刻々の変化に合わせて組み換えられていく機能をいう。現場を自分の目で見て、自分の頭で考えて獲得された情報が、網の目状に拡散する人と人のつながりを介して伝達され、それぞれの結節点で新たな情報が付け加えられて、組み直されていく。そうして生まれる活きた情報と、その情報に基づいて派生する活動が、まわりまわって社会のさまざまな部分に影響を及ぼしていく。ここでは、その作用の総体を現場情報の組み換え機能と呼ぶことにしよう(12)。

漁民が統合されるなかで観察された前述のさまざまなできごとは、経済主義の浸透によって生産性や効率性というひとつの価値観が拡散していくなかで派生する現象である。そうした動きのなかで、末端に位置付けられる漁民は、上からの価値観を受容するだけの存在にすぎない。そこに、構成員一人ひとりの主観が介在する余地は乏しい。

東南アジア海域世界が雑然とした混沌さのなかにも活気に満ちているとすれば、それは無数の島々に生まれた大小さまざまな港や市場から発散されるエネルギーの一つひとつが、網の目状に結びつくことで生まれる類のものだ。それぞれの港や市場で日々繰り返される営みのなかで、客観性に基づいた既成の概念や理解の枠組みとは異なる、一人ひとりの主観をとおして獲得された情報が生成され、拡散していく。

東南アジア海域世界が育む風土のなかでは、一人ひとりの主観が介在することによって、それぞれの現場が末端であると同時に中心にもなるようなネットワーク型の回路が働くのである。それは、広大な海に散らばる島々に分散的に暮らす人びとが、海を移動するなかで多様に結びつく社会を形成してきたからだ。いわば、海のネットワーク社会が風土のなかで育まれてきたのだ。

私がこの地を訪れ、観察したのは、経済主義による上からの画一的な価値観の広がりと、人びとが暮らす地域社会が育んできた多様な風土とのせめぎ合いが織りなす、現実の姿であった。経済主義の浸透という大きな流れのなかで、人びとの価値観や生産技術や生業形態の多様性が減退し、水産資源の再生産性が危機に瀕しようとしている。そうした潮流への対立機軸として、この地域が風土として育んできた海のネットワーク社会は、今後ますます重要性を増していくことだろう。

(1) 近年における日本の水産物貿易とアジアとの関係については、山尾政博「日本の水産物貿易の構造変化と国際環境——集中性から多面性への転換」『地域漁業研究』第三八巻、第一号(一九九七年六月)、廣吉勝治・加瀬和俊・馬場治ほか『アジア漁業の発展と日本——漁業大国から国際連帯へ』(全集『世界の食料 世界の農村』農山漁村文化協会、一九九五年)を参照。

(2) 頭家は中国語からインドネシア語になった言葉で、主人とか親方の意味。スマトラ島東岸地方で頭家と呼ばれるのは、ほとんどが華人商人である。

(3) 多くはムラユと呼ばれる、マラッカ海峡周辺地域を根拠地とする人びと。

(4) このシステムで核会社となる水産会社はインティ(Inti)と呼ばれ、組織化された傘下漁民はプラズマ(Plazma)と呼ばれる。

(5) 一九八七〜九一年ごろにはアブラヤシ、ゴム、カカオ、コショウ、茶など農園業のほか、酪農、養鶏、漁業、養殖業、ホテルなどの分野でPIRシステムが適用されていた。

(6) 当地におけるカツオ一本釣りの技術と経営については、拙著『地域漁業の社会と生態――海域東南アジアの漁民像を求めて』(コモンズ、二〇〇〇年)一七四~一八一ページを参照。

(7) 現在スラウェシ島北部でフナイが見られるのは、マナド沖のブナケン島とガンガ島、それにビトゥン南西のベランである。〇四年五月に訪れたガンガ島とベランで見たフナイには、船体の大型化、馬力の増加、一隻あたり乗組員数の増加、散水用ポンプの装備などの特徴が認められた。これまで私が抱いていた消えつつあるフナイのイメージを変更させるような体験だった。こんなところにも、単系発展論では説明できない、東南アジア島嶼社会のもつおもしろさがある。今後のさらなる展開に留意したい。

(8) 小川忠『インドネシア――多民族国家の模索』岩波新書、一九九三年、二六ページ。

(9) 吉田集而「ハルマヘラ島における民俗方位の構造」『国立民族学博物館研究報告』第二巻第三号(一九七七年)、四四二~四四六ページ。

(10) ウミガメ科に属するタイマイの甲羅には、黄褐色地に黒褐色斑がある。べっ甲はこの甲羅を加工したもので、櫛、メガネの縁、装飾品などに利用される。美しい褐色で、半透明の製品になる。

(11) サシについては村井吉敬『サシとアジアと海世界――環境を守る知恵とシステム』(コモンズ、一九九八年)を、インドネシアの伝統的な漁場利用と管理については拙稿「漁場管理の環境社会学的考察――インドネシアの事例から」『地域漁業研究』第四〇巻第二号(二〇〇〇年)を参照。

(12) 基本的な考え方については、今井賢一・金子郁容『ネットワーク組織論』(岩波書店、一九八八年)を参照のこと。

第2章　インドネシア・カツオ往来記

藤林　泰

1　四八年目の日本再訪

二〇〇〇年七月、インドネシア北スラウェシ州ビトゥン市に住むトミー・センベンさんが四八年ぶりに日本にやってきた。一九三一（昭和六）年生まれのセンベンさんは、日本名を「大岩トミー」（戦前の日本語公式表記は「大岩富」。以下、トミーさん）という。この往来記の語り手ともいうべき人物である。トミーさんは、一〇歳から二一歳までの一一年間を戦中・戦後の混乱期の日本で過ごした。四八年ぶりに見る日本の若者の服装や「茶髪」に驚き、嘆きながら、かつて住んだ横浜市、南知多《ちた》町（愛知県知多郡）、松本市（長野県）へと精力的に歩いて、旧友、知人、親戚と半世紀ぶりの再会を果たした。

トミーさんは、大岩勇（以下、大岩）とサンギル人アンチ・センベンの長男として生まれた。大岩は、かつて「蘭領東印度」と呼ばれたインドネシアの、当時「セレベス島」と呼ばれたスラウェシ島の東北端にあるビトゥンで、戦前・戦中の一五年間、カツオ漁業とかつお節製造業を営み、大きな成功を収めた人物である。第二次世界大戦太平洋戦線開戦直前の一九四一(昭和一六)年、トミーさんは日本への最後の引き揚げ船で初めて日本の地を踏む。そして、国民学校と新制中学校で学び、いくつかの職を経験した後、母と五人の弟妹が暮らすインドネシアに帰国したのが五二年。以来、二度目の来日である。

ビトゥンでカツオ事業に成功した父をもち、戦後は船の修理工やカツオ漁船主として直接・間接に日本漁船との仕事上のつながりをもってきたトミーさんが過ごした七〇年は、マルク海(スラウェシ島とニューギニア島に挟まれた海域)における日本人カツオ漁業の八〇年とほぼ重なり合う。〇二年には、日本人が消費するかつお節約四万三〇〇〇トンの一一%にあたる四五〇〇トンが海外から輸入された。その三七%はインドネシアで生産され、九割以上がビトゥン周辺の約一〇社によって製造されている。

大岩勇とその先人たちによって一九二〇年代末期に切り開かれたマルク海のカツオ漁業とかつお節製造は、戦後、長期の混乱と不安定な時代を経て、九〇年代に入ってようやく軌道に乗り始めた。その中心的な役割を演じたのが、食品総合商社の駐在員としてビトゥンでかつお節の買い付けと技術指導を担っていた川口博康さん(一九三九年生まれ、静岡県御前崎《おまえざき》市出身)、本稿のもう一人の語り手である。川口さんの各工場への積極的な協力で、北スラウェシ州の複数の工場でつくられるかつお節の品質向上と生産の安定化は大きく進み、日本向け製品は今後さらに増えると見込まれている。

モノが動けばヒトが動き、ヒトが動けばモノも動く。カツオとかつお節を介して、多くの日本人とインドネシア人の出会いが生まれた。そこから始まった人びとの往来は、紆余曲折を経ながらも、いまなお連綿と続いている。

2　カツオ漁場の開拓

「椰子《やし》の葉陰に湧く鰹《かつお》」。

一九二七(昭和二)年九月、『鹿児島朝日新聞』(現在の『南日本新聞』)は大げさな見出しを掲げて、六月に枕崎港を出航したカツオ漁船二隻の大活躍を報じた。[1] 七七年前に敢行されたこの南洋カツオ調査が、その後断続的ではあるが今日まで続く、インドネシア東部海域での日本人によるカツオ漁業とかつお節生産の引き金となる。

この海域で漁業を最初に試みた日本人としては、長崎県の漁師数名を連れてきた栗本という人物が、一九一〇(明治四三)年に曳き網で小型のカツオ漁を試みたことが記録されている。一六(大正五)年には、シンガポールからスマトラ島、ボルネオ島を経てセレベス島北部の都市マナドにやってきた玉城徳(沖縄県)など六名が鼈甲や高瀬貝などの漁に従事。[2] 二二年には、金城亀(沖縄県)率いる三〇名がアカムロ漁を開始する。だが、こうした個人ベースの小規模集団による散発的な操業は、いずれも資金不足や分裂、対立などで頓挫したり、棲み分けによって経営を縮小したりと、事業としての安定には至らなかった。[3]

マルク海域のカツオ資源を初めて公式に日本に伝えたのは、江川俊治《えがわしゅんじ》とされている。一九一九(大正八)年から農業開拓者として東インドネシア各地で農業と漁業の実情を調べていた江川は、翌年のハルマヘラ島調査でカオ湾周辺海域がカツオの好漁場であることを知り、各方面に情報を流していた。その働きかけもあって二三年、南洋庁後援の探検船来島丸《くるしま》で調査に訪れた農商務省技手の十川正夫も、この海域がカツオの好漁場であることを報告する。[4]

こうした情報を得た水産会社氷室《ひむろ》組（大阪市、中山説太郎経営）は一九二五（大正一四）年一二月、新式冷凍漁船氷室丸（二〇〇〇トン）を送って、調査漁業を実施した。これがマルク海域での日本人最初の大規模カツオ漁場調査と言える。だが、この試みは漁期の読み違いと餌不足により失敗、二カ月後には帰国した。[5]

来島丸と氷室丸に続いて、一九二六（大正一五）年に農商務省水産講習所練習船雲鷹《うんよう》丸、[6]二七（昭和二）年に台湾総督府水産試験船凌海《りょうかい》丸[7]など、南洋庁、農商務省、台湾総督府といった政府機関も政治的、経済的、あるいは軍事的な関心に突き動かされて、つぎつぎとマルク海域の調査を実施する。二五年の金融恐慌、二九年の世界恐慌が吹き荒れた二〇年代、新たな水産資源を求めた日本の水産会社や政府関係機関の調査船の頻繁な到来によって、マルク海は急速に日本の経済活動の視野に入れられたのである。

これら一連の調査操業のなかに、二隻のカツオ漁船で海を渡った原耕《はらこう》（鹿児島県出身）がいた。医師でありながら、生家のカツオ漁業の不振と遭難漁民家族の生活苦を打開すべくカツオ漁場の開発に乗り出した原は、一九二四（大正一三）年、当時の枕崎では最大の木造石油発動機船千代丸（九一トン）を建造する。新船千代丸で試みた沖縄と台湾海域でのカツオ漁に成功した二五、二六年ごろから、原はさらなる南下によってカツオの通年操業が可能であると予測し、周到な南洋調査の準備を開始した。[8]

一九二七（昭和二）年六月、千代丸、八阪丸（いずれも一〇〇トン足らず）の二隻に乗り組んだ総勢一一二名とともに枕崎港を出航。沖縄、パラオ、サンギル諸島（フィリピン・ミンダナオ島とスラウェシ島の間に連なる小列島）など各海域でカツオの試験操業を繰り返しながら、南下していく。しかし、不漁につぐ不漁に見舞われ、公然と不満を口にする船員が出始めていた。こうした矢先の九月九日、北スラウェシのケマ沖でようやくカツオの大群に遭遇する。一回の操業で七〇〇尾を釣り上げるという空前の釣果を伝える電文を報じた新聞の見出しが、冒頭の「椰子の葉陰に鰹湧く」である。調査に参加した岸良精一《きしよしせいいち》（当時、鹿児島県水産試験場助手）は、この日の日誌に次のように書き記している。

「ケマ仮泊中沖合に鳥群あり直ちに出動、午後一時ケマ沖南東七浬付近鰹の大群に会し、一三桶位の持餌にて中鰹七〇〇尾を釣獲三時ケマに帰着し漁獲物を八〇〇ギルダー約八〇〇円にて売却す[9]」

試験操業の成功に勢いを得た原は、この地でのかつお節生産に着手すべく、一九二九（昭和四）年と三一年にマルク海へ向かい、その拠点をアンボンに定めて、かつお節製造工場の経営を開始した。運営資金を得るために、国会議員になって政府機関に働きかけ、拓務省[10]より二〇〇〇円（三〇年）、一万円（三一年）、八〇〇〇円（三二年）、農林省より一万五〇八六円（三二年）と、総額三万五〇八六円の補助金を得る[11]。しかし、事業は軌道に乗ることなく、三三年八月、原はマラリアに感染して客死する。

原の調査操業から事業開始に至る行動の出発点には、枕崎のかつお節業界の不振を救済し、さらには日本の水産業に貢献するという、直接的で明確な動機があった。だが、原の目論見は自身の死によって頓挫し[12]、その夢は、ほぼ同時期にこの地にやってきた、原とはまったく異なるタイプの企業家が、異なる手法で引き継ぐことになる。

3　「カツオ漁業の王様」大岩勇

「大岩氏は愛知県豊浜[13]の生れで本年三二歳の若冠である。（中略）現在は造船鉄工所の経営の外に貨物運搬業並

大岩勇がマナドで創業した大岩造船所（1930年ごろ、夏目敏明さん提供）

に漁業を営んでいる。（中略）土人との諒解が工合いよくついているから餌料に困ることはない。専属仲買があるから値良く売れる。労使が協調しているから問題が起こらぬ。自ら造船鉄工所を経営しているから船と機械の修繕は徹底する。土地の言葉に精通しているために良民との交渉が円滑に行く。（中略）アンボイナに於ける原耕氏は創業未だ半ばならずして、突如彼地に客死した。其の後継者として吾人は大岩君に期待を持つ」

一九三三（昭和八）年、サイパン、パラオ、蘭領東印度、フィリピン、香港の水産事情視察の途上、マナドで大岩勇にインタビューをした木下辰雄[14]は、その報告書「南洋視察の旅」[15]で大岩を、こう高く評価している。

横浜で造船所を経営していた父・中川安吉《なかがわやすきち》[16]のもとで小型木造船・鉄鋼船の造船技術を身につけた大岩が、パラオ、テルナテを経てマナドに着いたのは一九二九（昭和四）年と推測される。ちょうど原耕が二度目の調査操業を行った年である。

父がなぜ「南洋」へと向かったのか、トミーさんは直接尋ねたことはない。だが、祖母・とく（勇の母）の肩を揉みながら、「横浜で船大工をしていたときから、日本は狭いところだから南へ行きたい、とよく言っていた」という話を何度か聞かされた覚えがある。このエピソードからは、郷土と祖国の漁業振興という使命感に燃えていた原とは異なり、大岩にとっては憧れとも言える個人的動機からの南洋への渡航であったことがうかがえる。資金調達も、鹿児島県や政府との折衝で得た多額の補助金で賄っていた原と違って、軌道に乗るまでは父親からの援助が基本であったという。

大岩が造船所経営を始めた一九二九年ごろ、マナドでは、金城漁業協同組合とビジャック組合という二つの沖縄漁民グループが、カツオ鮮魚の販売とかつお節製造を行っていた。二九年には、原のカツオ調査の一員であった中田佐太郎が、鹿児島県出身の漁師とともに日蘭漁業を発足させている。造船所経営が軌道に乗り始めた三一年、金城漁業協同組合の撤退を機に大岩は鮮魚販売とかつお節製造業に乗り出す。[17] トミーさんの生まれた年である。少々自画自賛のきらいはあるが、大岩は水産雑誌の記者に次のように語っている。

「南洋で鰹漁業の経営に当たっていた金城漁業協同組合がその雄図空しく内地へ引き上げた際には、私がかつてより同組合に援助を与えていた関係上、同地に取り残され帰趨に迷っていた多数の漁夫に就職の機会を与えるべく、同漁業について根本的なる再計画の陣容をもって臨んだ……[18]」

木下の予測どおり、大岩はその経営能力を存分に発揮し、発足した大岩漁業[19]は急速に拡大していく。事業を始めて四年後の一九三五(昭和一〇)年には、テルナテとビトゥンの事業所の鮮魚とかつお節を合わせた売り上げは約二五万円を記録している(表1)。三六年のオランダ語紙『ニュース・ファン・デン・ダッハ』では、皮肉を込めた「カツオ漁業の王様」という表現とともに、その独占的存在の脅威が報じられている。

「北セレベス全部におけるカツオの市価はビートン〔現・ビトゥン〕の漁業王大岩氏によって左右される。大岩氏は事実上全ミナハサのカツオ市場を支配す。(中略)毎日五〇〇〇ないし一万尾のカツオが陸揚げせられ

表1　大岩漁業の営業成績(1935年)

			換　算
ビトゥン	漁獲カツオ・マグロ貫数	435,924 貫	1,634 t
	(鮮魚)売り上げ価格	56,615.63 ギルダー	133,213 円
	かつお節製造高	400 箱	
	かつお節売り上げ価格(A)	16,000 円	
	(A)の(B)に対する割合	10.7 %	
	総売り上げ(B)	149,213 円	
	(B)の(F)に対する割合	58.7 %	
テルナテ	漁獲カツオ・マグロ貫数	182,178 貫	683 t
	(鮮魚)売り上げ価格	24,160.59 ギルダー	56,848 円
	かつお節製造高	1,200 箱	
	かつお節売り上げ価格(C)	48,000 円	
	(C)の(D)に対する割合	45.8 %	
	総売り上げ(D)	104,848 円	
	(D)の(F)に対する割合	41.3 %	
総　計	漁獲カツオ・マグロ貫数	618,102 貫	2,317 t
	(鮮魚)売り上げ価格	80,776.22 ギルダー	190,062 円
	かつお節製造高	1,600 箱	
	かつお節売り上げ価格(E)	64,000 円	
	(E)の(F)に対する割合	25.2 %	
	総売り上げ(F)	254,062 円	

(注1) 地名表記は現在のものを使用した。
(注2) 1円＝約0.425ギルダーで換算。
(出典)「大岩組の事業成績」『水産界』642号(1936年)52ページより作成。

直ちに購買者に届けられる。(中略)現在まで大岩氏はカツオ漁業の王様なり。而してミナハサ人の中、あるいは土人経営会社の中、大岩氏並みの事業をなすことを得べき者なきを思えば、大岩氏の王座は今後も当分揺るぎなきことと思考せられる。(中略)大岩氏は船数を増加したき所存なるも政府はこれを許可せざるべし[20]」

オランダ政庁の危機感は「沿岸漁業令」として具体化され、雇用と輸出への制限や規制が強まった。大岩漁業は、オランダ資本との合弁や地元住民の雇用などで、これに対応していく。一九三九(昭和一四)年の従業員数を見ると、四八一名のうち日本人は一二八名で、七三%にあたる三五三名の地元住民が、エサ漁、カツオ一本釣り、かつお節製造に携わるようになった。規制への対応ではあったが、地元住民の大量雇用は地元の理解を深めて順調な経営を維持する要因となり、同時に技術の伝播を促したことから、戦後のかつお節製造再開時の大きな促進力につながる。

順調な経営に加えて、開戦を間近にした政治的・軍事的状況の後押しもあり、大岩漁業は一九三九（昭和一四）年に日蘭漁業を、四〇年にビジャック組合を吸収合併し、この地のカツオ漁業・かつお節製造を一手に引き受けるまでになっていく。この時期、大岩はしきりにトミーさんの日本行きを画策していたが、妻の反対で実現に至らなかった。しかし、四〇年のヨーロッパ戦線拡大の影響で蘭領東印度在住ドイツ人がオランダ政庁によって拘束されるのを見て、妻も賛成するようになり、四一年の日本行きとなる。

さらに、開戦とともに、水産業界の統合が政府の指導で進められた。大岩漁業は、国策会社南洋貿易のもとに設置された東印度水産会社に組み込まれ、大岩はその専務取締役に就任する。以後、鮮魚の軍への納入がおもな業務となり、日本人社員の多くがケンダリ（スラウェシ島東南部）やラバウル（パプアニューギニア・ニューブリテン島）などの日本海軍基地近辺に送り込まれていった。

大岩トミーさんと「学童集団疎開の碑」

一学年遅らせて世田谷区立奥沢《おくさわ》国民学校に転入したトミーさんは、一九四四（昭和一九）年八月から長野県の無極寺《むごくじ》（松本市和田）に六四名の学童の一人として疎開し、四五年一一月まで滞在する。無極寺境内には八七年、奥沢国民学校学童集団疎開の碑が建立され、そこに「大岩富」の名も刻まれていることを、二〇〇〇年の訪問でトミーさんは初めて知った。

一九四五(昭和二〇)年二月、大岩が突然トミーさんを疎開先に訪ねてくる。つかの間の面会後、帰っていく父を親友といっしょに見送った。島々《しましま》鉄道(現・松本電鉄上高地線)波田《はた》駅まで歩きながら交わした言葉が、二人の最後の会話となる。

「お父さん、いまからどこへ行くの」

「中国」

「何しに」

「……」

無言の返事に、父とはもう会えないことをトミーさんは予感したという。

三カ月後の五月二〇日、大岩の乗った東印度水産所有の新冷凍船神奈川丸は、釜山沖で米軍機の攻撃により撃沈される。ただ一人生き残った機関長の報告で、大岩死亡の事実が確認された。神奈川丸は、海軍命令の物資を運搬するために中国経由の航路を取ったと関係者は見ている。大岩の戸籍謄本には「朝鮮高興郡逢来面海盤里東方約一キロ沖にて死亡」の記載がある。

大岩漁業で働いていた沖縄漁民は敗戦後、一～二年の収容生活を送った後、強制退去となる。だが、米軍統治下の沖縄にすぐには戻れなかったため、約二〇名は大岩の父を頼って愛知県豊浜で半年を過ごした後、沖縄に帰った。サザエや海草を採って暮らしを支えていたことを、トミーさんは記憶している。

マルク海のカツオ漁業の開発と企業化を押し進めた原と大岩は、いくつかの点で好対照をなす。

私財を投入し、公的補助を受けて、遭難漁民の遺族救済から郷土のカツオ漁業再建にすべてを注ぎ込んだ原

表2　原耕と大岩勇の経営姿勢の比較

比較点	原　耕	大　岩　勇
渡航の動機	鹿児島県と日本の漁業振興	南洋への憧憬・事業欲
従業員の国籍	日本人	日本人：地元住民＝1:3
日本人従業員の出身地	鹿児島県	静岡県（焼津）、高知県、沖縄県、愛知県など
製品・商品	かつお節のみ	鮮魚、かつお節（売り上げベースで3:1）
販売先	日本	鮮魚→地元、かつお節→日本
資金	政府・県からの補助金、私財	私財

の周辺では、終始鹿児島県人だけが活動し、雇用も利益も販路も、事業のすべてが日本のためと位置付けられていた。一方、「大正一一年に私が内南洋に渡航した時既に、同地に於ける鰹漁業の有望性に目星をつけ、爾来、時期の到来するのを待っていた[21]」大岩は、事業の安定的経営に専念する。その結果、日本人であれ、地元住民であれ、同郷の愛知県人であれ、焼津の職人であれ、沖縄漁民であれ、出身地によって選別はしなかった。販売先も、日本向けかつお節にさほどこだわらず、地元の鮮魚販売が利益につながるとなれば、それを優先した。多くの日本人から沖縄人が差別的に扱われていた時代にあって、「とても優しくていい人だったですよ」「漁師連中との話もようやりよったですよ」と沖縄漁民に語らせる一面が大岩にはあった[22]。

両者の経験には、日本企業の海外進出における、今日でも通用する重要な検討材料が提示されている（表2）。

4　戦後の混乱と九〇年代の安定期

戦争が始まろうと終わろうと、マルクの海がカツオの宝庫であり、日本人がカツオとかつお節を必要としていることに変わりはない。戦後四半世紀、七〇年ごろから、再び日本人によるかつお節製造の試みがビトゥン周辺で始まっ

表3　戦後設立され、短期間に閉鎖／倒産したおもなかつお節工場

社　　名	設立年	所在地	関　係　者	出　資　者	関連企業	年間生産能力(t)	販売先	閉鎖／倒産年
タルウィス社	1969	ビトゥン	文野トシナリ、中川大八郎、F.WUISAN	南方物産		27～75	東京・石田商店	1973
シルサン社	1973	ビトゥン	F.WUISAN	文野トシナリ	PT.NONAHOA			1976
ノナホア社	1977	ビトゥン	文野トシナリ	双洋産商		100		1979
シルサン・バル社	1979	ビトゥン	中川大八郎、佐竹豊彦･中村晴彦(双洋産商)､F.WUISAN､ジミー･シノブ､コルネウス	中川大八郎、東康工業、トーマス	双洋産商	18～100	東京・石田商店	1991(1984年一時中断)、再開後の87年、CEAN SUISANに改名
ハルマス･サハバット･プルカサ社	1987	マナド市カラセ地区		ANEKA KIMIYA RAYA、KEM JAYA	柳屋本店		丸紅―東海澱粉 三菱―富士冷蔵	1992

(注) 1978年設立のサルンタワヤ社は表4に記載した。
(出典) 川口博康「ビトンでの鰹節製造の歴史について(2)戦後の鰹節工場について」北スラウェシ日本人会会報『タルシウス』第6号、1999年7月。エディ・マンチョロ氏報告(カツオ・かつお節研究会、1998年12月)。大岩トミーさんからの聞き取り。

た。だが、そのほとんどは数年で頓挫するか、早々に撤退する。七〇年から九〇年までの約二〇年間におけるビトゥンでのかつお節製造業は、混乱の連続となった。十数社にのぼる乱立企業のうち、概要が明らかになっている五社を取り上げたのが、表3である。

この時期、かつお節製造を試みた企業の多くに、大岩漁業にゆかりある人びとがかかわっている。たとえば、大岩漁業に勤務して敗戦時に引き揚げた大岩勇の実弟・中川大八郎は、六九年以後ビトゥンと日本を何度も往復して、カツオ漁、かつお節製造、サメ漁などの企業化を試みた。しかし、成功に至ることなく九一年ビトゥンで死去する。大八郎のほか、大岩の縁者や元従業員などの名も、戦後のかつお節製

造再開のストーリーに登場するが、原料の鮮度の悪さや製造工程の不備で品質の劣るかつお節しかつくれず、つぎつぎと失敗していく。大企業の冷凍カツオ買い付けの余波による閉鎖、出資金のトラブル、資金繰りのゆきづまり、技術的未熟さなどの原因もあった。

混乱期に設立して、現在も操業を続けているのは、マナドの南西約四〇キロ、アムラン地区にあるサルンタワヤ社ただ一社だ。ただし、同社は名義と工場を貸しているだけで、製造は日本から入れ替わり立ち替わりやってくるかつお節業者に任されていた。業者が代わるたびに断続的に閉鎖と再開を繰り返したあと、ようやく品質が安定し、利益を上げるようになったのは、九五年に鹿児島県の製造業者マルモが操業を始めてからである。

混乱が続いていたとはいえ、大岩漁業時代にカツオ漁船操業やかつお節製造技術に習熟した地元漁民や従業員がすでにいたことで、日本からの技術指導を待たずにいくつもの試みが比較的容易に始まり、他地域よりスムーズな事業開始をもたらしたことは間違いない。[23]課題は、安定した資金力と技術力、そして日本への販売ルートの確保であった。

八五年、それまで冷凍カツオの輸出をしていたサリ・チャカラン社がかつお節製造を開始する。華人の経営者は資金力をもち、父が大岩漁業で働いていたことから、いくらかの知識をもっていた。日本で製造技術と経営手法を学んできた弟とともに、日本市場でも通用するかつお節製造に取り組んで業績を伸ばし、八七年には弟を社長とする系列会社サリ・マラルギス社も設立する。以後、サリ・チャカラン社のかつお節生産量はこの地域の第一位の座にある。〇一年には両社の生産量合計が九三七トンに達し、北スラウェシ州からのかつお節輸出量の四八％を占めている。おもな輸出先はもちろん日本だが、韓国への輸出も始めた。この二社の登場が

ビトゥンのかつお節工場(98年撮影)

契機になり、次に述べる川口博康さんの参加によって、北スラウェシのかつお節生産はようやく安定期を迎えることになる。

食品総合商社東海澱粉(本社・静岡市)の社員として、川口さんが北スラウェシに通うようになったのは、八〇年代初めだ。目的は、焼津市にあるかつお節工場向けの冷凍カツオの買い付けであった。かつお節には脂肪分の少ない赤道付近のカツオが向いている。脂肪分の多い身は、乾燥の過程で割れやすく、変色が早いし、香りも失われやすい。すでに市場の主役となっていた削り節のパックでは、断面の見た目が消費者に判断されることから、いっそう熱帯海域のカツオが好まれる。

カツオの買い付けで取り引きのあったサリ・チャカラン社のかつお節製造開始にあたって、技術面でアドバイスをした川口さんは、かつお節の現地製造の将来性を考え出していた。調査好きの川口さんは、戦前この地で日本人が大量のかつお節をつくっていたことも知っていた。このころから、川口さんの業務はしだいに、原魚の買い付けからかつお節の買い付けにシフトしていく。

八〇年代、東部インドネシア海域でエビ・トロール漁業を行っていたハシキン・ジャヤ社の社員・坂口節夫(長野県出身、九六年に死去)に川口さんは出会う。同社の倒産後、妻の出身地であるビトゥンに居を移して新

表4　2000～01年現在、ビトゥン周辺で操業中のかつお節製造業の概要

社　名	設立年	所在地	生産量(t)		おもな販売先
			2000年	2001年	
サルンタワヤ社	1978	アムラン地区	327	150	三井物産―マルモ
サリ・チャカラン社	1985	ビトゥン(2工場)	697	683	伊藤忠、丸紅―東海澱粉、三菱―カネゼン、丸啓、兼松―マルハチ
プリカニ社	1986	ビトゥン	168	31	カネマン、伊藤忠、台湾
サリ・マラルギス社	1987	ビトゥン	234	254	伊藤忠、丸紅―東海澱粉、三菱―カネゼン、丸啓、兼松―マルハチ
マナド・ミナ社	1994	ビトゥン	655	642	東海澱粉
メガ・ギャラクシィ社	1996	ビトゥン	80	0	東海澱粉
ニチンド・マナド社	2001	ビトゥン	―	97	
その他			43	101	

(注) 総生産量は、2000年2204t、01年1958tである。―は不明。
(出典) 表3に同じ。

たな事業を模索していた坂口に、かつお節製造を勧めたのが川口さんであった。カツオ一本釣り漁師の経験をもち、中国で水産加工の技術指導に携わったことのある川口さんにとっても、それは魅力的な挑戦であったようだ。九四年、坂口はマナド・ミナ社を創業する。日本国内の工場並みの設備を備え、厳しい品質管理を実施することで、日本製に劣らない品質を坂口と川口さんは実現した。現在のビトゥンのかつお節メーカーにおいて、量ではサリ・チャカラン社、質ではマナド・ミナ社というのが、川口さんの評価である。

こうしてかつお節の買い付けが本格化し、川口さんは九五年から二〇〇〇年まで東海澱粉ビトゥン事務所駐在員として駐在。**表4**に登場する各社からの買い付けをしながら、品質向上のためのアドバイスを惜しむことなく続けた。この時期に、川口さんの非公式の協力者として現れたのが、サムラトランギ大学水産学部教授のエディ・マンチョロさんである。エディさんは、鹿児島大学水産学部で博士号を取得し、マルク海のカツオ漁とかつお節製造につ

図1　インドネシアからのかつお節輸入量の推移

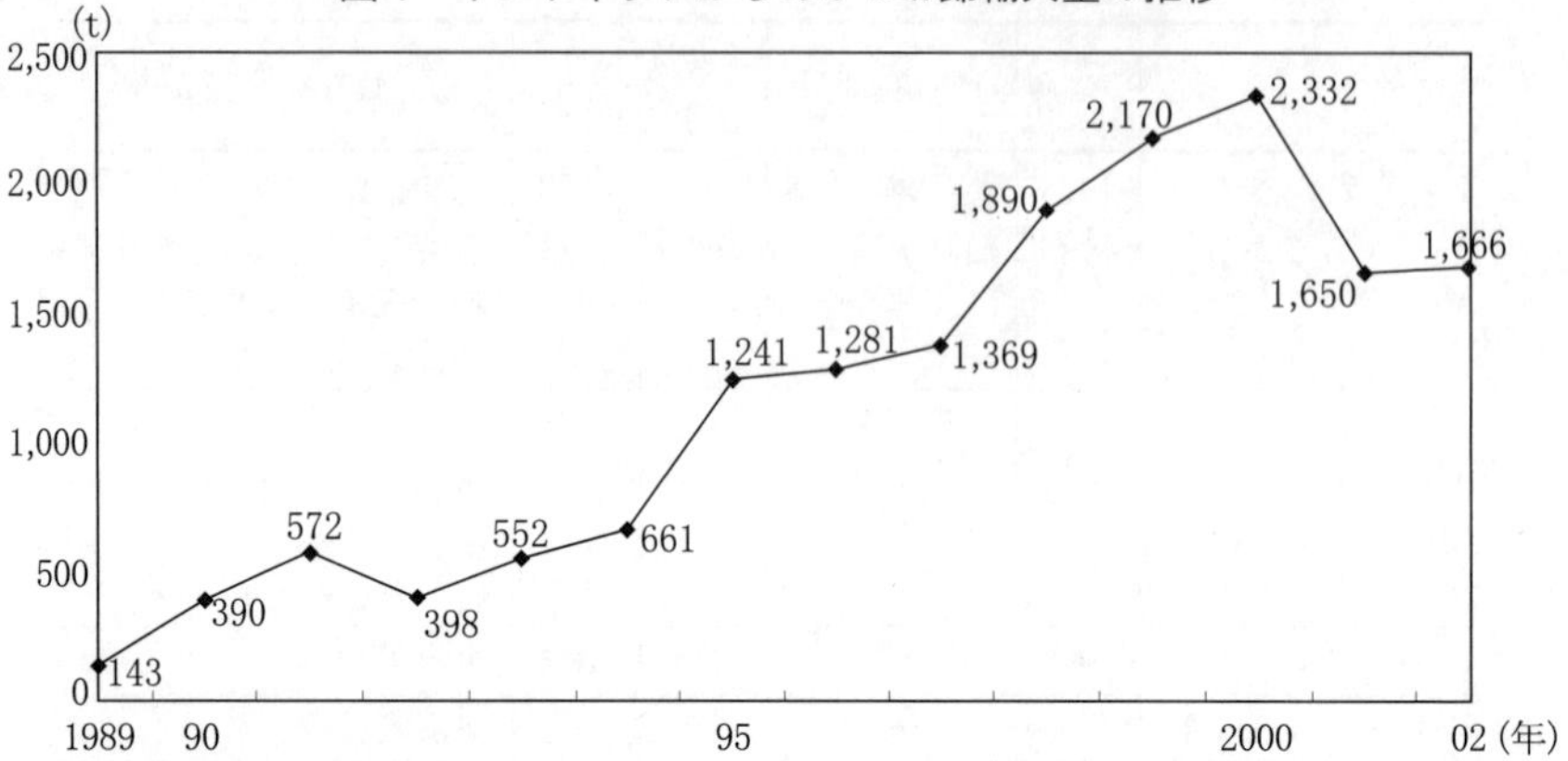

(出典) 財務省貿易統計より作成。

いて研究を重ねていた。二人の積極的な働きかけで、九〇年代後半、ビトゥンのかつお節の品質は確実に向上し、東海澱粉を経て日本国内に供給されるインドネシア産かつお節も着実に増えつつある(図1)。

ビトゥンがかつお節製造に適している理由を、川口さんは次のように指摘する。(24)

① 港、電力、通信などインフラがすでに整備され、人材確保も容易である。

② 漁民は昔からカツオを獲っていて、そのカツオも脂身が少なく、かつお節に適している。

③ 大岩漁業の実績で、消費地である日本とのつながりがあった。

④ 湿度が高く、製造が容易である。

⑤ きれいな地下水が容易に入手できる。

⑥ 小規模の華人資本が育っていた。

⑦ 港や道路の整備が進み、周辺海域(ハルマヘラ島、フィリピン)からのカツオの入手も容易に可能となった。

川口さんは二〇〇〇年に定年退職で帰国したが、自らが手がけてきたビトゥン産かつお節の将来性を確信している。同時に、輸入品であるというだけの理由で正当な評価を受けていないことに不満をもち、その打開策の一つとして、焼津市、鹿児島、神戸市などの加工業者に働きかけて「日本鰹節輸入協議会」を設立した。協議会では、輸入かつお節の品質基準を定め、原産地表示を明らかにするなど、実態と情報公開をリンクさせて、輸入かつお節の地位向上に取り組み始めている。

5　カツオ・ネットワーク

戦前、かつお節の主要海外生産拠点は、南興水産の旧南洋群島、ボルネオ水産の北ボルネオ、そして大岩漁業のビトゥン(北スラウェシ)であった。このうち、ビトゥンだけが、戦後も生産拠点として活発な事業を展開している。だが、人びとの動きはそれだけにとどまらない。当時、ビトゥンに住んでいた日本人の孫たちが、いま日本で暮らしているのだ。

〇一年一月一日の『朝日新聞』特集記事「壁越え、アジアに融合」に、大洗町《おおあらい》(茨城県東茨城郡)の水産会社で働く日系インドネシア人の話が紹介されている。

「二〇世紀初めから第二次大戦にかけて、マナドに日本の漁民らが移り住み、いまも約二〇〇家族の子孫が暮らす」(ただし、「マナド」は「ビトゥン」の誤り)。

水産加工の町・大洗では、シラス干し、干物、酢ダコなどの加工を行う七十数社が競い合っている。しかし、一日中冷気の流れる作業場に立ち続ける仕事はきつく、日本人だけでは労働力の確保がむずかしい。九〇年ごろから外国人の労働力を入れるようにしたものの、ビザなし就労で入国管理局から摘発を受けた。そこで、九八年から「日系人ビザ(25)」をもつインドネシア人の雇用を始め、現在約二〇〇名の「日系インドネシア人」が大洗町に暮らす。

戦前の一時期、大岩漁業の従業員として、また大岩漁業にカツオを納入する漁民として、ビトゥンには数百人の日本人が暮らしていたが、実はその多くが沖縄出身者であった。南洋各地のカツオ漁業のほとんどが沖縄漁師に担われていたのだ。大洗町で暮らす日系インドネシア人の祖父の出身地を尋ねると、伊平屋《いへや》村、伊是名《いぜな》村(ともに島尻《しまじり》郡)、読谷《よみたん》村(中頭《なかがみ》郡)など沖縄の地名がつぎつぎとあがってくる。

外国人労働者が多く集まる地域では珍しくないことだが、日系人の定住に続いて、同じ国からビザをもたない者が集まってくる。大洗町もまた、その例にもれない。

「茨城県大洗町で、この一カ月間に約五〇人のインドネシア人が出入国管理法違反(不法残留)容疑で東京入国管理局に摘発されたことがわかった。ほとんどは地元の水産加工会社で働くパート作業員で、東京入管は、いまも五〇〇人前後のインドネシア人が同町で不法残留のまま働いているとみて捜査を続けている(26)」

摘発を免れた者はさらにひっそりと悪条件のもとで働き続けるか、他の地域に隠れるように移動していった。日系人とそうでないインドネシア人の間には微妙な緊張関係が漂い、加工業経営者の間にも疑心暗鬼が広がっている。法律の適用によって、外国人労働者問題がどう解決し、だれが得をしたというのか。

大岩トミーさんが来日した二〇〇〇年の秋、トミーさんの三女が大洗町にやってきた。翌年には、四女も来日した。大岩勇の孫たちである。二人は同じアパートに暮らしながら、水産加工の仕事を続けている。

一九二〇年代後半から二〇〇四年まで、カツオをきっかけとして、多くの日本人がインドネシアにわたり、多くのインドネシア人が日本にやってきた。原耕、大岩勇、川口さん、エディさん、トミーさん、大洗町の日系人やビザなしインドネシア人、大岩勇の孫たち……。数え切れない往来が生み出した「カツオ・ネットワーク」は、国境を越え、八〇年の時を超えて、いまも広がり続けている。

(1) 岸良精一『鰹と代議士——原耕の南洋鰹漁業探検記』(自費出版)一九八二年、一〇一ページ。
(2) Manado の日本語表記には「マナド」と「メナド」がある。本稿では前者を使用し、文献の引用では原表記に従う。
(3) 渡辺東雄『南方水産業』中興館、一九四二年、二三六〜二三七ページ。
(4) 江川俊治「ハルマヘラ島水産業の過去と現在」『南洋水産』第一一号(南洋水産協会、一九三六年)、三ページ。
(5) 江川俊治「蘭領東印度北モルッカス群島鰹漁業竝に同地方沖縄県漁民の状況」『南洋水産資源』第三巻(一九二九年)、一五六ページ。
(6) 農商務省水産講習所は現在の東京海洋大学。北洋・南洋で練習船・調査船として使用された雲鷹丸の船体は現在、同大学海洋科学部キャンパスに保存されている。
(7) 『比律賓、ボルネオ竝にセレベス近海に於ける漁業試験報告』南支那及南洋調査第一四六輯、台湾総督官房調査課、一九二八年、九二〜九三ページ。この当時、マナド近辺で日本人が経営していたのは、南洋貿易株式会社と南洋椰子株式会社の二企業と数軒の雑貨店であった。
(8) 枕崎市誌編さん委員会『枕崎市誌上巻』枕崎市、一九九〇年、六五四〜六五五ページ。
(9) 前掲(1)、四四〜四五ページ。
(10) 植民地行政一元化を目的として一九二九(昭和四)年に設置され、拓務大臣は、朝鮮総督府、台湾総督府、関東庁、樺太庁、南洋庁の各植民地行政庁の統括と、国策会社である南満州鉄道株式会社と東洋拓殖株式会社の監督を担当した。大東亜共栄圏構想にもとづく総合官庁として設置された大東亜省への業務移管により、一九四二年に廃止される。
(11) 在スラバヤ領事姉歯準平報告『故原耕の蘭領印度に於ける漁業に関する件』一九三三年一〇月。

(12) 原の遺族(弟捨思、妻千代子など)は事業の継続を試み、農林省からの補助金一万円、拓務省の斡旋による三共水産株式会社の融資四万一〇〇〇円などを得たが、事業を軌道に乗せられなかった。農林省水産局長発外務省通商局長宛「原千代子漁業奨励金下付の件」農林省指令八水第五四〇四号昭和九年三月六日、広田外務大臣発姉歯在スラバヤ総領事宛電送「アンボイナに於ける原耕の漁業に関する件」昭和九年三月一〇日、拓務省拓務局長高山三平発外務省通商局長来栖三郎宛「蘭印アンボンに於ける漁業に関する件」拓事第一二六号昭和一〇年三月二日、による。

(13) 現在(二〇〇四年八月三一日)の愛知県知多郡南知多町豊浜。

(14) 当時、『水産界』(大日本水産会発行)編集発行人。後に大日本水産会会長として南洋水産業の統制を強く進め、戦後も国会議員となって遠洋漁業の拡大に大きな影響力を発揮した。

(15) 南洋水産協会・海洋漁業振興協会・水政会編『海外漁業事情』南洋水産協会、一九三七年、六六ページ。

(16) 大岩勇は中川安吉の三男として生まれ、縁戚である大岩家の養子となったが、実生活はほとんど中川家の一員として過ごしていた。

(17) 大岩勇「蘭領東印度における鰹漁業を語る」『南洋水産』第三〇号(一九三七年)、五一ページ。なお、前掲(3)には「昭和七年五月、愛知県人大岩勇は……鰹漁業を創始し」(一三八ページ)とある。一九三一年は実態としての操業開始、一九三二(昭和七)年は登記上の創業年と推測される。

(18) 前掲(17)。

(19) 「大岩漁業部」として発足し、その後「大岩漁業合資会社」「大岩漁業公司」、オランダ資本との形式的な合併後は「フィルマビートン漁業公司」と称したが、「大岩組」という通称も使われていた。本稿では、これらをまとめて「大岩漁業」とする。

(20) メナド通信員報告「セレベスに於ける日本の権益」『ニュース・ファン・デン・ダッハ』一九三六年?一〇月一一日付記事(在メナド日本領事館訳)。

(21) 前掲(17)。

(22) 藤林泰「カツオと南進の海道をめぐって」尾本惠市・濱下武志他編『海のアジア6アジアの海と日本人』岩波書

店、二〇〇一年、一九七ページ。

(23) インドネシア他地域でのかつお節製造の試みは、ルゥク(中部スラウェシ)、バウバウ(東南スラウェシ・ブトン島)、ケンダリ(東南スラウェシ)、ソロン(西パプア)、セラム島、マウメレ(フローレス島)、バチャン島などがあり、断続的に操業しているところ、閉鎖したところなど、不安定な経営が続いている。

(24) 川口博康「ビトンでの鰹節製造の歴史について(2)戦後の鰹節工場について」北スラウェシ日本人会会報『タルシウス』第六号、一九九九年七月、二五ページ。

(25) 出入国管理及び難民認定法の定める在留資格に「日系人」という項目はない。同法において、日系二世・三世については「日本人の配偶者等」(「等」のなかに「日本人の子として出生した者」が含まれる)あるいは「定住者」という在留資格の適用で入国が認められていることから、通称「日系人ビザ」と呼ばれる。三K労働力の確保と数の制限という相反する意図の両立を図るための恣意的運用である。

(26) 『朝日新聞』(夕刊)二〇〇二年一一月一日。

第3章　モルディブのかつお節

酒井　純

1　モルディブ・フィッシュ

【節】魚を煮て、燻《いぶ》し、そして干したもの。
干すだけなら、「干物」。煮て、干したものは、「煮干し」。燻してから干すと、「燻製」。日本列島においてカツオを「節」にする技術が生まれるまでには、いろいろな試行錯誤があったのではないかと想像する。律令時代(八世紀ごろ)に、干ガツオや煮ガツオ、煎汁が製造され、上納されていたという記録がある。

古くからカツオの節を製造してきた地域が、日本のほかにもう一つだけある。それはモルディブ諸島。インド洋に浮かぶ、熱帯のサンゴ礁の島々だ。

モルディブのかつお節は、当地ではヒキマス(hiki–mas)と呼ばれる。モルディブの公用語であるディビヒ語では、hiki は「乾燥」を、mas は広義では「魚」、狭義ならカツオを意味する。昔からの主要な輸出品であったヒキマスは、「モルディブ・フィッシュ」の名で知られている。輸出先はスリランカで、カレー料理の材料として利用される。具というよりは、削るか砕くかして、調味料として使われる。

ヒキマスの製造がいつ始まったのかは、わからない。ただし、一四世紀に交易されていた記録がある。ちなみに日本では、記録にかつお節が最初に出現するのは一五一三（永正一〇）年。種子島の領主が受け入れた貢物として「かつほぶし」の名が記されている。宮下章氏は著書『鰹節』で、「わが国の鰹節は独自に創案されたものではなく、南方諸国との交流が進む中で出現した」という見解を示し、モルディブの製品の影響を受けた可能性を示唆している(1)。

きっとモルディブでも、煮たり干したりしたものを売ってきた歴史があったのだろう。そして、最終的に、①煮る、②燻す、③乾すという、日本のかつお節と同じ三段階の工程を経るヒキマスが完成したと推測できる。

では、日本に住む私たちにとってのかつお節と、モルディブの人たちにとってのヒキマスは、どう違い、どう同じなのだろう。また、日本はモルディブからカツオとかつお節を輸入しているが、それはどのような製品で、どこで、だれが、つくっているのだろう。そうした興味を抱いて、モルディブに行った。

2　漁業と水産物流通

観光産業が中心の国

モルディブ共和国の人口は二八万七〇〇〇人（二〇〇二年）、一人あたりＧＮＩ（国民総所得）は二一七〇ドル

図1　モルディブ共和国

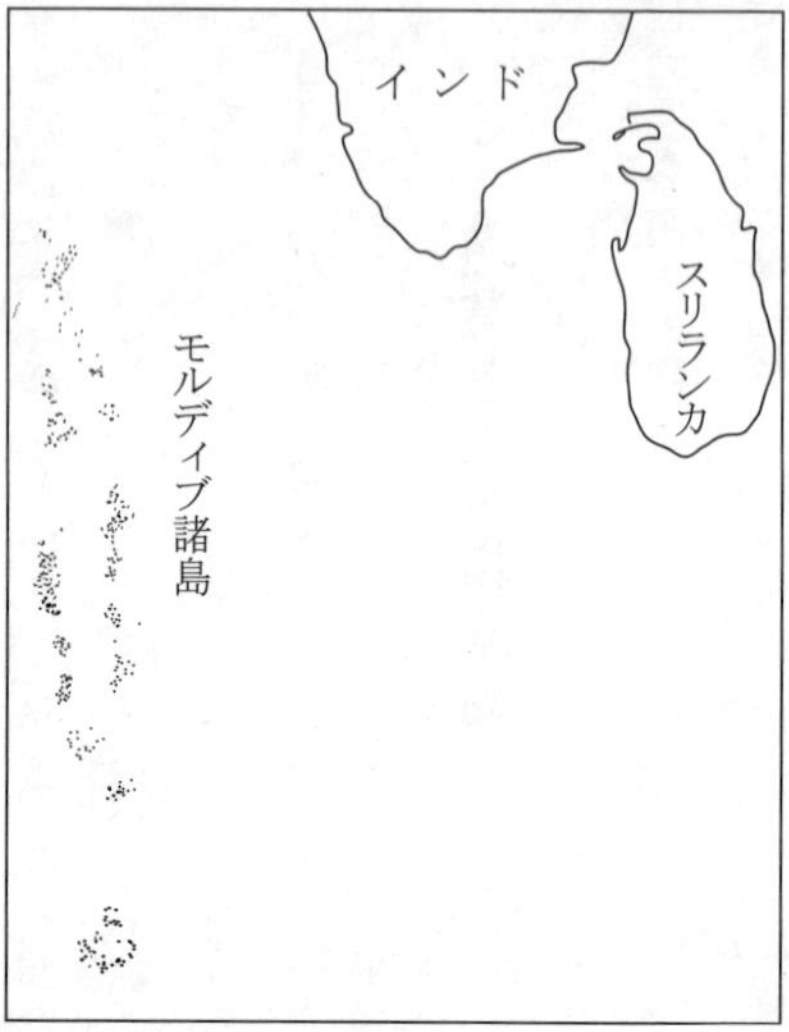

（二〇〇二年）。南アジアのなかではもっとも多い(2)。二〇〇〇年の統計によれば、就労人口は八万六〇〇〇人で、このうち九〇〇〇人が漁業に従事しているという。そのほか、東南アジア、アラブ、アフリカを結ぶ中継地であったことから、運搬船に乗り組んで働く人びとも伝統的に多い。

しかし、GNPへの貢献という意味で現在もっとも重要な産業は、漁業ではなく、観光産業である。年間約四八万五〇〇〇人（二〇〇二年）の観光客が訪れる。イタリア人、イギリス人、ドイツ人、日本人の順に多い。実際、私が家族や職場の人に「今度の夏休みはモルディブに行く」と言うと、みんなが「ダイビング？」というリアクションを示した。旅行準備にガイドブックを買い求めると、『地球の歩き方』でさえ、リゾート地の紹介や、サンゴや熱帯魚の写真に多くのページをさいている。

モルディブ政府は、海外からの観光客を迎える島（観光島）と、モルディブ国民が住む島（一般島）とを区分する、という政策をとっている。観光島は島全体がリゾートであり、各地から美しい海岸線を求めてきた人びとが酒を飲み、女性が肌を露出させてビーチに寝そべる。一方で一般島は、飲酒も肌の露出も許されない、一日五回コーランが鳴り響くイスラムの世界だ。私たち外国人は、首都マーレのあるマーレ島を除き、一般島に行くためには政府の許可を必要とする。ただし、私たちがいくつかの島を訪問できたように、日帰りなら問題がないようだ。

そして、海外からの就労者が多く、約三万人だ。中心はインド、スリランカ、バングラデシュである。観光産業の就労者がもっとも多く、約九〇〇〇人と三〇％になる。私たちが一般島へ渡るための足がかりとして宿泊したリゾートでは、出迎えた経営者はイタリア人、レストランのウェーターはモルディブ人、ベッドメークするのはバングラデシュ人、精算して領収書を書くのはスリランカ人であった。

カツオ一本釣り漁船に乗る

九九年におけるモルディブの水産物の水揚げ高は一二万四一〇〇トン。このうち、カツオが九万二八〇〇トン、カツオを含むツナ(tuna)類全体では一一万三五〇〇トンと九〇％以上を占める。南北に群島が連なるなかで、北部と南部のアトール[3]で漁業が盛んである。

漁業の特徴の一つは、基本的に釣り(pole and line fishing)によって行われる点である。巻き網と比較して、希少生物(とりわけイルカ)や幼魚に対するダメージが少ない。この点で、欧米諸国にアピールできる。

もう一つの特徴は、朝に出漁し、夕方に戻るという、日帰りのサイクルで営まれる点である。早朝に出発して活餌を獲り、日中はカツオの群れを追いかけて釣り、夕方に島へ帰る。これは、生活の場である島から数時間程度の近くに漁場が位置するからでもあるが、漁船が冷蔵設備をもたないことも関係している。七〇年代に進められた漁船の動力化によって、出漁できる海域は広がり、漁獲量は増えた。だが、漁船は依然として冷蔵設備をもつ必然性がない。氷を積んで行き、溶けるまでに港に帰ってくれば、腐らせずにすむ。鮮度管理の徹底を図る立場からは、日帰りできるからこそ冷蔵設備が普及しないとも言える。

私たちは幸運にも、カツオ一本釣り漁船に乗せてもらえた。乗船したのは朝六時ごろだ。通常はもっと早く出発して、途中で撒き餌とする魚を獲ってから漁場に向かう。この日は特別に私たちを迎える前にその作業をすませ、すでに小魚が生け簀に用意されていた。

船長を含めて一四人の漁師が乗り組む。木造で二〇トン。私たちが見たかぎりでは、モルディブとしては大きな船だった。船長（運転する）一名、エサ撒き二名、釣る人が八〜一〇名。エサ撒きと船上での食事づくりは、年輩者の担当である。釣る人たちに年齢を聞くと「二〇代」との答えが多かったが、日焼けしているので、もう少し年上のように見える。船長とは別に、船のオーナーが存在する。オーナーは投資して船をつくり、船長はじめ漁師を雇う。自らは船に乗らない。モルディブではこうした漁業経営が一般的で、首都マーレで暮らすオーナー（不在地主のようだ）もいるという。

船の最後尾に並んで釣り上げる

他の漁船と交信するための無線はあるが、魚群探知機は搭載していない。頼りにするのは、なにより鳥だ。船の舳先に立って、双眼鏡で鳥を探す。私たちを乗せた船は、出発して約三時間で最初の魚群と遭遇した。鳥が海上をぐるぐると旋回し、その下でカツオが跳ねている。鳥も魚も興奮し、乗組員もそれを指さしながら興奮している。

舵を握る船長は、歩くより少し遅いくらいのスピードで、その興奮のなかにゆっくり船を進めていく。釣り役たちは、船の最後尾に一列に並んで待ちかまえる。そして、跳ねているカツオを指さし、いっせいに叫ぶ。

「カイ！　カイ！　カイ！　カイ！」（止めろ！　止めろ！）。

釣りが始まった。釣ったカツオは、次々と船の中央部にある魚倉に放り込んでいく。

エンジンは、完全には止めない。ごくわずかではあるが前進しながら、釣る。エサ撒きの二人が船の両横から撒くと、そこにカツオが突進してくる。船はゆっくり前進しているから、そのスポットが釣り場になるわけだ。

二〇分ぐらい経つと、だんだん釣れなくなってきた。船長が笛を吹き、いったん終了。鳥を頼りに新たな魚群を見つけると、また乗り入れていく。こうして、午後一時ごろまで断続的にカツオ釣りが行われた。

釣ったばかりのカツオの体温は三七〜三八度ある。品質をよくするには、すぐさま冷却しなければならない。魚倉に陸から積んできた氷と海水を入れる。この日の気温は三三度で、氷はだんだん溶けていく。溶けた氷はポンプで魚倉から出し、ふたたび氷と海水を入れる。これを何回か繰り返すのだ。こうして、輸出可能な鮮度が維持できる。

水産物の流通経路

政府統計によれば、漁獲される水産物のうち、六万二八〇〇トン（全漁獲高の五一％）が輸出向け、残りが国内消費である。(4)輸出額は四億四九〇〇万ルフィアで、内訳は**表1**のとおりだ。

モルディブのかつお節ことヒキマスは、カツオの漁獲量が多い北部と南部のアトールで、加工業者が漁船か

表1　モルディブの水産物輸出の内訳(1999年)

種　類	数量(t)	金額		価格(ルフィア/kg)	輸出主体
		万ルフィア	構成比		
冷凍キハダマグロ	11,597	10,234	23%	8.8	100% 政府
冷凍カツオ	9,498	4,399	10%	4.6	ほぼ100% 政府
魚の缶詰	4,565	10,150	22%	22.1	100% 政府
魚　粉	2,690	1,582	4%	5.9	100% 政府
ヒキマス	5,260	10,468	23%	20.0	約98% 民間
ロヌマス	1,988	1,685	4%	8.6	ほぼ100% 民間
その他		6,351	14%	—	主として民間
合計	—	44,869	100%	—	

(注1) かつお節はスリランカ向け(ヒキマス)が主で、日本向けを含む。
(注2) 数量は輸出時の製品重量で、合計は計上されていない。
(注3) 1ルフィア＝9.26円(1ドル＝11.82ルフィア)。
(出典)「モルディブ輸出統計」。なお、輸出主体はヒアリングによる。

図2　伝統的な水産加工品の輸出ルート

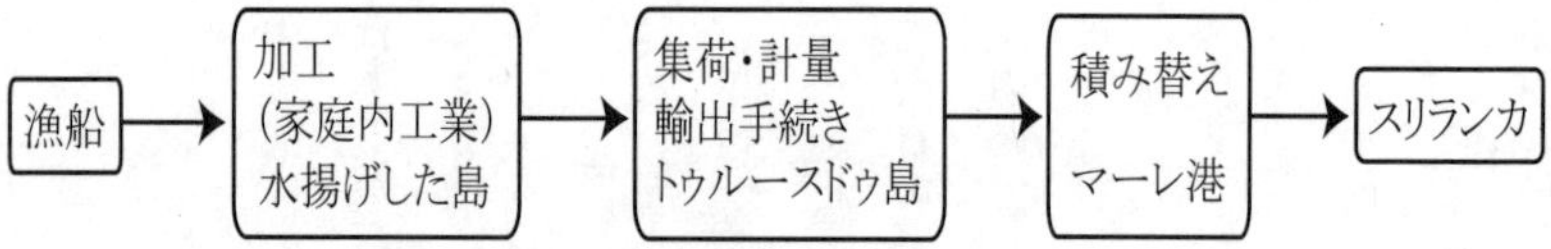

図3　冷凍魚や缶詰などの輸出ルート

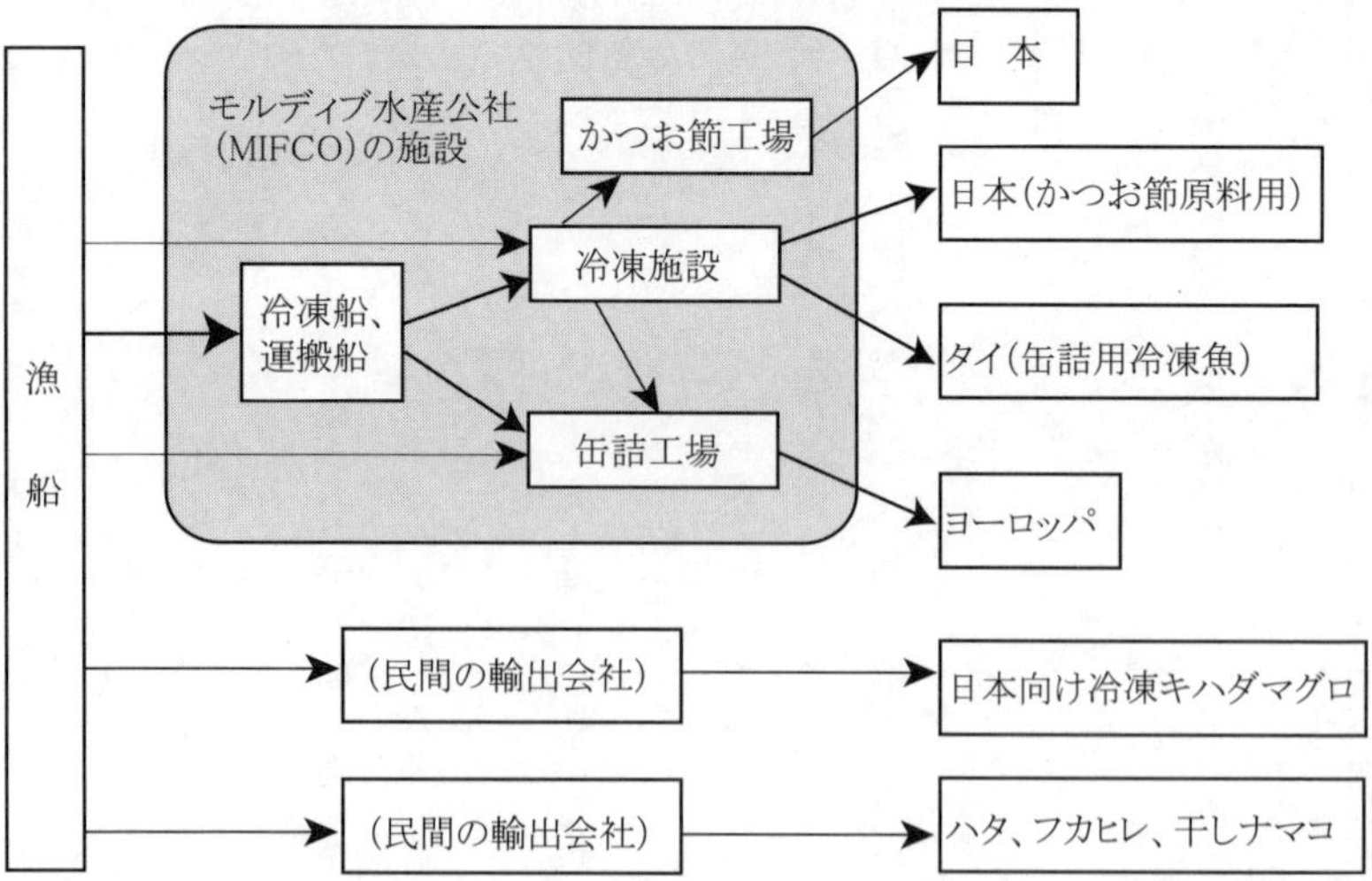

ら直接カツオを買い上げて製造される。ヒキマスのほかに、「ロヌマス」という製品もある。これは、カツオ、サメ、シイラなどさまざまな種類の魚を開いて塩干ししたものだ。ヒキマスと同じく常温保存が可能な、古くからの加工品である。

これらの伝統的な水産加工品(金額比で二七%)の輸出先は、ほぼ一〇〇%といってよいほどスリランカだ。輸出向けのヒキマスとロヌマスは、マーレ・アトールのトゥルースドゥ島に集められる。この島には輸出手続きをするための税関と、民間業者の集荷・計量施設がある。そして、首都マーレ経由でスリランカへ運ばれていく(図2)。

次に、冷凍魚や缶詰などモルディブにとっては比較的新しい水産加工品を見てみよう(図3)。冷凍魚でもっとも多いのはキハダマグロ(金額比で二三%)で、カツオ(同一〇%)が続く。また、国内でカツオやキハダマグロを原料とする缶詰の製造も行っている(同二一%)。こうした冷凍魚と缶詰、さらにその副産物である魚粉(同四%)は、民間業者はほとんど生産・輸出していない。国営の水産会社であるモルディブ水産公社(MIFCO =Maldives Industrial Fisheries Company)がほぼ独占している。そのほか、ハタ(活魚とチルド)、フカヒレ・干しナマコなどの中華食材や、チルド(摂氏〇度の氷温冷蔵)で日本に空輸されるキハダマグロなどがある。これらは、概ね民間業者によって輸出されている。

また、国内の流通経路を図4に示した。国内消費量は四万九七〇〇トンと見積もられており、[5] 原魚換算で一人一日あたり約五〇〇グラムを消費している計

図4　国内消費向け鮮魚の流通経路

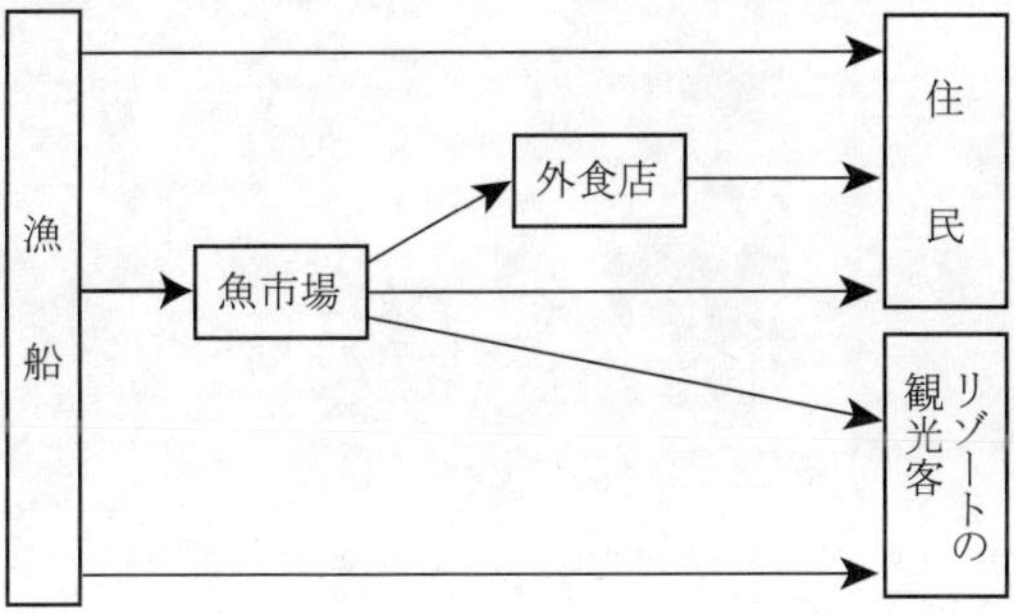

冷凍魚も販売している。

マーレの魚市場から大衆食堂の勝手口へ大八車で魚を運んできた

算である(ただし、観光客の口に入る分も含まれている)。モルディブの人びとは、ヒキマスやロヌマス、さらにワローマス(なまり節)も食べるが、基本的には新鮮な魚を調理して食べることを好む。

マーレでは、鮮魚は市場で販売される。その鮮魚市場は、マーレ島の北岸にある。岸壁に漁船を係留し、漁師たちが魚を手に持って運んできて、市場の床に並べて売っていた。ここは公設の市場で、仲買人のような商人は存在しない。漁師は、自分で持ち込んだ魚を直接お客に販売する。客は男性ばかりだ。カツオを一本買い、しっぽをつかんで、家までぶら下げて帰っていく。外食店は、数十本のカツオを大八車に乗せて運ぶ。

鮮魚市場の近くに、網を張りめぐらした、大きな鶏小屋のような建物がある。ヒキマス、ワローマス、ロヌマスを売る市場である。建物に入らなくても、すぐわかる。まさにかつお節の匂いがするからだ。ヒキマスは一キロ三五ルフィア程度で売られていた。

なお、マーレでは、ＭＩＦＣＯが輸出向け工場で生産した缶詰や

3　国内におけるカツオ・かつお節の利用

モルディブの人びとの主食は米と小麦粉で、ともに輸入品である。小麦粉は生地をよくこね、平らに伸ばし、鉄板で焼き、ロティにして食べる(ロシと呼ばれている)。生地に胚乳を削ったココナツを混ぜるときもある。タンパク源であり、メインディッシュは、もちろんカツオをはじめとする魚だ。カレー粉などのスパイスを効かせた煮込み料理が多い。エビ、タコ、イカなどはもともと食べなかったが、最近では若い世代を中心に食べるようになった。一方、野菜はあまり食べない。野菜もほとんど輸入品で、高い。ホタと呼ばれる大衆食堂での食べ方を見ていると、ご飯またはロティと、おかずであるカレーかスープを注文し、人によっては生タマネギ、ライム、青トウガラシを薬味として添える、というスタイルだ。

旅行者として特筆すべきは、軽食の発達ぶりである[6]。カフェの看板がある店のほか、大衆食堂でも、食事どき以外は軽食を出す。そのバリエーションは非常に多く、バナナケーキやドーナツのような甘い菓子から、甘くなくて料理に近い、魚肉の揚げ団子、揚げ餃子、カツオの身やご飯を使ったカレー風味の菓子などもある。いずれも、カウンターで自由に注文できる。ただし、女性客は外国人を除いてまったく見かけない。

一般家庭には冷蔵庫がない。したがって、カツオを買ってきたら(あるいは、もらってきたら)、なるべく早く調理しなければならない。マーレの市場でカツオが売られるのは午後六時前後。他の島でも、カツオ漁船が戻るのは夕方かそれ以降である。ここで買ったカツオが、その日の夕食のおかずになる。

ヒキマスやワローマスをつくる場合は、まず生カツオを三枚か五枚におろし、頭や背骨といっしょに塩を

図5　かつお節ができるまで

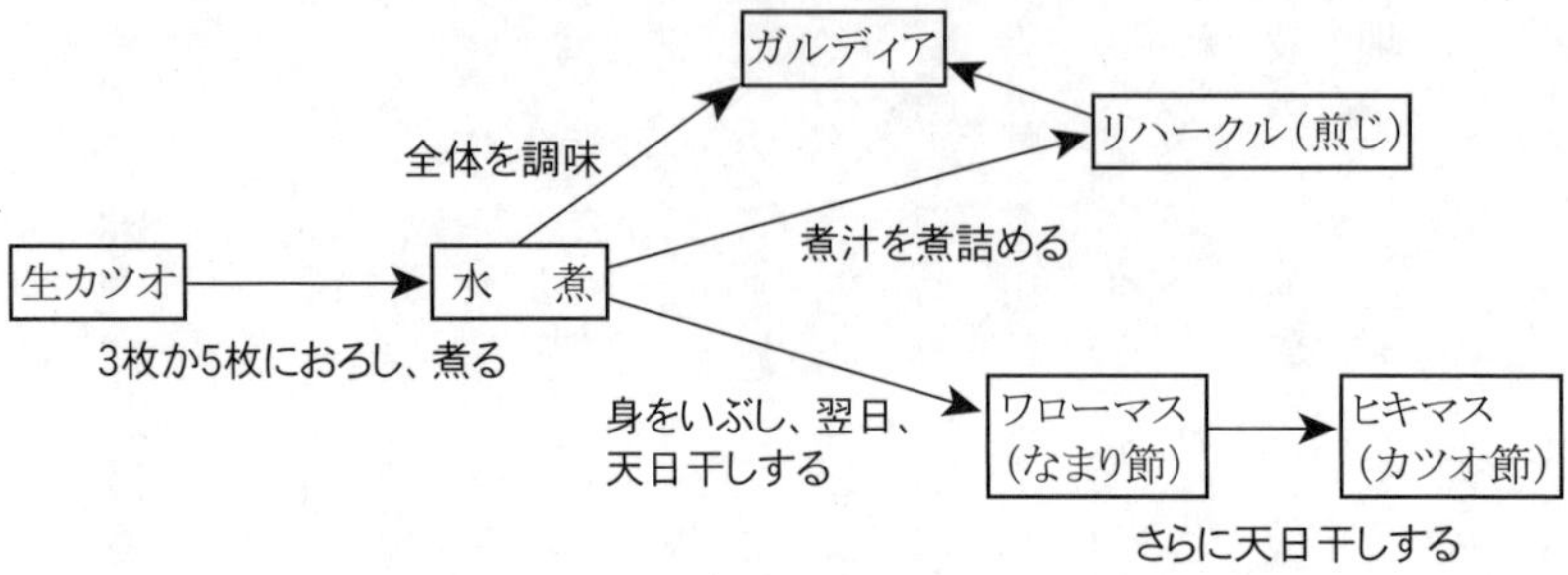

たっぷり入れて煮る。次に、炭火の上に置いたスノコに煮たカツオの身を載せ、一時間程度いぶす。そして翌日、天日干しする。数週間かけて十分に乾燥させたものがヒキマスであり、まだ柔らかい状態であればワローマスである（図5）。だから、ワローマスは日本の「なまり節」に似ている。ガスコンロも普及してきているが、いぶすのが不可欠だから、薪を使えない台所ではヒキマスやワローマスはつくれない。

　冷蔵庫が普及していない以上、カツオを手に入れたらとにかく火を通すことが重要である。伝統的な家屋では、母屋と別に炊事小屋があり、カツオを煮た鍋が蓋をしたまま置かれているのをしばしば見かけた。マーレ周辺の島では、売るためというより自家消費を目的とする場合が多い。たくさんできたら、近所の人にあげたり、市場に持っていって売る程度のようである。また、人口が密集しているマーレでは、ごく小規模な自家用を除いて、匂いがきついという理由でヒキマスの製造が禁止されている。

　なお、マグロもヒキマスにできないわけではないが、脂が多いので製造がむずかしいそうだ。

　身と煮汁を塩やスパイスで調味すると、「ガルディア」と呼ばれるスープになる。ガルディアはモルディブの代表的な伝統料理だ。スープの色は透明で、骨や頭からうまみが出ている。個人的な感想を言えば、スープが熱々で、醤油か昆布を少し使えば、よりおいしいだろうと思った。また、ヒキマスやワローマスをつくると煮汁が残る。この煮汁を煮詰めてペースト状にしたのがリハークル、日本のかつお節製造でいう「煎じ」である。リハークルはご飯に載せたりロティにつけて食べるほか、ガルディアに加えて味を濃くしたりする。

ヒキマスやワローマスを使った料理には、私たちはあまり接しなかった。生のカツオが手に入らないときの代用と考えられているようだ。ワローマスは、スライスしてそのままおやつとして食べる。私たちが訪問した家庭では、胚乳をスライスしたココナツといっしょにつまむように勧められた。輸出向けに大規模な製造をしているヒキマス製造家(といっても、家族経営プラス従業員一名)に、「あなたもヒキマスを食べることがあるのか」と聞いてみた。

「自分たちも食べることはある。だけど、だれがどうつくろうと、味はたいして変わらない。それに、よい品質のものをつくっても、販売単価は変わらない。だから、質が高いものをつくろうという気にはならない」

かつお節が高級品として扱われてきた歴史がある日本とは様子が違う。雑菌が生えればさすがにおいしくないと思われるが、それ以外は味にこだわりをもってつくっているようには感じられなかった。

カツオを使った料理には、朝食に代表的な「マスフニ」もある。ボイルしたカツオ(とくに削ぎ落とした中落ち)をそぼろ状にして、胚乳を削ったココナツに混ぜ、塩・生タマネギ・ライム・トウガラシなどで調味し、ロティに乗せて食べるのだ。これは、大衆食堂だけでなく、外国人観光客向けリゾートでもメニューとなっていた。ヨーロッパの人びとの口にも合いやすいのだろう。

4　世界の市場へ向かうカツオ

ＭＩＦＣＯの設備と製品

古くから節(ヒキマス)または塩干し(ロヌマス)の形でおもにスリランカへ輸出されてきたモルディブの水産加工品であるが、世界の市場に販売するには缶詰や冷凍の形をとらなければならない。

日本は七〇年代に、宝幸水産、丸紅、日本水産がカツオを買い付けていた。宝幸水産と丸紅は地元漁船から洋上で直接買い付け、冷凍船で運んだ。日本水産は合弁で小規模な缶詰工場を建てて、加工していた。しかし、八〇年前後にいずれも現地での買い付けや加工から撤退する。そこでモルディブ政府は、日本の商社や水産会社が使っていた冷凍船や缶詰工場を買収し、政府出資の会社をいくつか設立。漁民からカツオを中心に買って、海外市場へ販売する事業を続けた。これらの会社を統合して九三年一一月に設立したのが、モルディブ水産公社(ＭＩＦＣＯ)である。(7)

ＭＩＦＣＯの本部はマーレにあり、モルディブ諸島に三つの拠点をもつ。その一つであるクッドゥ島の水産複合施設は世界銀行の融資によって建設され、九六年に操業を開始した。原魚処理能力は一日二四〇トンと、もっとも大きい。魚の冷蔵・貯蔵が中心だが、小規模ながら日本向けかつお節の製造も行っている。

各施設は、漁船から漁獲物を買い取るコレクティング・ボートを配備する。三施設合わせて一九隻あり、冷凍船が八隻、運搬船(冷凍能力がなく、氷を積んで保冷するタイプ)が一一隻だ。冷凍船のいくつかは、モルディブの経済水域で操業した漁船を拿捕したものだという。

もっとも重要な冷凍魚（キハダマグロとカツオ）は、タイと日本に輸出されている。タイは缶詰用で、Thai Union と Narrong が、日本では宝幸水産に加えて、九九年からは三菱商事も取り扱う。

私たちが訪問したクッドゥ島では、鮮度の指標となるヒスタミンの検査が行われている。ヒスタミンは赤身の魚を十分に冷却せずに放置すると生成し、摂取すると顔や体に赤い発疹を生ずるアレルギー様食中毒の原因となる。だから、漁獲後に船上で十分な冷却が行われたかどうかを判定する目安とされる。インド人技師の説明によると、MIFCOのヒスタミンの基準は三〇ppm以下と、国際的スタンダードの五〇ppmより厳しい。一漁船から三つのサンプルを採って検査する。あわせて、次のような品質基準を定めた。

「漁獲後すぐに五度以下に冷却されたものは良、二～三時間のうちに氷などで冷却したものは可」

冷却設備をもたない漁船に「良」の状態で納めてもらうために、MIFCOは出漁する漁船に対して氷を無償で提供する。その代わり、出漁で得た魚のすべてを売ることを義務付けている。

缶詰は、フィリバウ島の加工場で一日四〇～五〇トン（原魚ベース）生産している。輸出先はドイツ、イギリス、スリランカ。イギリスにはキハダマグロ缶、スリランカにはカツオ缶で、ドイツは両方だ。ボートを意味する「dohni」というブランド名で販売している。国内向けには別のブランドで販売し、価格は塩水漬けが一缶六・五ルフィア、オイル漬けが七ルフィアだ。私たちが訪問した二〇〇〇年時点では、フィリバウ島周辺の水揚げ高はエサ不足のために思わしくなく、クッドゥ島で凍結されたカツオを運んで利用していた。缶詰製造の過程では、煮た魚から肉汁が流れ出る。この肉汁を煮詰めて濃縮し、国内向けに販売していた。色は薄茶色で、リハークルと同様に使うという。

図6　モルディブ産かつお節の日本国内販売量(t)と価格(円／kg)

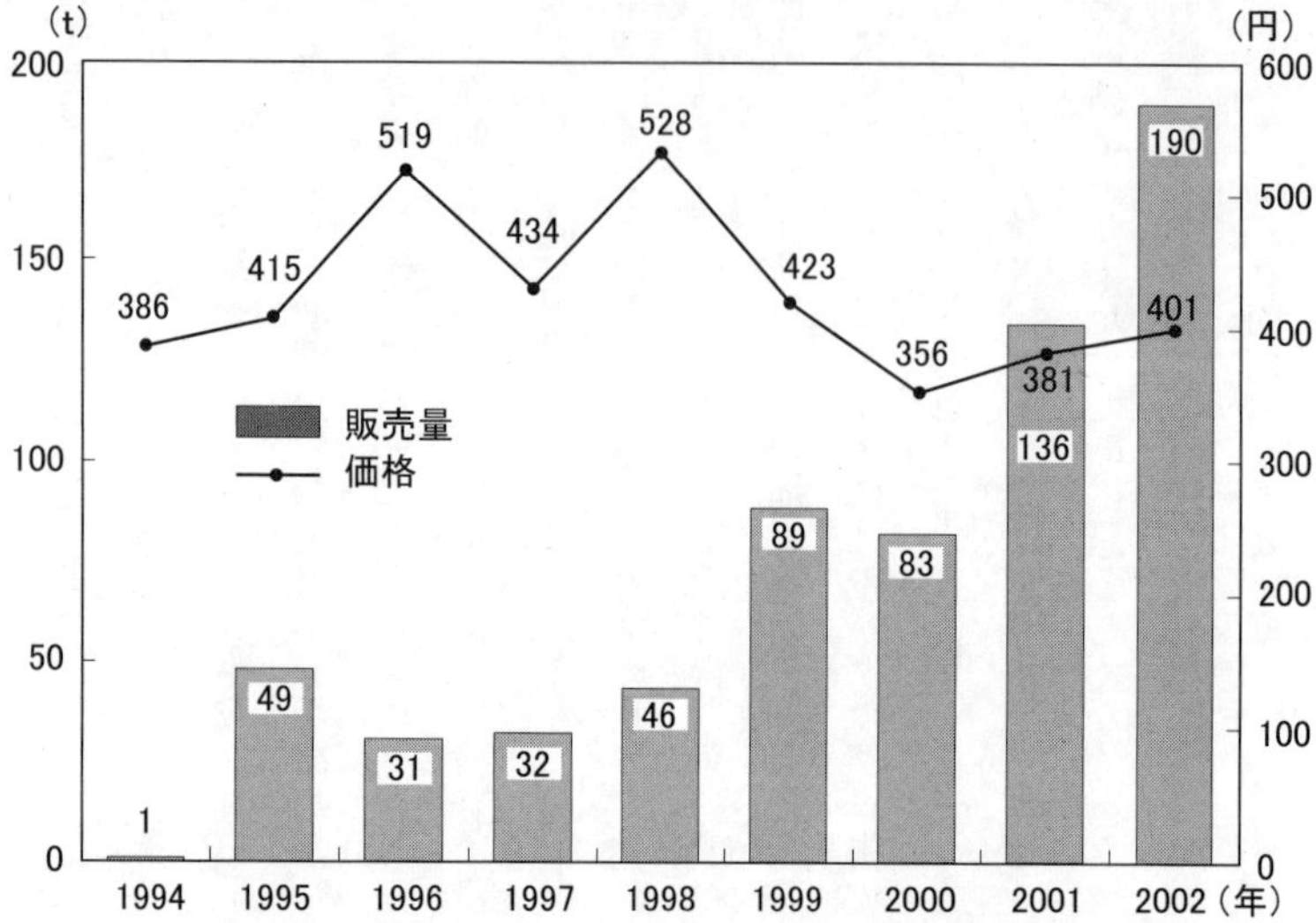

クッドゥ島のかつお節製造

モルディブ諸島南部における魚の買い取り・凍結の拠点として水産複合施設が建設されたクッドゥ島は、もともと無人島だった。いまでは、管理職・労働者合わせて約一五〇人が働いている。管理職も含めて全員が単身で、宿舎に暮らす。まさしく漁業基地だ。

施設の中心は冷凍設備で、ブライン凍結槽が一二基ある。ブライン凍結とは、氷点下一五度以下に冷却した高濃度の食塩水に漬けて凍結させる、日本の遠洋漁船や水産工場でもよく行われる方法である。凍結槽はそれぞれ、一回に一〇トン凍結できる。凍結には八時間かかり、一日に二回まわせるので、最大で二四〇トンが凍結できる計算だ。凍結ずみの魚を保存する冷蔵庫のキャパシティは一九〇〇トン。見学時の温度はマイナス二七・三度だった。現在の保管期間は一カ月程度だが、最高で三カ月は保管できるという。

施設の一角で、モルディブで唯一の日本向けかつお節(荒節)が製造されている。ここの年間原魚処理量は一万五〇〇〇トンで、かつお節用は年間七〇〇～八〇〇トンと約五％だ。このほか、スリランカ向けヒキマスも製造している。貿易統計によれば、九九年の日本向けかつお節の年間販売量は八九トン、〇二年が一九〇トンである(図6)。日本では〇二年に年間約三万六〇〇〇トンのかつお節が製造され、約四五〇〇トンが輸入されているから(二一ページ参照)、モルディブ産は消費量の〇・五％、輸入量の四・二％にあたる。

製造を指導するのは鈴木貴博《たかひろ》さん。焼津市のかつお節メーカー・マルテ小林商店で技術を学び、九四年からモルディブで日本向けかつお節の製造に挑んできた。九六年の冷凍施設操業とともに、クッドゥ島で本格的な製造を始めたそうだ。当初は原魚の鮮度が悪いために、製造過程で隙間ができたり身割れしたりしやすく、苦労したという。当時は日本のバイヤーに品質が評価されず、「ツブシ」(粉砕された、麺つゆの原料)として使われていたが、現在では改善され、削り節の原料として用いられている。大手削り節メーカーに供給されることもある。今後の課題は香りの向上だという。

製造方法は、基本的に日本と同じだ。カツオは潤沢だが、水と薪の供給に苦労している。日本向けかつお節は、ヒキマスと違って煮熟の際に淡水を使う。海水を淡水化しているが、コストがかかる。また、薪は国内調達が困難で、日本からカシとサクラを輸入している。漁船や運搬船がモルディブに来るときに積んできてもらうという。鈴木さんによれば、かつお節一キロを製造するために、一・四キロの薪が必要である。かつお節を日本に輸出するために、一・四倍の重さの薪を運んでいるのだ。

なお、ＭＩＦＣＯでは、かつお節製造施設を〇一年に増築し、月産三〇トンを目標にしている。

MIFCOの経営の特徴と課題

MIFCOは、漁民から魚を買い上げて冷凍や缶詰製造を行うことにより、伝統的なヒキマス・ロヌマス以外の形での水産物販路の確保を実現した。これによって漁民の収入を保証し、外貨を獲得するというのが、同社が国営会社であるゆえんであり、海外からの援助によって施設整備が行われてきた理由でもある。しかし、いくつかの問題もかかえている。

第一に、国営企業が冷凍魚と缶詰の輸出をほぼ独占している点である。二〇〇〇年時点では、民間企業による冷凍魚と缶詰の輸出を認めていなかった。これについては、参入を求める民間企業から不満がある。国営企業であるがゆえの経営陣の腐敗を未然に防ぐためにも、国営企業の独占状況は改められるべきだ。〇一年になって民間による参入を認めたが、参入して成功した企業はいまのところない。

第二に、海外からの労働力に依存している点である。クッドゥ島の施設には、スリランカやネパールなど多くの外国人労働者が働いている。たとえば、かつお節部門で働く労働者二〇人のうちモルディブ人は七人にすぎない(男性五人、女性二人)。モルディブ人労働力もあるのだが、一生懸命に働くのは海外の労働者だといわれている。(8) そのため、せっかく投資してつくった加工施設が、モルディブ人の労働機会を提供する役割を十分に果たせていない。もちろん、外国人労働者の存在自体が問題だとは思わないが、就労の際のブローカーへの支払いやモルディブまでの旅費がかかり、労働者自身の手取りはかなり削られるようである。

第三は、第一とも関連するが、国際市場への対応である。訪問時点では、MIFCOの漁船からのカツオ買い入れ価格は一キロ三ルフィアであった。冷凍カツオの九九年の平均輸出価格は一キロ四・六ルフィアだったが、さらに値下がりしていたはずである。これでは、あまり利益が生まれそうにない。漁業者にとってはありがたいが、MIFCOの経営という観点からは苦しい。なぜ、国際市場を反映して買い入れ価格を下げないのかと言えば、ヒキマス製造家の買い取り価格も同様に三ルフィアだからである。品質基準はMIFCOのほうが厳しいので、漁業者としてはヒキマス製造家に売るほうがラクだ。原料確保という点で、買い入れ価格を下げにくいのである(9)。

5　日本向けかつお節製造の意義

モルディブの人びとは、ずっと昔からカツオを釣り、それを加工して販売することによって、暮らしをたててきた。現在では観光が最大の産業になっているものの、より多くの人びとが働けるという点で、漁業は将来も重要産業であり続けるはずだ。そのなかで、日本向けのかつお節製造は、どのような位置付けになるのだろうか。労働力や薪の調達を海外に依存してまで、日本にかつお節の輸出を拡大しようとするのはなぜか。

伝統的なヒキマスの販売先がスリランカであるのに対して、冷凍魚や缶詰の主要消費地はヨーロッパである。タイに輸出される冷凍カツオや冷凍キハダマグロは、タイのメーカーが缶詰にし、おもにヨーロッパに販売している。国際商品である冷凍品や缶詰の輸出は、世界市場における相場変動に身をさらすことを意味する。そのとき、日本のかつお節という特定市場に向けた加工は、販売先を分散させ、より安定した外貨獲得源になる。

ヒキマスという固有の生産物をスリランカという特定市場に輸出して長く生きてきたモルディブは、七〇年代以降、冷凍魚や缶詰の輸出によって世界市場に接合した。そして、多角化の一環として日本向けのかつお節需要に期待を寄せているのである。

（1）宮下章『鰹節（上巻）』日本鰹節協会、一九九六年、三〇五ページ。
（2）たとえば、スリランカ＝八五〇ドル、インド＝四七〇ドル、ネパール＝二三〇ドルである。
（3）アトール（atoll）は環礁を意味する。一つのアトールは、輪のように連なった数十の島から構成される。モルディブでは自然地理上の環礁を意味するだけでなく、地域区分の単位としても使われている。
（4）原魚ベース。骨や内臓も含んだ値。
（5）水揚げ高から輸出高を引くと、六万一三〇〇トンになる。一万一六〇〇トンの差がある理由は、はっきりしない（一部は翌年へのストック分と考えられる）。
（6）モルディブの伝統的な料理の本が出版されており、レシピが豊富に掲載されている。Aishath Shakeela, *Classical Maldivian Cuisine*, Impression (India), 2000.
（7）この項の記述は、モルディブ水産公社関係者へのインタビューと、同公社のパンフレットによる。なお、同公社のホームページには施設や製品が紹介されている。http://www.mifco.com.mv/
（8）あくまで推測だが、①高い旅費を支払って来ているので、早くモトをとりたい、②出身国で働くよりもずっと賃金がよい、③自分が生まれ育った環境と切り離されているので、モルディブ人と比べて余暇の楽しみを知らず、休日返上でよく働く、④モルディブ人は観光産業などの働き口があり、質の高い労働力がまわってこない、などが考えられる。
（9）ヒキマス製造家が一キロ三ルフィアで採算がとれるのかも疑問である。ヒキマスの輸出価格は一キロ二〇ルフィア、歩留まりが日本のかつお節と同様に二〇％と仮定すると、原料だけで製品一キロあたり一五ルフィアかかってしまう。家族経営とはいえ、設備や流通コストを考えると、採算をとるのは少なくとも短期的には困難なように思える。

第4章　ソロモン諸島へ進出した日本企業

宮内泰介・雀部真理

1　戦後の南方カツオ漁場開発

大洋漁業（一九九三年、マルハに社名変更）は、カツオ漁の海外拠点を求めていた。日本有数の水産企業である同社がカツオ漁の最初の海外拠点としたのは、ボルネオ島の東の沖合にあるシアミル島（マレーシア・サバ州）というちっぽけな島だ。一九六〇年のことである。

シアミル島は第二次世界大戦前の一九二六（大正一五）年に、元海軍少佐の折田《おりた》一二《いちじ》がボルネオ水産を創業した場所だ。高知県や沖縄県から多くの労働者を雇い入れて、カツオ漁と、かつお節・カツオ缶詰の生産を行っていた（第Ⅲ部第3章参照）。当時、シアミル島をはじめ南洋群島（ミクロネシア）や蘭領東印度（インドネシア）では日本人（その多くは沖縄漁民）によるカツオ漁が盛んだった。戦争による中断を経て、戦後初めて本格的に再開しようとしたのが、このシアミル島での操業である。大洋漁業が一〇〇%出資した現地法人により、カツオの一本釣りと冷凍輸出が行われた。ところが、六二年末に海賊に襲われて沖縄の船大工が亡くなるという事件があり、翌年に撤退を余儀なくされた[1]。

　このあと南方カツオ漁業が本格的に再開されるのは、七〇年代に入ってからだった[2]。水産庁は六九年、庁内に「海洋開発推進協議会」を設置して、新規漁場の開発計画を検討した。その結果、「比較的開発の進んでいない魚種」としてカツオをあげ、「当面の開発目標を中部大西洋(サンゴ海、ソロモン海、ニューギニア方面)に置く」とした[3]。当時すでに漁場開発が進んでいたマグロに加えて、もうひとつの有力種としてカツオが浮上したのである。戦前の南方カツオ漁業の隆盛を考えれば、この動きは不思議ではない。

　こうした流れを受けて七〇年代初頭、大手水産企業は相次いでパプアニューギニアでのカツオ漁業を開始した。極洋が七一年ケビアン(パプアニューギニア東部ニューアイルランド島)で一本釣りの操業を開始し、翌年には日本水産・報国水産・伊藤忠商事が共同で合弁企業をつくる。合弁企業や開発輸入(企業が、外国の生産地を直接開発し、日本市場向けに商品を生産させて輸入する)によって海外の水産物資源が日本向けに生産される時代に入っていた。遠洋漁業でマグロを獲って海外に輸出する時代から、合弁企業や開発輸入によってマグロ、カツオ、エビを獲り、日本に入れる時代に変わったのである[4]。二〇〇カイリ時代もすぐそこまで迫っていた。

　そうしたカツオ漁の合弁事業を支えたのは、今度も沖縄漁民たちである。日本復帰直前の沖縄から、漁民たちが船ごとリクルートされた。理由は、戦前とほぼ同じ。沖縄漁民は、餌を自分たちで獲る技術に長け、賃金が安くてすむからだった。水産企業は伊良部《いらぶ》島や池間《いけま》島などの船主と契約し、現地に母船を出して漁獲物を集め、日本へ輸出するという形をとった。

図1　ソロモン諸島

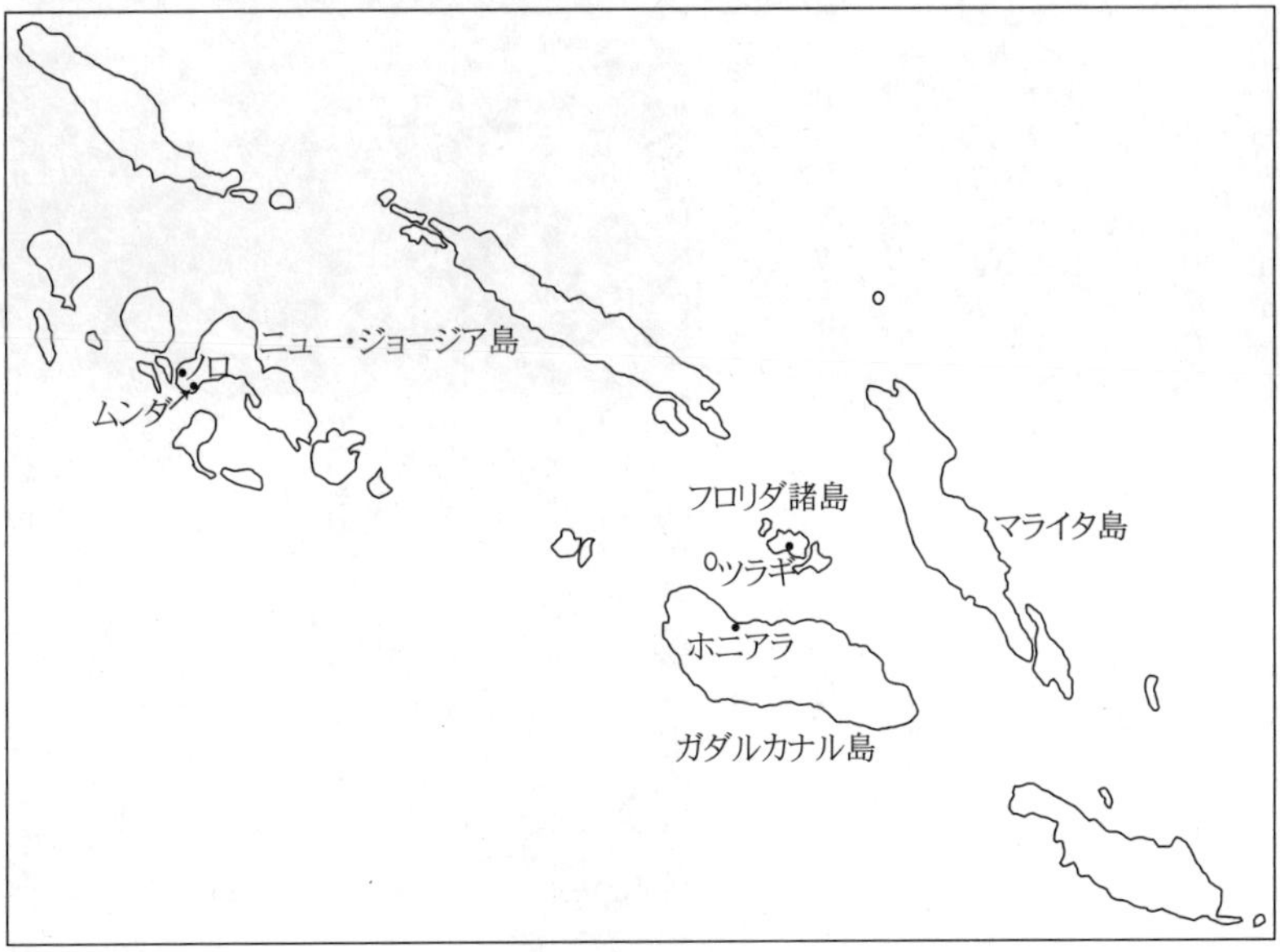

2　ODAが支えたソロモン大洋

このように大手水産企業が次々にパプアニューギニアでのカツオ操業に乗り出すなか、大洋漁業はひとり出遅れた感があった。そこで同社が目をつけたのは、ソロモン諸島だった。ソロモン諸島は、パプアニューギニアの東に位置する人口約五〇万人(二〇〇三年)の小国である。

ソロモン海域は日本の水産業にとって未知数だったが、カツオ漁場として有望視されていた。大洋漁業はソロモン諸島政府と交渉を続け、政府は地方開発を条件に受け入れた。七一年からの沖縄漁民による試験操業は豊漁続きだったのを受け、七三年に大洋漁業とソロモン諸島政府との合弁会社・ソロモン大洋が始まった(政府が株の半分を所有)。当初はソロモン諸島中部のツラギに基地があったが、七六年に政府の地方開発政策に従ってウェスタン州ノロに新しく基地をつく

カツオの水揚げ（ソロモン大洋、99年）

り、順次、こちらを本拠地にしていった。政府は、経済活動を地方分散化するための西の拠点として、ノロ地区の発展を期待していたのである。(5)

ノロ地区の開発には、日本のＯＤＡ（政府開発援助）も大きく投入された。すでにＥＣの援助によって上下水道などのインフラが整備されていたが、日本政府は八八年度から三カ年、「ノロ地区漁業基地整備計画」に総計一七億八一〇〇万円を無償資金協力した。このＯＤＡによって、貯水タンク、給油パイプライン、漁業用岸壁、冷蔵庫、製氷機などが次々に建設・整備された。その後も、九二年と九四年に同じく無償資金協力で、「ノロ地区港湾整備計画」に総計三億八〇〇〇万円が投じられた。ソロモン諸島政府の計画ではノロ地区に多くの企業が工場を建設する予定だったが、結局のところ入ったのはソロモン大洋だけだった。したがって、日本のＯＤＡによる施設はすべてソロモン大洋一社のためのものとなった。

ソロモン大洋自身の缶詰工場などの建設についても、海外漁業協力財団からの低利融資を受けた。同財団は七三年に設立された農林水産省の関連団体で、二〇〇カイリ時代における海外漁場の安定的確保のために、日本企業の海外水産事業を支援する融資事業を軸とした組織である。財団法人であるが、資金は農林水産省から出ている。(6) インフラも事業そのものも、日本政府つまり私たちの税金に大きく支えられる形で、同社は操業を続けてきたのである。

操業開始以来ソロモン大洋は、カツオ漁、冷凍輸出、かつお節生産、缶詰生産と順調に生産を拡大していく。九〇年代後半の水揚げは年間約三万トンで、うち一万トンが冷凍輸出され、一万五〇〇〇トンが缶詰、五〇〇〇トンがかつお節(花かつお用の荒節)に加工されていた。缶詰はおもにイギリスへ輸出されたが、一部は日本にも輸出され、また一部はソロモン諸島国内の消費へ向けられた。冷凍カツオの輸出先は日本、タイ、フィリピンなどで、日本の場合は多くがかつお節加工用、他国は缶詰用だ。かつお節はもちろん、全量が日本向けだった。(7) この時期、同社を中心とする魚類輸出金額がソロモン諸島の輸出総額の二五~三〇%を占めるまでになる。(8) また、最盛期の雇用者数は二〇〇〇人近くにのぼった。

3　ソロモン大洋で働いた人びと

ソロモン大洋でも、実際のカツオ漁は沖縄からの漁民が担った。おもに動員されたのは伊良部島の漁民たちであった。伊良部島は、池間島と並んで、戦前からカツオ漁のために南洋群島やボルネオに多くが移民していた島である。すでにパプアニューギニアに船を出していた伊良部町出身の漢《かん》那《な》憲《けん》徳《とく》が、大洋漁業と漁民の間に立った。そして、大洋漁業が伊良部島の船主に出漁資金を貸し付け、ソロモン大洋がその魚を現地で買う形をとった。パプアニューギニアとソロモン諸島への出漁は、七〇年代後半の五〇隻(七〇〇人あまり)をピークに、大きな富を伊良部島にもたらした。(9)

ソロモン諸島の人びとは、ソロモン大洋の操業開始によって現れた沖縄の漁民たちと各地で出会うことになった。それは、どんな出会いだったのだろうか。ジュリー・シポロ（女性、五三年生まれ）は、八一年に次のような詩を書いた[10]。

「ランベテに奇妙な船がある／奇妙な音楽が鳴り響き／騒々しい笑い声／彼らはだれだ？／外国人だ ピグミーのように背が低く／黒くて硬いウニのような髪／黄色い肌／半月形の目／オキナワの漁民だ 村をぶらぶら歩き／目立つ姿だ／毛織のセーターに身をまとい／トラックスーツのズボンをはき／高価なラジオを持って／村の娘の心をつかむ

彼らは受け入れられたのだろうか？／人びとの間には意見の相違がある／そうだという者、そうでないという者／もっと壁がある

しかし、混血の子がいる／種を仕込んだのは／オキナワの漁民だ」

突然の来訪者。残された子どもたち。いまも、多くの「オキナワの子どもたち」がソロモン諸島に存在する。

しかし、ソロモン大洋の操業が続くなか、漁船に乗る沖縄人の数は徐々に減っていくことになった。それは、ソロモン諸島政府との関係でローカリゼーション（現地化政策）を進めたからでもあり、労働コストの削減という意味でもあった。船についてもまた、ソロモン大洋は自社船の比率を年々上げていった。閉鎖直前の九九年には、二一隻の漁船のうち、三隻が沖縄人三名（船長、漁撈長、機関長。残りはソロモン諸島民）、一一隻が沖縄人二名を乗せ、残り七隻は全員ソロモン諸島民だった。

船員はソロモン諸島全域から幅広くリクルートされ、多くの男性がカツオ漁船で働くことになった。マライ

タ島のピーター・クワテガさん(五八年生まれ)もその一人だった。

「二〇代のときは政府の住宅局で働いていたけどね。飲酒運転をして、解雇になった。親戚がソロモン大洋で働いていたから、ぼくも職を得られた。トーキョー丸八号には沖縄人が六人とソロモン人が一二人乗っていたよ。ソロモンのいろいろな島から来ていた。夜間に餌を獲り、翌日、漁へ出かける。そして、その夜にまた餌を獲り、次の日に漁へ。その繰り返しだった。基本給が月に二〇〇ソロモン・ドル(約五〇〇〇円、当時)で、歩合給を足して四〇〇ドルになることもあったね。沖縄人とは、よくけんかした。日本人はやさしかったが、沖縄人は怒りっぽかったね。だけど、いい友だちでもあったよ。結局、自分はある沖縄人とけんかしてしまい――彼はぼくの親戚といつもけんかしていたからね――、一年八カ月で辞めてしまった。以降、出稼ぎに出ていない。村の生活のほうがいいよ[11]」

ピーターさんのように、若い時期の数年間を出稼ぎで生活し、その後で村へ戻るという生活スタイルをとるソロモン諸島民は多い。そうした人びとにとって、ソロモン大洋はいい出稼ぎ先になった。四〇〇ドルは、ソロモン諸島の労働者のほぼ平均的な収入である。

ソロモン大洋は七四年から、ツラギでかつお節工場も始めた。製造を担ったのは、やはり沖縄からの人間だった。池間島出身の小禄《おろく》一輝《かずてる》さん(三一年生まれ)は、次のように言う。

「池間島を三一歳のときに離れてから、那覇で大工の仕事をしていた。そうしたら南洋へという話が入ってきて、聞いたら月二五万円という。賃金がいいので、受けることにした。最初の四年はツラギでやり、あとの五年はノロでやった。三〇名くらいを雇ったが、苦労したのは言葉だった。花かつお用の荒節だったので、池間でつくるときより乾燥日数を二〇日以上と長くしなければならなかった[12]」

しかし、この沖縄人によるかつお節工場はあまりうまくいかなかった。八五年に大手削り節メーカーであるヤマキ(本社=愛媛県伊予市)が、大洋漁業との提携のもと、マレーシアやインドネシアで経験のある日本人技術者と提携する形で工場を再開した。ここで荒節まで加工してヤマキに送り、花かつおなどに加工する形をとった。ヤマキの花カツオの原料のうち、四分の一をソロモン大洋産の荒節が占めた時期もある。[13] 最盛期の九九年には、一一三七トンのかつお節を日本に輸出した。これは同年の日本のかつお節輸入量の二七%を占めている(一二〇ページ図4参照)。

缶詰工場もまたツラギで七四年から始められ、八九年にはノロに新しい工場がつくられた。九〇年代には、缶詰(シーチキン)の八割がイギリスの大手スーパー・チェーン、セインズベリーへ、一部は日本へ輸出されていた(おもにコープこうべが買っていた)。また、血合い部分を中心にしたカツオ・フレーク缶詰が国内と近隣島嶼国で売られ、人びとは「タイヨー」という名で呼んでいる。タイヨーは人びとの生活に深く入り込み、米にかけたり、イモといっしょに料理したりという姿は、ソロモン諸島のどこでもよく見られる光景だ。

4　缶詰工場の女性たち

九四年時点で、ソロモン大洋の総従業員は約一八〇〇人だった。これは、ノロ周辺では圧倒的に多い雇用数である。もっとも多いのは缶詰工場で、約七六〇人が働いていた。そのうち約六三〇人が女性で、ほとんどは一〇〜二〇代の未婚。とくに、小学校を出たばかりの一〇代後半の少女が目立っていた。

地元女性の雇用が始まったのは、漁業基地の一角に缶詰工場ができた八九年からだ。労働者の半数を地元で確保すべく、人事担当者が近隣の村々を訪ね、娘を働きに出すように勧誘して回った（半数は他州の出身者で、ノロ周辺の寮や親戚の家に住んだ）。少数の商店、森林伐採現場、病院、学校、役場以外に雇用がなかったこの地域に、学歴を問わない女性の職場が突然、出現したのである。小学校を卒業あるいは中退した少女たちにとって、この缶詰工場が一躍、有力な就職先となる。給料の大半は家族の食費と妹や弟の学費に消えた。残ったわずかなお金で腕時計、ちょっとお洒落なTシャツ、髪飾りなどを買うのが彼女たちの楽しみであり、また年下の女の子たちにとってのあこがれだったという。

少女たちの大半は「クリーニング・セクション」に属した。小さなナイフを片手にベルトコンベアの前に並んで立ち、蒸し上がったカツオから骨や血合いをはずし、白身を缶に詰める作業である。それ以外は、重量管理・ラベル貼り・箱詰めなどを行う。

始業時間は、ノロ在住者が朝六時、遠隔通勤者が七時。一一時半～一三時の昼休みをはさんで、その日の目標量の魚が全部処理できたときが終業だ。たまに早く終わって一七時、生産目標や機械の調子・欠勤者数などによっては一九時を過ぎるときもある。終了後の清掃当番に当たれば、さらに一～二時間の作業が続く。一日の拘束時間が一四時間を超えることもあり、残業が完全に日常化していた。

筆者は太平洋教会協議会（Pacific Council of Churches＝ＰＣＣ、本部フィジー）所属のリサーチ担当協力スタッフとして、九二年から九四年にかけて労働者を送り出している十数カ所の村をまわり、本人や家族・地域住民の声を聞いた。最大の不満は、予想どおり長すぎる労働時間だ。始業が早いため、遠い村では朝四時に家を出て、帰宅が二二時になる場合もある。当然ながら、寝不足になり、疲れはてる。

「土曜も出勤で、洗濯や畑仕事の時間がないし、疲れすぎて教会や村の行事に参加できません」

「マット編みなど伝統技術を教えようにも、時間がないのです」

また、通勤の大変さと労働のきつさも口々に訴えた。

「吹きっさらしのトラックの荷台やカヌーで往復するので、雨や海水に濡れます。冷え込む朝は寒くてたまりません」

「気分が悪くて早退したくても、帰宅手段がないため、終業まで待たなくてはなりません」

「長時間立ちづめで、昼休み以外に休憩がない。同一動作で手や腰が痛いし、退屈で眠くなります」

また、当事者からの訴えはなかったものの、筆者の目には深刻に映った点も多い。

第一に違法な児童労働。ソロモン諸島の労働法は、一六歳未満の労働を禁じている。しかし、出生登録などの制度が整っていないため、実際には求職時に一六歳だと言えば採用されてしまう。

第二に健康問題。朝四時や五時に家を出る遠隔通勤者は、ほとんど朝食抜きだ。一一時半まで立ちっぱなしで働き、会社が五〇セントで販売する四枚入りビスケットとコーヒーで昼食をすませる。労働者の多くは、まだ身体ができあがっていない一〇代である。長時間労働と過酷な通勤による慢性疲労、冷房の効いた工場での足腰を冷やす労働環境、そのうえにこの栄養不足が重なれば、長期的に健康に悪影響を及ぼすだろう。

第三に労災。事故が発生すると労働法に則って補償されるが、補償水準は日本と比較にならないほど低い。たとえば、終業後の掃除中にベルトに手を巻き込まれた一八歳のジュナは、手首から数センチの部分で右腕を切断した。彼女が給与額から算定された補償金は五〇〇〇ドル弱(約二〇万円)だった。年金はない。同じ事故が日本で起こると、障害第五級に認定され、一時金二二五万円に加えて、給料の一八四日分(ジュナの場合は約二〇〇〇ドルに相当)の年金が終生支払われる。

第四に妊娠解雇。ソロモン諸島の労働法は、出産前後一二週間、一〇〇%給与支給の産休を雇用者に義務づけている(日本の場合は、出産前後一四週間、六〇%支給だが、保険から支払われるので雇用者負担の必要がない)。ソロモン大洋の労働協約にもそう明記されているが、別項には「勤続二年以降は妊娠してもよい」と書いてある。既婚女性の場合、慣例として勤続二年未満でも産休が与えられているが、未婚での妊娠が判明すると即解雇(形の上では「自主退職」)である。これは「未婚の妊娠はけしからん」という社会通念に支えられており、人事担当者は「未婚の妊娠防止策だ」と公言してはばからなかった。

第五に妊娠や性病。外国漁船がノロに寄港すると、女性を求めて大金をばらまく船員がいる。地元男性が相手の場合を含め、妊娠の結果はすべて女性が負うこととなり、それは失職につながる。性病の罹患率も、ノロは首都ホニアラに次いで高い。

5　教会と地元NGOの試み

こうした状況に出会った筆者は、多彩な地元住民と会ってさらなる情報を得ると同時に、現状や客観的分析を地元NGO、女性教師、教会指導者らに伝え、女性労働者の状況を人権の視点で見てもらうように努めた。その際、ソロモン大洋を悪者にするのではなく、労働者や地域社会が力をつけてより人間的な状況を手に入れることをサポートする立場を保つようにした。その過程で価値観と危機感を共有する人びとの輪が生まれ、具体的な行動が始まっていく。

たとえば、ウェスタン州ムンダに本拠を置く合同教会(ユナイテッド・チャーチ)のアーロン・ベア牧師は、

女性のための労働法ワークショップ（ムンダのYWCA支部、92年）

ことあるごとに筆者を地元の集会に連れ出し、缶詰工場の現状や労働者の権利について労働者の家族や村のリーダーに話す場を設けた。全国総会の場でも発題の機会が与えられる。そして、教会員の研修で児童労働や食生活の問題を取り上げ、次の二つが教会の課題とされた。一つは、おとなが工場労働の過酷さを知って一六歳未満の子どもを送り出さないようにすることである。もう一つは、輸入食品ではなくイモや野菜など伝統的な食生活を大切にし、バランスよい食事を取り戻して、子どもたちの心身を守ることである。また、労働者を対象にした性教育を含むセミナーも開いた。

さらに特筆すべきは、意識ある女たちのネットワークが組織されたことである。地元ＹＷＣＡは筆者の調査当初から問題意識を共有し、それを他の女性たちと分かち合うことを助けてくれた。そして、労働者本人へのアプローチがむずかしいなかで、一〇代の少女の教育が女性労働者のエンパワーメントにつながると確信し、労働法・性・自己開発を三本柱にした小学生対象のトレーニングプログラムをつくる。複数の小学校教師の協力によって、現地の小学生の状況をよく考慮したワークショップ形式のカリキュラムにでき、ノロに労働者を送り出している複数の村で実践が始まった。

加えて、九二年から九五年初頭にかけて日本人経営陣を訪ね、質問したり気づいたことを報告・提案。その結果、いくつかの問題点が改められた。第一に、屋根付きトラックの一部導入など、通勤に関して一定の改善が見られた。第二に、終業後の清掃を外部委託して帰宅を早める方針が出され、その後パート労働者の導入で清掃要員が確保された。第三に、食堂棟が建設され、契約業者による昼食サービスが九四年二月に開始された。肉か魚と野菜の煮込みを白米にかけた「ぶっかけご飯」で、本人負担一ドル、会社補助一ドルである。[14]

6　新しい出発？

二〇〇〇年七月二六日、ソロモン大洋の漁船一隻が民族紛争のあおりを食らって、シージャックに遭った。ソロモン諸島では、九九年よりガダルカナル島の武装勢力が登場して、同島に住む他島民、とくにマライタ島からの移住民の追い出しが行われた。翌年にはマライタ島にも武装勢力が登場して散発的な戦闘が続き、六月には首相の拘束という事態も生じた。ノロもさまざまな島の出身者がいたため、民族紛争勃発後、不穏な空気が流れていた。[15] シージャックに遭った漁船は翌日すぐに解放されたが、これをきっかけにソロモン大洋の操業はストップしてしまう。

そして二〇〇一年一月、マルハは経営合理化のために、海外拠点の一部を解散・売却することを決めた。ソロモン大洋もその一つだった。民族紛争はきっかけではあったが、撤退の本当の理由は本社の経営合理化だった。[16] 三〇年近くの間、ソロモン諸島の貨幣経済を支えてきた観のあるソロモン大洋は、ここにあっけなく終焉を迎える。村での自給経済と、町や工場の貨幣経済との間を行ったり来たりしている多くのソロモン諸島住民にとって、ソロモン大洋は貨幣経済の大きな源泉だった。それが突然なくなった。民族紛争で経済ががたがたになったソロモン諸島から、マルハは逃げるようにいなくなったのである。

マルハの撤退を受けたソロモン諸島政府は、その設備を引き継いで、新しい会社によって操業を再開することを決めた。会社の名前もソロモン大洋から引き継いで、「ソルタイ」とした。こうして〇二年三月から、一二隻の一本釣り漁船でカツオを獲り、かつお節と缶詰を製造している。かつお節工場については、ソロモン大洋時代の日本人スタッフが〇一年八月に戻り、引き続きヤマキと契約を結んだ(〇二年には、ソロモン大洋時代より多い一三九七トンのかつお節を日本に輸出した)。缶詰工場のほうは往時の三分の一ほどの製造規模で、おもに国内向けに売られている。労働者も、往時の数には及ばないが、七五〇名ほどが働き、大きな雇用の場所が復活した形になっている。[17]

とはいえ、民族紛争でどん底に陥ったソロモン諸島の経済は、まだ厳しい状態が続いている。ソルタイは、経済再生の一翼を担えるのであろうか。

(1)『琉球新報』一九六二年一二月二九日、仲間井佐六『伊良部漁業史』伊良部町漁業協同組合、二〇〇〇年、八二〜八四ページ、海外漁業協力財団『海外漁業発展史年表』海外漁業協力財団、一九八五年。
(2)ただし、アメリカのヴァン・キャンプ社がパラオで極洋・大洋漁業と提携して、一九六四年からカツオ漁を行っている。
(3)水産庁海洋開発推進協議会専門家会議による報告「カツオ開発ケーススタディー」日本鰹鮪漁業協同組合連合会『日鰹連史Ⅲ』(日鰹連、一九八六年)三八二〜三九六ページ。
(4)エビについては、一九六九年に東洋綿花(現トーメン)・極洋がエビ・トロール漁および冷凍加工の合弁会社をインドネシアに設立したのを嚆矢として、七〇年代初頭に合弁会社の設立ブームとなった。宮内泰介『エビと食卓の現代史』同文館、一九八九年、参照。

(5) ソロモン大洋の歴史については、ソロモン大洋からの聞き取り、若林良和『水産社会論――カツオ漁業研究による「水産社会学」の確立を目指して』御茶の水書房、二〇〇〇年、徳山宣也『大洋漁業総合年表(私家版)』一九九七年、前掲『海外漁業発展史年表』などによる。このうち、『水産社会論』は伊良部町とソロモン大洋におけるカツオ漁についての詳細な研究で、カツオ研究の基本文献である。

(6) 海外漁業協力財団については、宮内泰介「援助という名の漁場確保と私たちの食卓」福家洋介・藤林泰編著『日本人の暮らしのためだったODA』コモンズ、一九九九年、四四〜六五ページ、参照。

(7) ソロモン大洋での聞き取り(一九九九年一二月)による。

(8) Central Bank of Solomon Islands, *Annual Report 2000.*

(9) 伊良部島漁民のパプアニューギニア、ソロモン諸島への出漁については、前掲『大洋漁業総合年表(私家版)』『伊良部漁業史』などによる。パプアニューギニアへの出漁は、魚価低迷などのために一九八〇年代前半に中止され、ソロモン大洋のみが残った。

(10) Jully Sipolo, *Civilized Girl*, Suva: The South Pacific Creative Arts Society, 1981. なお、ランベテは地名である。

(11) マライタ島における聞き取り(一九九九年一二月)による。

(12) 二〇〇〇年一〇月の聞き取りによる。

(13) ヤマキでの聞き取り(一九九九年一月)による。ソロモン大洋は二〇〇一年に撤退したが、かつお節製造事業はその後も続けられている。

(14) こうした経緯についての詳細は、雀部真理『もこもこ通信 総集編』大阪YWCA太平洋に連帯するグループ、一九九七年、雀部真理「太平洋の人々の暮らしと日本の企業進出――ソロモン諸島と大洋漁業」(『歴史地理教育』一九九六年七月号、二四〜二九ページ)を参照。

(15) ソロモン諸島における民族紛争は、二〇〇〇年一一月にオーストラリア北東部のタウンズビルで双方の武装勢力と政府との間で和平協定が結ばれ、一応の解決をみた。

(16)『日刊水産経済新聞』二〇〇一年一月二三日。ある関係者は「民族紛争は撤退の理由ではない。マルハにとっては撤退のいい言い訳になったけれども」と語った。

(17)ソルタイの現状については、おもにソルタイのマネージャー、デイビッド・バイロン氏からの聞き取り(二〇〇二年八月)による。

〈付記〉　本章は、1~3と6を宮内、4・5を雀部が執筆し、全体の構成を宮内が担当した。

第5章　外国人が支えるカツオ漁とかつお節製造

北澤　謙

1　カツオを釣るインドネシア人

ムスタワンと出会ったのは、一〇月の宮城県気仙沼《けせんぬま》港。海から吹きつける風は寒い。手がかじかむほどだ。彼は一九九七年にインドネシアから宮崎県南那珂《なか》郡南郷《なんごう》町へやって来た。漁業技術を学ぶ研修生として三年間滞在の予定である。南郷町のカツオ一本釣り漁船・安誠丸《あんせいまる》に乗ってカツオ漁師として働き、カツオの北上とともに、ここ気仙沼に来たのだ。インドネシア人の彼にとってこの風はさぞや冷たく感じられるだろうが、日本人船員とともに食事をしている表情は楽しそうに見える。「船長は父親のようにやさしい」と話した。

三月ごろから本州の太平洋側を北上し続けたカツオは、八月から一一月初旬にかけて三陸沖に達する。その群れを追って、日本各地の近海カツオ船がこの海域へ集まる。気仙沼漁港には、セリのない日曜日を除く毎日、二〇～三〇隻が入港し、水揚げする。カツオに加えてマグロやサンマの水揚げも重なるこの時期、気仙沼

日本人漁船員に混じってカツオの水揚げを手伝う研修生(気仙沼、99年11月)

の街は賑わいを増す。日本各地の漁師だけではない。カツオ船に乗り組む外国人漁業研修生も、街に買い出しに出かける。正確な統計はないが、一隻に三〜五人の研修生が乗り組んでいることから推察すると、シーズン中には一日一〇〇人前後の研修生が気仙沼にいる勘定になる。そして、そのほとんどがインドネシア人だ。

インドネシアからのカツオ一本釣り研修生。その背景を探ってみた。

『かつお・まぐろ年鑑(二〇〇三年版)』(水産新潮社、二〇〇三年)によると、二〇〇二年の遠洋カツオ一本釣り漁船の許可隻数は五六隻。最盛期の七六年(三〇六隻)と比べると、五分の一弱である。激減の第一の理由は二〇〇カイリ規制の強化と生産調整にともなう減船政策、第二は台湾や韓国の漁船の増加に対抗できなくなったことだ。

その結果、八〇年代には、若年者の漁業離れ、漁船員の高齢化、人手不足という悪循環に陥った。高齢化と人手不足は統計にもはっきりと表れている。『水産白書(平成一五年度)』(二〇〇三年)によると、漁業就業者数に占める六五歳以上の割合は八九年に一三%であったのに対し、〇二年には三五%で、数値は年々増加している。また、〇二年の漁業就業者数は前年に比べて四%(一四万三〇〇〇人)減少した。水産庁の行った漁船船員不足状況に関する調査(九三年)で、「漁船員が大変不足している」「不足している」と回答した近海カツオ一本釣り漁業経営者は八二％に達する。遠洋カツオ船一本釣り漁業では、六五％の経営者が「不足している」と回答した。

文部科学省「学校基本調査報告書」によれば、全国に四八校ある水産高校の〇三年の卒業者数は二一二四人。そのうち、漁業作業者は二〇六人にすぎない。水産高校でさえ、漁業に従事する卒業生はすでに少数派だ。カツオ船やマグロ船など長い航海を求められる職種となれば、なおさら嫌われる。日鰹連（日本鰹鮪漁業協同組合連合会）のアンケート調査によると、カツオ・マグロ船に乗り組んだ水産高校漁業科卒業生数は、八〇年で一四九人、〇一年にはわずか二三人にすぎない。遠洋・近海のカツオ漁船を数多く抱える三重県においてさえ、カツオ船に乗り込む中学卒業生は毎年一人か二人。志摩《しま》郡志摩町にある三重県立水産高校の卒業生がカツオ船に乗り込むことは、ほとんどない。

2　研修生という名の労働者

深刻な人手不足を補う決め手となったのが、九〇年の出入国管理法改正にともなって創設された「外国人研修生制度」だ。「3K労働」という言葉がマスコミに頻繁に登場したのは八〇年代後半、バブルの真っ直中である。水産業や中小製造業など「キツイ」「汚い」「危険」＝3K労働から日本人が離れていき、深刻な人手不足となるなかで、「技能修得のため」としてやって来た途上国からの若者が補ったのだ。産業界からの強い要請で実現した外国人研修制度の本音は、研修ではなく、労働力確保にあった。

当初、陸上の労働に限られていた外国人研修・技能実習制度が漁業分野においても実施されるようになったのは九三年。南郷町の近海カツオ船にフィリピン人研修生五七名が漁業研修生として乗り組んだのが、最初である。その後、イカ釣り漁業、巻き網漁業、底引き網漁業、流し網漁業に関する研修も始まり、ベトナム人やインドネシア人が加わる。二〇〇〇年三月の時点では、全国約二〇の市町がインドネシア人、フィリピン人、ベトナム人など一八〇〇人を超える外国人漁業研修生を受け入れていた。だが、カツオ一本釣り漁業研修に限って言えば、いまではインドネシア人だけとなっている。なぜ、インドネシア人か。

実は、南郷町で開始された漁業研修（自治体が一次受け入れ先となり、当該地域の漁協へ配属される）は開始早々、研修生の相次ぐ失跡でいったん中断する。そして、相手国をインドネシアに代えて九六年に再開された。その後、宮崎県日南市、高知県高知市、土佐清水市、佐賀町・大方《おおがた》町（幡多《はた》郡）、中土佐町（高岡郡）、奈半《なは》利《り》町（安芸《あき》郡）、三重県尾鷲《おわせ》市、志摩町、紀伊長島町・海山《みやま》町（北牟婁《むろ》郡）など各地の漁業協同組合で研修生の受け入れが始まり、その数は一年に各組合で二〇～三〇名にものぼっている。近海カツオ船一隻あたり乗組員約二〇名のうち五名がインドネシア人、という船も珍しくない。

当初、フィリピン人やベトナム人も受け入れていたのに、ほとんどインドネシア人となった理由を尋ねると、市町の水産課担当者や漁協関係者はきまって、彼らの性格や国民性をあげる。フィリピン人は寄港地で逃げ出したり船上でストライキを起こしたりして問題が多かったが、インドネシア人は性格的に日本人と似ているらしく、リーダー格の人間を選び出し、まとまりのあるグループをつくりやすいという。要するに、使いにくい人材はいらないということのようだ。

外国人研修生は、滞在一年目は「研修生」と呼ばれ、「学生」の身分である。研修手当は四万円。二年目からは「技能実習生」と呼ばれ、「労働者」にあたり、一〇万円前後の給与を得る。法制度上も、研修生と実習生との間には大きな違いがある。労働関係法規は実習生には適用されるが、研修生には適用されない。しかし、漁船労働において、研修生と実習生を区別して作業を行うことは実際にはむずかしい。漁が始まってしまえば、みな同じ労働に従事する。

外国人を必要としているのは、近海カツオ漁船だけではない。乗船も下船も外国の港で行うため正確な統計はないが、五〇〇〇人前後の外国人が遠洋カツオ・マグロ漁船に乗り組んで、巻き網漁に従事しているという。九〇年三月三一日の課長通達(運輸省海上技術安全局船員部労政課長・労働基準課長)で「概ね二五%以内」と制限された外国人の混乗率は、コスト削減の必要から、九四年一二月一三日の一部改正で四〇%に引き上げられた。今後さらに引き上げられ、外国人への依存度は高まるだろうと、漁業関係者は話す。

さらに業界が関心をもっているのは、日本漁船のマルシップ化だ。日本国籍船を外国の船会社に貸し渡し、日本の船会社が傭船(チャーターバック)する形で操業する方式である。九八年七月三一日付けの水産庁と運輸省の内部通達によって実施され、〇二年にはほとんどの遠洋カツオ漁船がマルシップ船に移行した。この方式では、法制度上は「船舶船員」(運行船員)以外は外国人漁船員にすることが可能となるばかりでなく、外国人漁船員が日本の領土に上陸できる。

3　かつお節をつくる中国人

外国人労働に依存しているのは漁だけではない。陸《おか》に揚がったカツオがかつお節に姿を変える工程も、外国人の存在を抜きには成り立たない。

気仙沼市商工会議所は、気仙沼市の友好都市である中国・浙江《せっこう》省舟山《しゅうさん》市と提携して、市内の水産加工会社へ研修生を斡旋している。九八年に四五名の受け入れを開始してから、〇一年までに二二九名を受け入れた。若い女性ばかりで、カツオのなまり節、塩辛、照り焼きなどの製造を行っている。ときには、漁港で水揚げされた鮮魚を発泡スチロールに箱詰めする作業にも駆り出される。水産加工の研修生は、宮城県大船渡《おおふなと》市、北海道紋別《もんべつ》市・宗谷《そうや》管区内の町村、島根県浜田市などでも受け入れられており、いずれも中国人である。

〇一年には、かつお節産地として知られる鹿児島県枕崎市も、中国人研修生を受け入れ始めた。鹿児島県内の水産加工業者が設立した鹿児島中国経済交流協同組合が窓口になり、〇一年に五八人、〇二年に三五人が来日。かつお節、さば節、アジの開きづくりに従事している。一年目の研修手当は八万円、二年目以降の給与は十数万円。水産加工業者は、「パートの求人をかけても、地元ではだれも来てくれない」と中国人に頼らざるを得ない実情を打ち明ける。企業側の負担は、日本人を雇う場合とほとんど変わりないという。

外国人研修生。「研修」とは言いながら、実質的には外国人労働者である。学生として学ぶ機会を提供しているという建前はあるが、その中身は、送り出す側の「失業輸出」と受け入れる日本の「単純労働力輸入」という両者の思惑が一致したものにすぎない。公式の場で聞かれる、「研修制度の本来の目的を厳守せよ」という論調も空しい。

無理に研修の色合いを強調するのではなく、労働者としての地位をきちんと認めるべきではないだろうか。外国人研修生は、研修制度があるゆえに立場が曖昧にされ、日本人と同じ作業をしていながら、一人前の労働力として扱ってもらえず、安い手当で働かされている。研修生と受け入れ側漁業経営者の利害は、不健全な形で一致しているのだ。

また、制度を悪用しようとする業者がいないわけではない。たとえば、千葉県の水産加工業者・全国生鮮食品ロジスティクス協同組合は、月給を三万六〇〇〇円しか支払っていなかった。約七万円は中国側送り出し機関に支払ったと説明しているが、確認されていない。九三年からの数年間にわたり、二一九人の中国人技能実習生の給与を合計で一億円あまりも中間搾取(ピンはね)したという(『朝日新聞』一九九八年一一月一八日(夕刊)、一一月二三日など)。

第Ⅲ部

南進する人びと

第1章　カツオの海で戦《いくさ》があった

藤林　泰

「前の戦争で、旧日本軍隊は一体、何を、誰を、守ってくれたか。庶民は招集され、盲滅法に送り出され、焼かれ殺される以外に、果して守ってもらった経験をもっていますでしょうか。武器というものも、直接それを手にしている者を守るというよりも、それはつねに、その武器を持たせた者を守るもののようです」（堀田善衛「朝霞と立川」(1)）

1　カツオと戦争

まず、図1をご覧いただきたい。世界のカツオ漁獲高の五〇％以上を占める屈指の漁場である中西部太平洋海域図に、第二次世界大戦における日本軍とアメリカ・イギリス軍のおもな進攻路を重ね合わせたものだ。多くの戦闘海域がカツオ漁場と重なっていたことがわかる。この地理的、歴史的偶然が、一九四一年一二月から

図1　中西部太平洋戦線(1941年12月〜45年5月)とカツオ漁場

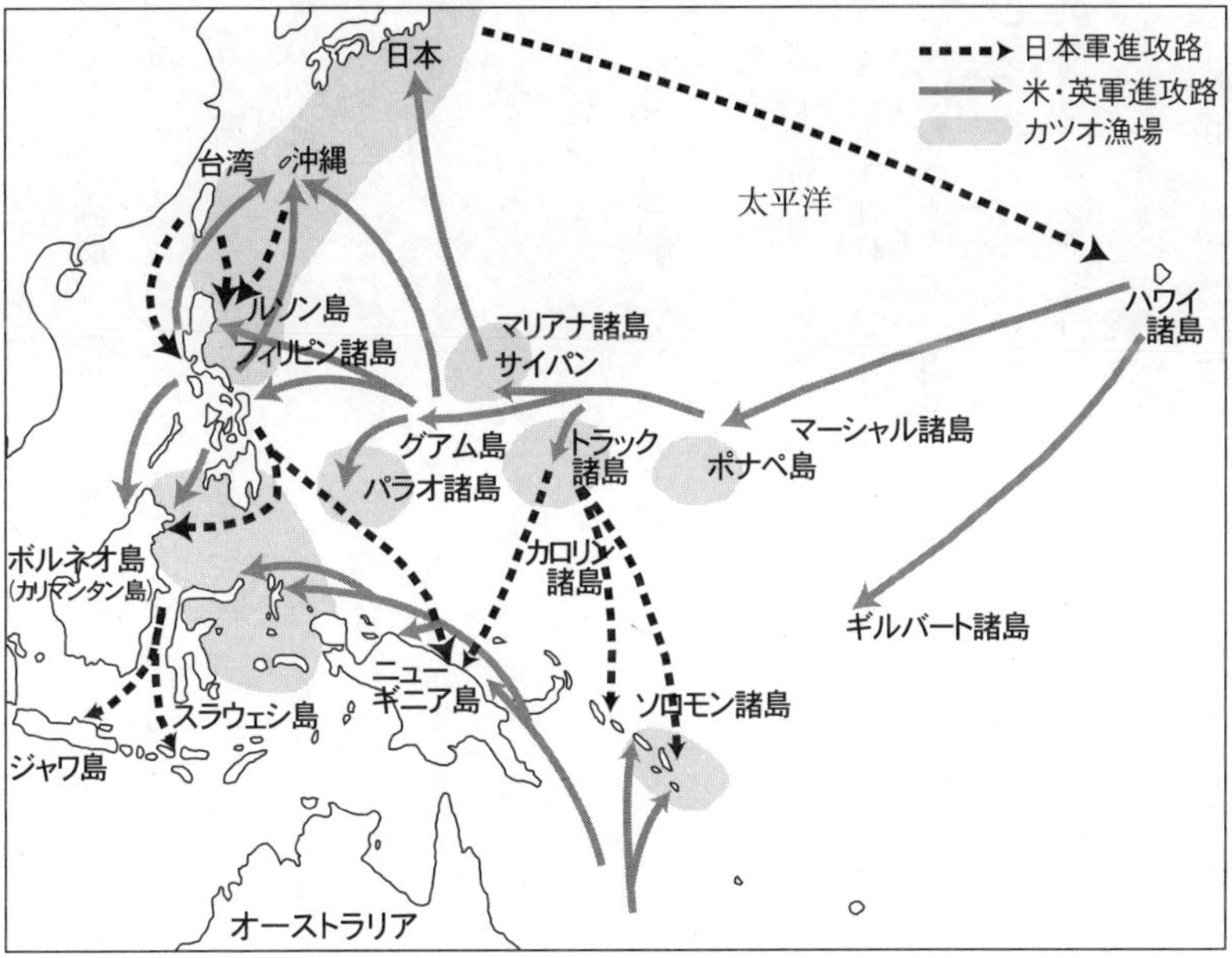

四五年八月までの三年八カ月をピークにして、カツオを追い、かつお節をつくるために海を渡った数多くの日本人をさまざまな形で戦争に巻き込んでいく。

　この海域のおもな漁場には、マリアナ諸島、パラオ諸島、カロリン諸島、ソロモン諸島などの周辺海域、フィリピン諸島北部・東部・南部海域、ボルネオ島北東部海域、インドネシア中央部から東部にかけて広がるマルク海などがある。日本の漁師が豊富なカツオ資源を追ってこの海域に出漁し、かつお節をつくり始めたのは、一九二〇年代後半であった。以後、この海域でカツオ漁とかつお節製造に携わる日本人(その大半は沖縄人)が年々増え、三〇年代には一万人を超える。かつお節の生産量の急速な伸びにより、南洋のかつお節が日本全体の生産量の約六〇%を占める時期もあった(八ページ参照)。

　だが、南洋産かつお節の生産が絶頂期に達して間もなく、カツオの海は日米間の壮絶な戦闘に覆われていく。開戦とともに、漁獲や水産加工品を軍に納めることが関係企業のおもな仕事となった。多くの漁師が軍属として部隊間の連絡係や哨戒にあたった。地元の言葉に精通していた者は通訳を任務とした。開戦と同時に抑留され、敗戦まで収容所暮らしを続けた者もいる。

一方、国内でカツオ漁に従事していた漁民には、船とともに海軍機構に組み込まれた者もいる。徴用で漁船を失い、立ち行かなくなったカツオ漁とかつお節生産を再建しようと、「南洋」に新天地を求めて船を漕ぎ出した者もいる。そして、多くの命が失われた。

本章では、カツオを釣り、かつお節をつくることを生業《なりわい》としたこれらの人びとが、どのように戦争に巻き込まれ、振り回され、命を失い、あるいは生き抜いていったのかを、資料とインタビューからスケッチする。

2　漁船たちへの「赤紙」

一九三七（昭和一二）年の日中戦争開始以降、海軍と陸軍は軍用船の不足を補うため漁船の徴用を開始した。その数は太平洋における軍事衝突が近づくにつれて急増し、各地の港から漁船がつぎつぎに姿を消していく。そして、船とともに徴用された漁民にも大きな犠牲を強いることになる。

漁船の徴用は一九三七年の臨時船舶管理法に始まり、四〇（昭和一五）年ごろから本格化する。主要漁港の漁船が相次いで政府機関（おもに農林省）、陸・海軍の指揮系統下に置かれ、補助監視船、特殊漁船、特設監視艇などの名のもと、小口径機銃を装備して輸送、連絡、哨戒、監視などの任務を負わされた。初期には木造船であった徴用がしだいにマグロ・カツオ漁船など遠洋漁業の担い手である鋼鉄船や無線を装備した船が指定されるようになる。その結果、焼津(静岡県)や室戸岬(高知県)など太平洋沿岸各地の遠洋漁業基地に残されたのは機能の劣る小さな老朽船だけとなった。

徴用に加えて、一九三八(昭和一三)年の国家総動員法、重要産業統制法、鉄鋼配給統制規則などに始まる一連の統制経済政策の施行は、漁船の燃料、かつお節加工の資材などを逼迫させた。各漁港では、老朽船の売却、廃船をはじめ、漁協や水産関係団体の組織とその設備の統廃合を余儀なくされ、漁船の減少に拍車がかかった。港から漁船が消えていく。それは、そのまま漁業の崩壊を意味する。

江戸時代は鯨獲りで栄え、大正時代初期からはマグロとカツオの遠洋漁業の基地として知られる室戸岬では、一九三五(昭和一〇)年ごろには七〇隻を超えるカツオ・マグロ漁船が操業していた。だが、日中戦争勃発以降の統制経済の圧迫に対応するため廃船や放出を進め、稼働可能な漁船は三〇隻ほどに減少していく。さらに、四二年には約二〇隻の外地向け・内地向けの徴用と周辺海域の監視にも駆り出された結果、最終的には五三トンの老朽船五隻だけが残された。カツオ・マグロ漁業の壊滅である。

徴用された漁船のうち、千鳥丸や司丸など五隻は、陸軍徴用船として中国大陸の河川での物資輸送に従事した。司丸には室戸岬出身者四人が乗り組んでいたが、後にニューギニア戦線に配転させられた後、消息を絶った。

海軍に徴用された船は、南方で物資輸送にあたった外地徴用船と、日本近海の監視や哨戒にあたった内地徴用船に分かれた。外地徴用船のほとんどの船体は沈没と破損で失われたが、幸いにも乗組員の多くは無事生還できた。だが、北は樺太《からふと》・千島・北海道から南は九州・鳥島までに配置され、海軍指揮下の特殊漁船として、敵機・敵艦の哨戒・監視・通報の任務にあたった内地徴用船は、空襲や銃撃、機雷処理の事故などで多くの犠

表1　徴用され、沈没した焼津の漁船

徴用年	徴用漁船数	沈没船数
1938(昭和13)年	17隻	4隻
1939(昭和14)年	不明	
1940(昭和15)年	24隻	20隻
1941(昭和16)年	12隻	9隻
1942(昭和17)年	6隻	3隻
1943(昭和18)年	16隻	14隻
1944(昭和19)年	9隻	8隻
1945(昭和20)年	1隻	不明
	計85隻	58隻

(出典) 焼津漁業協同組合編纂委員会『焼津漁業史』焼津漁業協同組合、1964年、309～311ページの表から作成。

牲者を出すことになる。一九四三(昭和一八)年一月には新取丸が、同年四月には津雄丸が、続いて四四年一月には幸生丸が、そして四五年一月には長丸が、いずれも鳥島付近で潜水艦などの攻撃を受けて、乗組員もろとも海中に消えた。

室戸岬から徴用されたカツオ・マグロ漁船三〇隻弱のうち、無事帰還した漁船は損傷のあるものも含めてわずか九隻。戦後、犠牲となった漁船関係者に国が支払った補償は、新取丸の場合で三万八〇〇〇円と、遭難慰霊碑建立に要した五万円にも満たない額であった。[2]

かつお節の最大の生産地であった焼津でも、同様の事態がさらに大きな規模で生じていた。焼津からの漁船の徴用は、一九三八(昭和一三)年七月、陸軍による久七丸など九隻の木造漁船に始まる。同年一一月には、海軍による徴用が実施され、東海遠洋漁業と焼津信用の二社が所有する七〇トン級の木造漁船八隻が応徴して、中国沿岸部で輸送・監視に従事した。[3]

一九四〇(昭和一五)年になると、第五太洋丸(一六〇トン)、第三松盛丸(一五七トン)など二四隻の鋼鉄船が海軍に徴用され、二三隻が中国沿岸部へ、一隻は南洋群島に派遣される。四五年までに、計八五隻のカツオ漁船が焼津港から徴用され(表1)、そのうち五八隻が揚子江、南シナ海などの中国沿岸部、サイパン島、トラック諸島、パラオ諸島、そしてニューギニア島などの海に沈んでいった。

漁船の徴用のなかで、もっぱらカツオ漁船が「活躍」したのは、特設監視艇としての任務であった。無線設備を備えた一〇〇トン前後の遠洋漁業船が、その任務遂行に適していたからである。特設監視艇とは、戦時、漁船の徴用によって実現される海軍艦艇の一つで、指定された海域で哨戒・監視をおもな任務とする。特設監視艇の徴用が本格的に始まったのは一九四一(昭和一六)年三月。以後、四四年六月までの間に、総計三〇〇隻以上の漁船(計二万九三〇〇トン)が徴用されて、日本の沿岸部、南洋群島、蘭領東印度などの海域で軍事行動を行った(4)。

3　地域ぐるみで夢見た南進

戦時下では、平時の眼には奇異に映る集団行動がしばしば引き起こされる。「南洋に第二の焼津村を」というスローガンを掲げて、カツオ漁師、かつお節製造業者、さらには大工、左官、料理人、床屋、農業経験者など総勢六〇〇名あまりを南洋に送り出した焼津の行動も、そうした例の一つと言える。軍事力による日本の植民地形成を前提にした計画・実行が侵略行為であったことは言うまでもないが、参集した多数の日本人に大きな犠牲を強いる無謀な営みでもあった。

徴用と物資統制で漁船を失い、焼津を支えてきた基幹産業であるカツオ漁とかつお節製造の道を絶たれた業界関係者が窮余の策として南洋進出を打ち出したのは、日米開戦からわずか四日後の一九四一(昭和一六)年一二月一二日であった。この日、焼津鰹節生産有限会社(社長=村松正之助)を中心とする水産業関係者、農業者、商工業者など八九名が南進報国会を結成。翌年一月、次の六項目の規約を決定する。

①皇民組織による南進分村計画、②産業南進母体の結成、③担任各事業経営体の研究および指導、④南進訓練所の経営、⑤郷土新体制の研究、⑥その他目的達成上必要なる事項[5]

さらに、一九四二(昭和一七)年二月一四日には、規約第二項にある産業南進母体の具体化として、有限会社「皇道産業焼津営団」という耳慣れない組織を設立した(社長=村松正之助。同年一一月に「皇道産業焼津践団」と改名)。以後、皇道産業焼津践団(以下、「践団」)が、南洋への出漁、かつお節製造基地建設実行の担い手となる。

践団生みの親である村松正之助(一九〇二～一九五〇年)は、焼津の有力かつお節製造業者一族のひとりとして、焼津の水産加工業界のみならず地域社会全体に大きな影響力を終生もち続けた人物である。[6] 一九二〇(大正九)年、静岡商業高校卒業後に青年団運動に参加し、三〇(昭和五)年には郷土愛社を組織して機関誌『郷土愛』に自ら筆を執った村松は、国家主義と大アジア主義を思想的基盤としながら焼津の発展に力を注いでいた。[7] 同時に、三一年以来南洋群島のパラオとサイパンでかつお節製造を手がけ、三五年には南興水産を創立させた同郷の事業家・庵原市蔵《いはらいちぞう》の大成功を見て、南洋カツオ資源の豊富さを熟知していた。熟知していたが、ライバルである庵原に協力を仰ぎはしなかった。焼津水産業再興への思いと南洋カツオ漁場の可能性が結びついて、「南洋に第二の焼津村を」という村松の呼びかけが生まれたのである。

践団の動きは早く、設立翌月の三月二日には第一陣として三名をセレベス島(現在のスラウェシ島)の東印度水産(前身は大岩漁業)に派遣、続いて五月三一日にはボルネオ島に向けて五名、七月四日にはフィリピンに向けて六五名の先遣隊を送り出す。これらの先遣隊の漁船は、団員・山口乙吉と見崎実一が南洋群島で共同経営していた二〇トンクラスの漁船一七隻が提供されたほか、中古船数隻を購入して調達した。

しかし、ボルネオ島とフィリピンに向かった先遣隊は、無謀にも渡航許可を所持しないままの出航であった。ボルネオでは船は軍に徴用され、五名はクチンとサンダカンで軍属としての執務を命じられて一年あまりを過ごすことになる。また、フィリピンに到着した六五名は軍からの営業許可交付が得られず、八月から九月にかけて帰国。さらに、渡航許可の問題はなかったセレベスの三名も、東印度水産との共同事業の見通しが立たず、一九四四（昭和一九）年三月マニラに移動して、その前年に新たに送られていたフィリピン派遣団に合流することになる。

結果として、一九四二（昭和一七）年の派遣はことごとく失敗となった。渡航許可を取得できなかったのは、すでに日本軍の占領下にあった太平洋海域における漁業権が大手水産会社数社に分割されていたためであり、これと重複する同業者の進出には、軍としても消極的にならざるを得ないという事情があった。

こうした困難な状況にもかかわらず、焼津では地域をあげて南進熱が高まり、村松ら践団幹部は渡航許可のないままに、「南方開発団」と称する本格的な派遣実施を決定する。一九四三（昭和一八）年二月二一日、第一次南方開発団一七三名（ボルネオ派遣団一〇〇名、フィリピン派遣団七三名）が七隻の船に分乗して焼津港を出港。その間、践団幹部は渡航許可証の発行を求め続け、団員が陸軍省発行の渡航用身分証明書を手にしたのは、三月一二日の鹿児島港においてであった。以後、七月二七日の第二次、翌四四年三月二三日の第三次、そして九月七日の第四次まで、合わせて約六二〇名が「南進」を夢見て船出する。そのなかには、ボルネオ島に向かう約一三〇名（途中参加を含めると約一五〇名）の沖縄出身の漁師も含まれていた。(8)

ルソン島最北端の町アパリに到着したフィリピン派遣団は、沖合に浮かぶ小島パラウイ島に設備の整ったかつお節加工場を建設し、軍納用のかつお節製造を開始した。カツオの豊漁が続き、多いときには一〇トンものかつお節を軍に納めた。団員はこの島を「焼津島」と呼び、夢が実現したかに思える一年あまりであった。

一方、ボルネオでは思惑とは異なる事態を迎えていた。北東部のカツオ漁場では昭和初期から折田一二《おりたいちじ》率いるボルネオ水産が操業し、かつお節・かつお缶詰生産を順調に行っていた。そのため、ボルネオ島北岸の南シナ海一帯における漁と地元漁民の獲った魚の集荷が践団の業務となり、クチン、ミリ、ブルネイ、ナツナ諸島、ラブアン島などに分散配置された。これらの海域はカツオの回遊ルートからは離れているため、践団のめざすかつお節づくりはあきらめるしかなかった。

一九四四(昭和一九)年五月にはボルネオで、一〇月にはフィリピンで、現地召集が始まる。フィリピンでは、翌四五年一月末には残りの団員も全員招集されたが、すでに日本軍は制空権を完全に失っており、マニラを陥落させた米軍陸上部隊が北部ルソンに向かっていた。戦況は悪化するばかりで、日本軍の指揮系統は混乱し、団員たちはルソン山中の逃避行だけのために、敗戦までの半年あるいは数カ月を送ることになる。ルソン島での犠牲者の多くは、戦闘行為による死亡ではなく餓死・病死・衰弱死であった。一方、ボルネオ島では、四五年の連合軍の攻撃の激化にともない各地で戦闘に参加する。もっとも激しい戦闘となったラブアン島で玉砕した四〇名をはじめ、戦死、餓死、病死で多くの命が奪われた。

一九四二(昭和一七)年の設立から三年半、南方開発団としての本格的出発からわずか二年半、皇道産業焼津践団の描いた「第二焼津村建設」の目論見は瓦解し、全団員の半数近く、フィリピン派遣団員の七割が、再び日本の土を踏むことはなかった。

「フィリピン派遣団員二百三十七名中戦没者百六十五名/北ボルネオ派遣団三百四十二名中戦没者八十一名/内南洋に於ける戦没者五名/交易船戦没者一名/田方郡宇佐見村大敷網戦没者十五名/本社関係死没者十九名(うち漁業部五名)/合計二百八十六名[9]」

4　ひとりひとりの戦争体験

四年間の収容所暮らし

叔父・大岩勇の経営する大岩漁業（一九四一（昭和一六）年より東印度水産）に就職した夏目敏明さん（静岡県引《いな》佐《さ》郡三ケ日《みっかび》町出身、一九二二年生まれ、横浜市在住）がセレベス島ビトゥンに着いたのは、四〇年六月、一九歳のときであった（ビトゥンのカツオ漁とかつお節製造については第Ⅱ部第2章参照）。約一年間のかつお節製造を経験した後、マナド事務所の経理部に異動する。そのとき夏目さんの手取りは、基本給四五円に戦時手当二五円を加えた七〇円であった。国内で大学卒の給与が五〇円程度の時代である。休日には映画を見、四〇〇円で購入したイギリス製の中古オートバイで遠出していたという。だが、夏目さんの優雅な生活は長くは続かなかった。

夏目敏明さん（03年10月26日撮影）

日米開戦が間近に迫った一九四一（昭和一六）年一一月下旬、東印度水産では約七〇名の日本人社員と漁師をひとまずパラオに退避させた。居残り組となった夏目さんは、一二月八日朝、開戦の報を社員に知らせようとマナドの街に出かけたところで、オランダ人警官に拘束された。その後、オーストラリアの捕虜収容所に到着するまでの五〇日あまりにおよぶ道のりは、いまなお夏目さんの記憶にある。

まず、マナドの西、高原の町トンダノへ移動して、年末まで収容所に滞在。その後、陸路バスで南下してゴロンタロから貨物船に乗船、マカッサルを経由してジャワ島のスマランで下船。スマランの南約三〇キロのスモウォノにあるオランダ軍兵舎に一週間滞在した後、バスでジャワ島を南へ横断する。そして、インド洋に面した港から一万五〇〇〇トン級の貨客船で、二週間かけてオーストラリア南部の都市アデレードに到着。途中、集結地点に着くたびに続々と日本人が増え、最終的には日本人数百人が乗り込んできた。漁師やダイバーのほか、小売業、大工、床屋などさまざまな職業の者がいた。

アデレードから鉄道でブドウ畑に囲まれた内陸部のラブディ収容所に着いた一九四二(昭和一七)年一月末は、夏の盛り。貨車から降ろされた日本人捕虜が駅周辺に広がるブドウ畑に殺到して、熟したブドウを頬張っても、監視兵は笑って見逃すのどかな収容所であった。その日から四六年三月まで、四年あまりの収容所暮らしが夏目さんにとっての戦争体験であった。

第二次世界大戦中、オーストラリア政府はニューサウス・ウェールズ州、クィーンズランド州、ヴィクトリア州などに合わせて三〇カ所以上の敵国人捕虜収容所を設けていた。ラブディ収容所は、サウス・オーストラリア州リバーランド地区バルメラにほど近いマレイ川沿いに設けられたもので、第九・第一〇・第一四キャンプの三つに分かれていた。[10]夏目さんが過ごした第一四キャンプにはA・B・C・D棟の四つの宿舎があり、蘭領東印度(現在のインドネシア)、オーストラリア、太平洋の島々などから集められたドイツ人、イタリア人、日本人が分かれて生活していた。日本人だけで一〇〇〇名を超えていたという。ラブディ収容所は、夏目さん自身の体験談からも、他の文献の記述からも、たいへん寛大な待遇が実施されていた収容所であったようだ。[11]

収容所の寛大さのおかげで、夏目さんは忘れがたい体験をする。

国語辞典を譲ったことがきっかけで親しくなったサノ・トシオは、日本人ダイバーの父とカナカ人（太平洋諸島民）の母をもつパース（西オーストラリア州の州都）生まれ。四、五歳のとき、海賊に襲われて両親を失った後、「からゆきさん」としてシンガポールからやって来た日本人女性に育てられて成人した。そのサノの紹介で、片言の日本語を話すドイツ人の友人もできる。下駄をつくってプレゼントしたのが、きっかけだった。二人の手助けで、夏目さんはまったく経験のないブリキ職人の仕事を得て日銭を稼ぎ、貯えを帰国時に持ち帰ることができた。工業高校出のサノと部品を集めて鉱石ラジオをつくり、宿舎に隠して短波放送を聞いたこともあった。

生命を脅かされることもなく、過酷な労働もなく、どちらかと言えばストレスの少ない日々を夏目さんが送っていたとき、会社の同僚はどうしていたか。一九四二（昭和一七）年、日本軍の上陸とともにパラオからビトゥンに戻ってきた東印度水産の社員や漁師は、軍に納める鮮魚とかつお節の調達をおもな業務としていたが、軍属として情報収集・通訳・連絡などの任務を与えられた者もいた。そして、敗戦でビトゥン郊外の収容所で約一年を過ごすことになる。

夏目さんが浦賀《うらが》（神奈川県横須賀市）の港に降り立ったのは一九四六（昭和二一）年三月一三日。手には、ブリキ職人の仕事で貯めたお金で買った服地、茶と黒の革靴などを携えていた。[12] 夏目さんはいま、ラブディ収容所で親しく過ごした南ドイツ出身の友人と再会したいという思いを募らせている。

具志堅用市さん
(00年9月16日、宮内泰介撮影)

沖縄からの出漁

一九三六(昭和一一)年まで乗り組んでいた本部町《もとぶ》(沖縄県国頭郡《くにがみ》)のカツオ漁船進用丸が不漁続きのため解散したのをきっかけに、具志堅《ぐしけん》用市さん(本部町出身、二一年生まれ、本部町在住)は「外国を見てみたい」とサイパン島へ渡る。長兄と次兄も、すでに一〇年前からパラオに渡航していた。用市さんが三七年に乗った徳用丸には、那覇や伊江島《いえ》の人も乗り組み、船長は伊平屋島《いへや》出身であった。用市さんは述懐する。

「サイパンは、もういやだねえ」

餌のバカザコの群れを探すのが、いま思い返しても辛い。陽も昇らない早朝三〜四時の暗い海で、三〇〇メートル間隔に一人ずつ下ろされ、群れがいる場所を船上の船長に知らせるのが、若い乗組員の仕事である。潜り漁をした経験がなかった用市さんは、その不得意さとサメへの恐怖、静寂した暗い海への恐れがあり、この仕事がいやでいやでしかたがなかった。

二年後、パラオの兄から呼び寄せられて、蒸気船でパラオに渡る。パラオでは、マラカル島の南興水産の工場でしばらく働いた後、兄と同じカツオ船に乗った。餌も豊富で、どこよりもよい漁場であった。

「会社に売る魚よりも捨てる魚のほうが多かったよ」

処理しきれなくて、死んだ魚が港いっぱいに打ち上げられていた。沖にヤシの大きな葉が漂っていれば、その下に必ず群がるカツオを狙う。カツオ船は二〇隻をくだらなかった。サイパンとの一番の違いは餌の豊富さであった。夜、網をリーフに掛けておくだけで、二〜三日分が獲れ、生け簀を用意するほどであった。出港前に生け簀の中を二人一組で泳ぎ、籠ですくい上げた。給料は兄が管理し、正月と盆に実家へ送金する。兄から配分される小遣い程度のお金で防波堤先の氷屋で食べるかき氷が、楽しみの一つであった。

一九四一(昭和一六)年、開戦と同時に、南興水産は全社をあげて魚やかつお節の軍への納入態勢をとった。用市さんは船とともに軍属として徴用され、トラック諸島(現在のミクロネシア連邦チューク州)で軍納用の魚を獲ることになった。その後、グリニッチ島やヤップ島へ配置されるが、戦艦大和と船を並べたときのことが印象に残っている。当時の漁船は焼玉エンジン(13)を使っていて、すぐに停止することがむずかしく、少しでも大和に触れそうになろうものなら、全員が港に一列に並ばされて日本兵に殴られた。

日本兵の残虐さを目撃したことがある。宮古島出身の漁師がタバコと交換にカツオを兵士に渡したことが上官にばれて、バットで殴られる制裁を受けたときだ。宮古漁師のその後の消息はわからない。

「あの人は命もなかったと思うよ」

軍属である漁師が食事を減らされるのは日常茶飯事であった。そこで、漁をする者も自衛のために抵抗策を取った。港の前の離島に二人ほど下ろしておき、軍納用のカツオ数本を渡して待機させたり、カツオの尻尾を紐で結わって船から吊して隠したりして、自分たちの食料を確保したこともある。ほかの軍属のなかには栄養失調になった者もいた。

徴用された漁船には、機関銃二丁が据え付けられていた。一九四四(昭和一九)年のトラック大空襲のときは、夏島(現在のトノアス島)にいた。空襲による島の住民の被害は多くなかったが、「武蔵と大和が来なければ、あんな空襲もなかった」と思った。トラック諸島で敗戦を迎え、直後アメリカ軍の用意した船で沖縄に帰島。内地に行くか直接沖縄に帰るかは希望で選ぶことができた(14)。

5　だれのために祀るのか

海軍機構に組み入れられたカツオ漁船、地域ぐるみの「自発的」南進、そして個人ごとの戦争体験。カツオ漁とかつお節製造関係者の戦争とのかかわりを三つの角度で追ってみた。追うほどに、組織・地域のベクトルと個人のベクトルの違いが見えてくる。

皇道産業焼津践団の母体となった南進報国会が結成された一九四一(昭和一六)年一二月一二日。結成にあたって採択された決議文は言う。

「吾等は対米英宣戦の大詔に応え奉り郷民同志鉄石の結束を固め郷土防衛、郷土諸体制の整備を遂げ、もって南進産業報国の計画、実践に挺身せんとし、ここに南進報国会を結成す(15)」

大義としての「お言葉」を掲げたうえで、祖国愛・郷土愛→産業振興→報国→南進と続く。その後に連なる戦争遂行への連鎖がみごとに盛り込まれたスローガンとなっている。「南進」は「八紘一宇」「東洋平和」と言い換える場合もある。現在なら、さしずめ「国際貢献」か。この連鎖が広く浸透するとき、組織や地域で戦争が正当化される。

これに対して、個人の側はどうか。戦前、南洋でカツオ漁とかつお節製造に従事した経験者あるいはその家族など十数名の方に話をうかがってきた。飛び出してくる本音は、「カネを儲けたかった」「家族に仕送りしたかった」などにとどまり、そこから先の「郷土のため、国のために働きたかった」「国に報いたかった」「戦争に協力したかった」などを耳にしたことはない。個人の意識からは、戦争遂行への連鎖は生まれにくい。

組織・地域と個人の違いはどこから生じるのか。

スローガンを声高に唱える組織や地域社会のリーダーは、自ら戦線に参加して戦闘で命を落とす立場にない。践団で言えば、村松正之助のような存在だ。村松ら幹部は、持論の南洋進出を「報国」という大義名分で包み、機関誌『郷土愛』や業界の会合で繰り返し訴えてきた。訴えは時勢を得て地域の声となり、六二〇名の団員を送り出す。さらに注目すべきは、郷魂祠《きょうこんし》[16]の造営である。一九四四(昭和一九)年一〇月、フィリピン派遣団のひとりが米軍機による機銃攻撃で死亡した。村松はすぐに動き、その月には郷魂祠を完成させている。戦争が終わると、亡くなった団員全員を祭神として祀った。「軍人には靖国神社がある。俺たちの死後は焼津に還って、ともに一つ所に骨を埋めよう[17]」との声があったという。だが、その声は犠牲となった団員のものなのか、それとも送り出した側のものなのか。

焼津神社の一隅に置かれた郷魂祠

考えてみれば、奇妙な話だ。多数の青年の海外雄飛熱を煽《あお》って送り出し、その結果、半数近くの団員が不本意な死に至った。だが、死者を祭神として祀る儀式を経て、送り出した側の責任は曖昧になり、その行為はしばしば正当化される。死者の本音はすでに聞こえず、送り出した者たちが彼らの遺志を代弁する形で死は美化される。組織や地域の有力者の言動が宗教的に権威付けられることで、批判は急速にしぼんでいく。そして最後には、死者を祀る行為が、送り出した者や戦争を推進した者たちをさらに後押しする新たな力となって、ひとりひとりでは到底抗《あらが》えない事態を迎える。

こうして、カツオを追い、かつお節をつくろうと海を渡った人びとは、意志を確認されることのないままに「神」と祀られ、自分たちを死に追いやった戦争を正当化し、推進する力の一翼を担わされていった。

（1）『堀田善衛全集一四』筑摩書房、一九九四年、二四ページ。
（2）室戸岬からの漁船の徴用については、室戸岬鰹鮪船主組合『波濤を超えて――室戸岬遠洋漁業六十年の歩み』一九七四年、八六～九五ページを参考にした。
（3）焼津鰹節史編纂委員会『焼津鰹節史』焼津鰹節水産加工業協同組合、一九九二年、三八四ページ。
（4）服部雅徳『漁船の太平洋戦争』殉国漁船顕彰委員会、一九九二年、八ページ。
（5）戸塚凛『皇道産業焼津践団史』郷魂祠奉賛会、一九七六年、二九～三〇ページ。
（6）村松正之助は、村松善八商店（現・株式会社マルハチ村松）の創業者・村松善八の五男として、一九〇二（明治三五）年に焼津で生まれた。後に、三代目村松善八として事業を引き継ぐ。すぐ上の兄・直治郎は分家して柳屋本店を創業し、焼津水産会長や日本鰹節協会長などを務めた。
（7）焼津水産史編纂委員会『焼津水産史』焼津魚仲買人水産加工業協同組合、一九八五年、一三七～一三八ページ
（8）沖縄漁師の皇道産業焼津践団参加の顛末については、望月雅彦『ボルネオに渡った沖縄の漁夫と女工』（ボルネオ史料研究室（http://www.borneo.ac/）、二〇〇一年）の一〇三～一七七ページに詳細な調査報告がある。
（9）前掲（3）、四九六ページ。
（10）オーストラリア国立文書館 Fact Sheet 107 "World War II internee, alien and POW records held in Adelaide"（http:

//www.naa.gov.au/Publications/fact_sheets/FS 107.html)。

(11) 小川平『アラフラ海の真珠』あゆみ出版、一九七六年、二五七〜二五八ページ。そこでは「ラブレー収容所(あるいはラウディ収容所)」と記述されているが、「ラブディ収容所」の誤りと思われる。

(12) 夏目敏明さんへの聞き取り(二〇〇三年一〇月二六日)。

(13) 小型動力漁船用に普及した軽油燃料エンジン。シリンダー内壁面の一部を赤く焼き、その熱で混合ガスが爆発する装置で、点火装置をもつエンジンと比べて急停止がむずかしい。

(14) 具志堅用市さんについては、藤林泰・高橋そよ「カツオの町本部と南洋移民」『カツカツ研ニュースレターNo.6』(カツオ・かつお節研究会、二〇〇一年一〇月)より抜粋。

(15) 前掲(5)、二八〜二九ページ。

(16) 皇道産業焼津践団団員の霊を祀るために建立された郷魂祠は、現在、焼津神社(焼津市)の一隅に置かれている。

(17) 前掲(5)、二一五〜二一六ページ。

第2章　沖縄漁民たちの南洋

宮内　泰介

1　急成長した池間島のカツオ産業

小禄治世《おろくじせい》さんは一九〇八(明治四一)年、沖縄県池間島で生まれた。池間島は、宮古島の北方すぐのところに位置する周囲一〇キロの小さな島である。その小さな島で本土式のカツオ漁が始まったのは一九〇六(明治三九)年、小禄さんが生まれる二年前だった。以降、池間島は沖縄を代表するカツオ漁の島に成長する。昭和に入ると、多くの人びとをかつお節移民としてミクロネシアやボルネオに送りこんだ。

沖縄で本土式カツオ漁が始まったのは一九〇一(明治三四)年、座間味島《ざまみ》(沖縄本島の西方に位置する慶良間諸《けらま》島の一つ)においてである。都市のかつお節需要を目的にしたカツオ漁・かつお節生産は、江戸時代後期から明治時代にかけて全国的に広がっていったが、その最後発が沖縄だった。(1) カツオ漁は、座間味島からまたたく

図1　琉球諸島

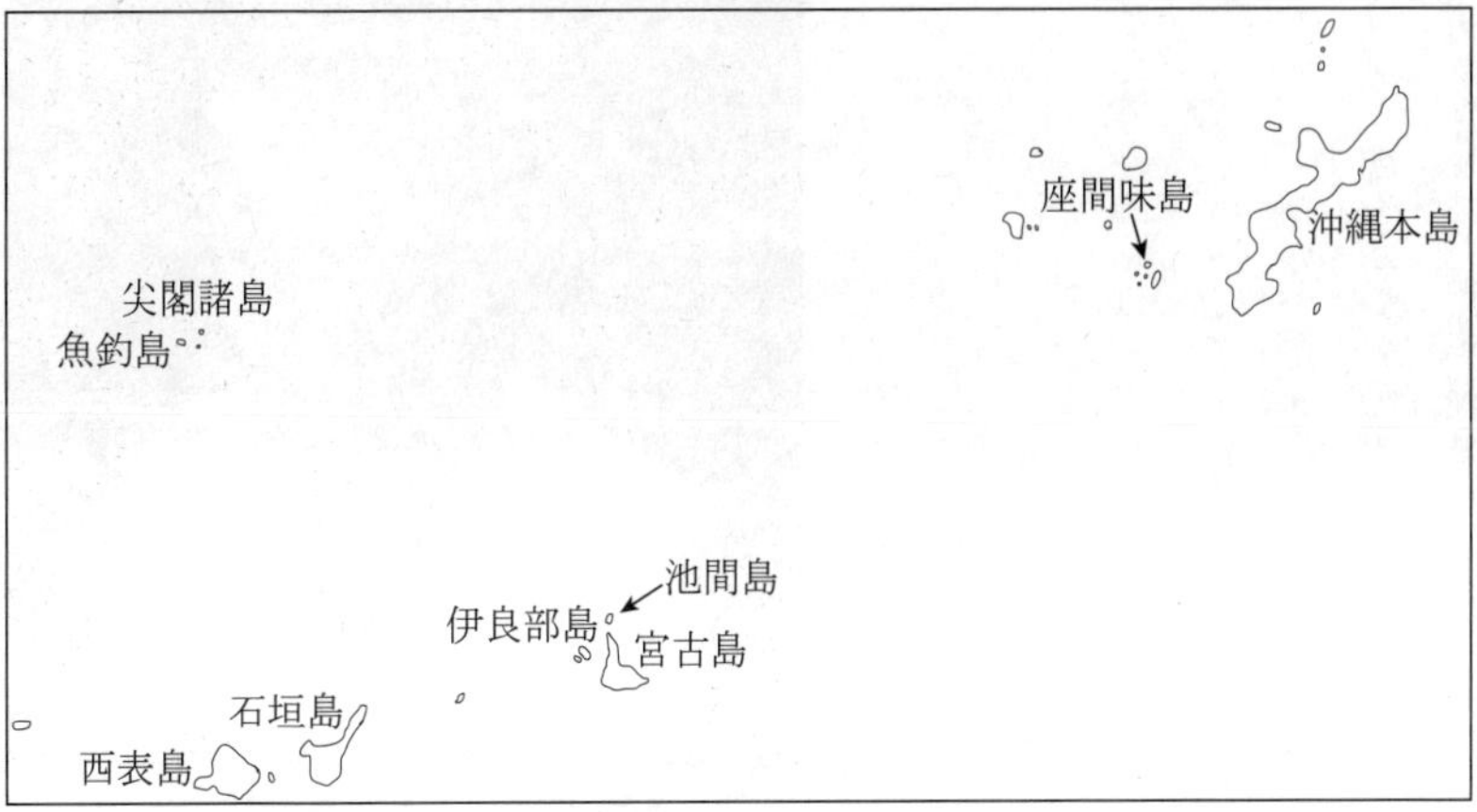

間に沖縄中に広がっていく。遅れること五年、一九〇六年に池間島で本土式カツオ漁を始めたのは、池間島民ではなかった。鮫島幸兵《さめじまこうべ》衛《え》という鹿児島県人だった。当時の沖縄には、「寄留商人」と呼ばれる本土商人が多く滞在し、沖縄各地と日本経済をつなぐ役割を果たしていた。鮫島もその一人である。

鮫島が始めた池間島のカツオ漁・かつお節生産はすぐにローカライズされ、一九一〇(明治四三)年に池間島民自身によるカツオ産業が生まれた。小禄さんが生まれたのはそんなころである。小禄さんの少年時代は、そのまま池間島におけるカツオ漁・かつお節産業の急速な発展の時期と重なる。

しかし、小学校を卒業した小禄さんが最初にやった仕事は、カツオ漁でもかつお節づくりでもなく、貝採りと追い込み漁(人が泳ぎながら魚を追い込み、網で獲る漁法)だった。池間島の採貝漁業は、明治以降に大阪を中心に急速に発達した貝ボタン産業の原料を供給する商業漁業である。それは、明治なかば、カツオ漁が始まる二〇年ほど前に始まった。この採貝漁業が、産業としてのカツオ漁の前ぶれとなったのである。

「わしは一七歳から一九歳まで素潜りをやった。潜って高瀬貝、

漁は不得意だったと語る小禄治世さん

広瀬貝、さざえとかを採っていた。冬に三～四名でくり船に乗って、採ったよ。追い込みもやった。追い込みの組合は池間島に二つあって、かつお節の組合とは別だった。二～三艘の船に一二～一三名が乗って、アオダイ（イラブチャー）が主だった。少ないときには一斤（約六〇〇グラム）一五銭で売り、夕方売れ残りになったら、今度は二斤一五銭で売っていた。それでも売れ残ったら、乗組員に配当していた。若者たちには一人三銭とか五銭とかいった『お菓子代』が出た。おじいさんたちにはお酒が出されたから、夕方には酔っぱらっていたよ。配当は毎日あった。五〇～六〇銭だったかな。大漁したら一円何十銭とかだった。儲かったお金は全部お母さんにやっていた」

この時期、小禄さんは自分の身の振り方を悩んでいた。

「素潜りや追い込みは儲かっていたが、潜りもあまり達者じゃなかったし、なんだかこんな仕事でこの先生活できるだろうか、と思っていた。ちょうど友人が床屋をやっていて、『治世、床屋を習って、床屋をやらんか』と誘ってくれた。床屋をやったら一日七〇～八〇銭と儲けがよかった。しかし、床屋は家族に反対され、兄さんが『かつお節工場に入れ』というので、二一歳のときかつお節工場に入った。当時はみな組合だった」

カツオ漁やかつお節製造への従事は、当時の池間島民のライフコースとして確立したものだった。そこからはずれようとした小禄さんは家族に反対され、結局のところ、かつお節工場の仕事を始めるわけである。この時期、池間島に生まれたかぎり、カツオ産業と無縁に生きるのは不可能だった。

ところで、小禄さんが「当時はみな組合だった」と言っているのは、当時の生産単位である生産組合を指している。生産組合は、二〇〜三〇人が共同で出資してつくり、漁船やかつお節工場をもった。それぞれの組合は船の名前で呼ばれた。たとえば宝泉丸《ほうせん》をもつ組合は、宝泉丸組合という具合である。この組合制度は、池間島に限らず当時の沖縄の村々におけるカツオ産業の共通した特徴だった。(2) 池間島では、大正年間に、宝山丸《ほうざん》、漁福丸《ぎょふく》、重宝丸《じゅうほう》、大宝丸《たいほう》、池島丸《いけじま》(後に松竹丸《しょうちく》)、宝泉丸の六組合体制になった。小禄さんが最初に働いた工場は、松竹丸組合のかつお節工場だった。

「工場に入ったときの月給は五円だった。最初の二年間は、狩俣《かりまた》から来た連中といっしょに、水運びや掃除など雑役をやった。井戸から小伝馬船《こてんません》で工場まで水を運んでくる仕事だった。戦前のかつお節工場は茅葺きで、一五〜二〇坪の乾燥場と、二〇坪の宿舎と倉庫があった。狩俣から来た人たちはこの宿舎に泊まっていた」

狩俣というのは、池間島の対岸にある、宮古島最北の集落である(一二三ページ図1参照)。当時、そこから多くの労働者が池間島のかつお節工場に働きに来ていた。かつお節景気に沸いた池間島は、このあたりの経済の中心地だったのである。

「三年目から工場を替わり、乾燥の係になった。乾燥室の竹の棚の上にかつお節を並べる。並べ方がむずかしい。下手な人がやると、かつお節が曲がっていくからね。いまと違うのは、当時は氷がなかったことだね。大漁のときは、午前六時船が釣ってくるのが一群だけだったらよかったが、二群や三群の場合は大変だった。三日三晩寝ないでやった。あれが最高だった。もう飯をごろまでやるときもあった。いちばんやったときは、食う力もなく、三斤(=約二キロ)痩せた」

池間島のカツオ産業は沖縄県の奨励政策もあって、[3]急速に発展した。そして、カツオ・かつお節産業の後進地であった沖縄は、大正年間には全国でも上位を争う主要生産地に発展していった。このころ池間島の漁民は町に繰り出して、ビールで足を洗うほどぜいたくをしていた、というウソかホントかわからない逸話が、いまでも池間島で語り継がれている。

しかし、小禄さんがかつお節工場に入った昭和初期は、すでにカツオ産業が傾き始めていた時期だった。慢性的な借金などもともと脆弱だった産業構造に、昭和恐慌が襲いかかった。このなかで二つの打開策が出てくる。一つが組合船から個人船への転換であり、もう一つが南洋への移民である。個人経営の船と工場が登場するのは、一九三三(昭和八)年に小禄定吉《おろくさだきち》が始めた宝幸丸《ほうこう》が最初である。[4]小禄さんは二五歳のとき、この宝幸丸の工場に移っている。

2 南洋への移民

組合が崩壊して個人船が出現するのとほぼ時を同じくして、池間島民の南洋移民が一九二九(昭和四)年に始まる。ボルネオ島(イギリス領)沖のシアミル島でカツオ事業(カツオ漁、かつお節・缶詰生産)を開始していたボルネオ水産からの依頼で、七人の青年が二年契約で派遣されることになった。元海軍少佐・折田一二が二六年に創業したボルネオ水産は当初、高知県から漁民を受け入れていた。だが、餌漁がうまくいかず、これに長《た》けた沖縄漁民を本島の糸満《いとまん》や池間島から雇い入れることになったのである。

図2　沖縄と南洋の島々

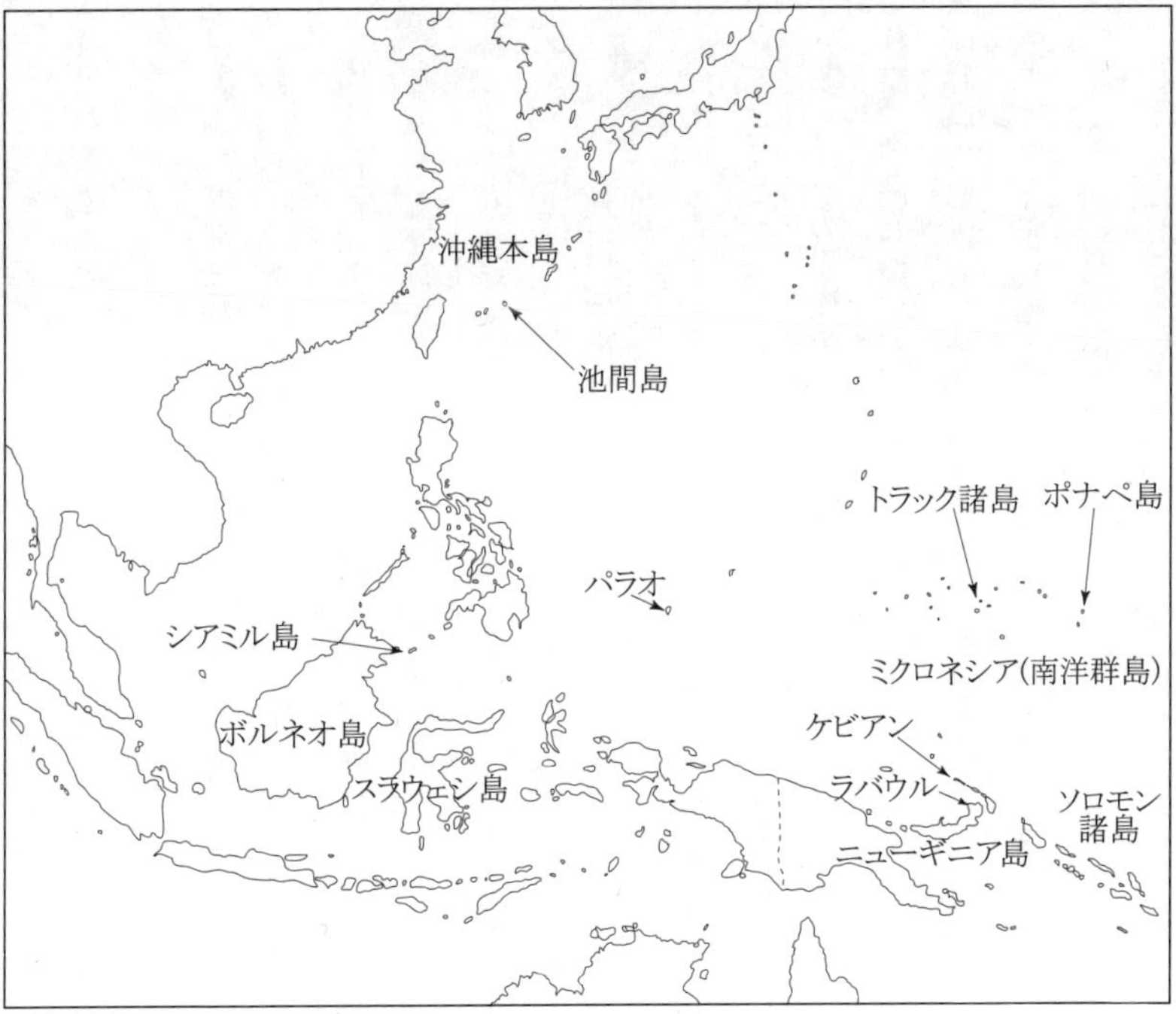

こうした餌獲り専門として雇われる形が何度か続いたのち、船ごとシアミル島へ行き、ボルネオ水産との契約のもとで漁労を行うことになった。一九三六(昭和一一)年に宝泉丸が船と人員ごと行ったのが、その最初である。翌年、今度は個人船である瑞光丸《ずいこう》が操業を始めている(瑞光丸は、沖縄県の南方出漁奨励助成金によって建造された船である)。池間島から行った二つの船が、片や組合船、片や個人船であったことは、この時期の池間島ならびに沖縄全体のカツオ産業の状況を象徴している。

宝泉丸でシアミル島に渡った与《よ》儀《ぎ》定吉《さだきち》さん(一九一六(大正五)年生まれ)は、こう語る。

「シアミルに行く前、池間ではすでに親の代わりに、組合船の宝泉丸に乗っていた。会計の人が一切をつかさどっていたけど、簿記を知らない者が会計をやったので、宝泉丸組合は負債だらけになった。それで、宝泉丸は船ごとボルネオへ行った。二三一～三名の組合員が乗って、ボルネオまで九昼夜かかった。不安はなかったね。とにかく、借金を返さなければならないという気持ちが強かった」

宝泉丸は一度池間島に戻り、一九四〇（昭和一五）年にもう一度シアミル島に行っている。二度目の渡航に参加した与儀《よぎ》博《ひろし》さん（二六年生まれ）は、当時まだ高等小学校を出たばかりだった。

「父が組合員だったから、父の代わりに行ったんですよ。出発するときはよかったんですけどね、行ってみると寂しくて。母ちゃんと父ちゃんのことばかり思い出してね。何もない離島でしょう。でも、缶詰工場やかつお節工場の女工さんがいっぱいいて、かわいがってくれたから、だんだんそんなに寂しくもなくなりました。シアミルには一〇〇〇人くらいいて、山の上には金毘羅《こんぴら》さんがありました。毎年三月一〇日と一〇月一〇日の金毘羅祭には、運動会や相撲をやりました」

シアミル島と並んで多くの池間島民が移民したのは、ミクロネシア（当時の「南洋群島」）だった。なかでもトラック諸島（チューク）とポナペ（ポンペイ）島へ多く渡った。(5) ミクロネシアは、一八八六（明治一九）年からのスペインとドイツの支配を経て、一九一四（大正三）年に日本の支配下に置かれた地である。二二年には南洋庁が置かれた。池間島からのかつお節移民が始まったのは、三一（昭和六）年である。

南洋群島におけるカツオ産業を切り開いたのは、沖縄本島糸満出身の玉城《たましろ》松栄《しょうえい》という人物だった。玉城は、一九一九（大正八年）年にトラック諸島に渡り、雑魚業やカツオ漁業を試みる。当初は失敗したが、二六年に南洋庁から漁船費の補助を得て根剛丸《こんごう》を建造したあたりからカツオ漁業が軌道に乗ってきた。玉城の成功を見て、三〇年前後に次々に新規起業者たちが乗り込んだ。船主は本土人も沖縄人もいたが、乗り手はほとんどが沖縄人だった。[6]

当時、拓務省の南洋課長にあった人物が、南洋群島への沖縄移民について、つぎのように語っている。「南洋移民、即ち沖縄移民などは移民がどんどん行って後から国家が何とかしなければならぬと考えるのだから満州移民の場合とは本質的に違う」[7]

たしかに、それらは「自主的」であった。しかし、そこには植民地政府（南洋庁）の積極的な後押しがあった。南洋庁は一九二二（大正一一）年に水産業奨励規則を設け、それに基づく水産業奨励補助金制度を開始していた。[8]国策と自主的な動きが相互にからんだ動きだったのである。しかも、後押しは南洋庁だけではなかった。沖縄県も三三（昭和八）年以降、南洋群島に遠征するカツオ漁業者にカツオ船建造費の五割を補助し、カツオ漁業経営費にも補助金を出すという政策をとった。[9]

3　それぞれの南洋体験

「町体験」と頻繁な移動

一九三一（昭和六）年以降、堰を切ったように池間島から南洋群島への移民が続く。[10]多くは、家族や親族に誘われてという形だった。小禄治世さんも先に行っていたお兄さんに誘われて、三六年にトラック諸島へ渡る。そして、池間島で磨いた腕で、かつお節製造に従事した。

「わしはトラック諸島の火曜島[11]で働いた。本土の人が経営するかつお節工場で、兄さんといっしょに働いた。漁師はみな沖縄の人だったよ。夫婦で来ている者は、夫が船に乗り、奥さんが工場でかつお節の削りの仕事をした。トラックでのかつお節製造は、むずかしくなかったね。トラックはものが腐らないから、かつお節をつくるには最高のところだよ。生活は楽だったね。買うものは何でもあった。池間にいたときは黒砂糖しかなかったけれど、トラックではざらめがいくらでもあったねえ。お米は本土からのものが売られていたよ。夏島に行くと料亭があってね、一晩中飲み明かして、女を買って、遊ぶ者も多かった。わしはしなかったけれど」(12)

多くの池間島民が南洋経験を語るとき、こうした「町体験」を強調する。トラック諸島だと夏島、ポナペ島だとコロニア、シアミル島だとタワオ(タワウ)やセンポルナといった町の体験は、移民たちにとっては大きな意味をもった。一九三二(昭和七)年にポナペ島へ渡航した川上壮之介さん(一九一三(大正二)年生まれ)も、そうした町体験を語る。

「募集があったから、じゃあ行ってみようということで行った。ポナペでは間《はざま》さんという内地の人がもっていた幸安《こうあん》丸に乗った。乗ったのはみんな池間の人間だった。しかし、幸安丸のあったところは田舎でねえ。あんまりおもしろくないもんだから、青年たち七~八名で、コロニアの町にあった大和《やまと》丸に移った。コロニアは料亭もあったし、楽しかった。寿《ことぶき》とか風月《ふうげつ》という料亭が海岸通に五~六軒あり、月に何回も通った。大和丸のときは配当だったが、あの当時は魚があまりなくて配当はわずかしかなかった。お金は料亭に行ってすぐ使ってしまった。大和丸のあと、昭和十何年だったかなあ、トラックへ渡った。市村岑雄《いちむらみねお》さんという内地の人の宝山丸で働いた。そして、今度は市村さんと別れて、池間の人間たちと第三宝山丸をつくった」

こんなふうに、移民たちはいかにも身軽に動いている。より高い儲けを求めて船を移ったり、家族や親戚の関係で船を移ったり、あるいは「あちこち行きたい」という思いから移動したりしている。我那覇善三郎《がなはぜんざぶろう》さん(一九二〇(大正九)年生まれ)は、トラック諸島、ポナペ島、そして内地へと動いている。

「僕は一五歳のときにトラック諸島へ行き、水曜島のオレイ村というところに一年あまりいた。金剛《こんごう》丸という船に乗っていた。一五歳で行ったから、最初は小間使いをやった。当時、池間ではたいして儲からなかったからね。儲かるから南洋へ行くという者が多かった。ポナペにおじさんがいたので、その後ポナペに行った。一年半ポナペにいて、今度は『内地に行きたい』と思い、内地に帰った。若いから、東京に行って何かやろうと思って。当時は池間から見たら、ポナペに行くのも東京に行くのもあまり差がないという感じだった。横浜の鶴見に三年ばかりいて、いろいろな仕事をした」

池間島で組合船でやっていた時代には、こうした移動は考えられなかった。森田真弘（池間島出身の水産庁官僚で、池間漁業の基本文献『仲間屋真小伝（池間島漁業略史）』を一九六一年に執筆）は、「組合船の漁船の束縛から離れたから、漁業者は有利な南洋へ転出したのだといえよう」[13]と、南洋への移民の背景を分析している。組合の束縛から離れた移民たちは、移民後も自由に移動したのである。

一九三四（昭和九）年にトラック諸島へ渡った仲原繁信さん（一八（大正七）年生まれ）も、トラック諸島内に限定されているが、やはりいくつかの船を渡り歩いている。

「池間では学校卒業後二年くらい、裸もぐりで高瀬貝やさざえを採っていた。その後カツオ船に乗ったが、一年経たないうちに南洋への募集があったので、トラックへ渡った。池間の組合は頑固な親父ばかりで、若い者をバカにしている感じだったので、いやになってね、南洋に行くことにした。自分は水曜島の玉城松栄さんの船で働いてから、玉寄善次《たまよせぜんじ》さんの第三宝山《ほうざん》丸で働いた（水曜島ファーソン）。それから、夏島の南興水産の工場で兄貴といっしょに働いた。水曜島のときは、大漁の場合、水揚げ後も工場でのかつお節加工に加勢しなければならなかったから、ちょっと辛かったねえ。南興水産では、焼津などからの製造人がたくさんいたから加勢は必要なく、楽だった。冷凍設備もあったしね。南洋はよかったよ。戦争がなければ、池間からの人間はみんな永住していたはずよ。楽な島だから」

隆盛を極めた南興水産

仲原さんが最初に働いた船の玉城松栄は、先にふれたように、糸満出身で、トラック諸島におけるカツオ漁業の先駆者である。二番目に働いたところの玉寄善次は池間島出身で、松栄の船で働いてから独立した人物である。組合から離れた池間島民は、他人に雇われるだけでなく、自分たちで金を出し合って船をつくり、操業するということも試みた。玉寄はその成功者として池間島民の記憶に残る人物である。

そして、仲原さんが三番目に働いた南興水産は、焼津出身の庵原市蔵が一九三五(昭和一〇)年に設立し、数年間で南洋群島のカツオ産業全体を支配した会社である。焼津におけるカツオ産業の再興を期した庵原は、三一年に南洋水産企業組合を結成してパラオで事業を開始するが、餌獲りがうまくいかないなどの原因で不振を続けていた。しかし、餌獲りを沖縄漁民に委託し、さらに南洋群島の国策会社南洋興発の傘下に入ることで、業績を盛り返し、三五年に南興水産を設立した。

以後、南興水産は、内地や沖縄のかつお節業者を次々と傘下に入れていく。その結果、南洋群島から内地へ送られるかつお節のうち南興水産のものが占める割合は、一九三六(昭和一一)年に四八%、三八年に六三%となる。三九年には、従業員四五〇〇人、直営漁船約六〇隻、買取船(契約により南興水産にへカツオを卸す船)約二〇の巨大な会社になった(14)。

ところで、仲原さんが「南興水産で働いた」と言うとき、それは南興水産の社員になったことを意味しない。南興水産はカツオ船をつくり、建造費の半額を乗組員負担分として南興水産が立て替えたことにする。その立替分を、日々の水揚げ利益から差し引いていくのである。乗組員は労働報酬と利益の半分を手にする。南興水産トラック営業所長だった吉田春吉《はるきち》は、農商務省の海外漁業実習生としてアメリカに留学していたとき、このやり方を学んだ(15)。

南興水産のかつお節製造風景（パラオと思われる）
（『南洋群島寫眞帖』南洋群島文化協會・南洋協會南洋群島支部、1938年より）

南興水産の支配が拡大した時期は、南洋群島のかつお節の生産量が飛躍的に伸びた時期でもある。ピークの一九三七（昭和一二）年には五八一三トンを製造したが、これは南洋群島を含む日本全体のかつお節生産のなんと六一％を占めた。それはかつお節価格の暴落を生み、沖縄人が経営していた個人工場は経営難に陥り、さらに南興水産に統合されていった(16)。たとえば、水曜島オレイ村にあったかつお節加工業者は南興水産に買収され、南興水産はその設備を改修して直営の加工場とした(17)。

一九三八（昭和一三）年四月一日の『琉球新報』は、「南洋出漁補助事業　再検討加へられん　計画を裏切る業績」という見出しをかかげている。せっかく沖縄県が南洋群島へ事業展開するカツオ漁船にさまざまな援助をしているのに、その成果は上がらず、結局は南興水産の「掌中に収められ、折角遠征の漁民団は一介の漁業労働者に顚落《てんらく》するという惨めな現実に在る」と指摘したのだ。また、同年六月九日の『琉球新報』の一面トップ見出しは、「南洋節に圧迫されて 沖縄節東京で排斥」だった。東京のかつお節市場で南洋群島からのかつお節が定着・増大し、そのあおりを食って沖縄からのかつお節が売れなくなったというのである。沖縄移民がつくったかつお節が沖縄のかつお節を圧迫するという皮肉な事態になったのである。

女たちのポナペ島

移民は男たちだけではなかった。多くの女性たちが池間島から南洋群島へ渡った。

仲原(旧姓松川)好子さんは、一九四一(昭和一六)年にポナペ島に渡っている。学校を卒業してから四年間、好子さんは池間島の工場で「削り」をやった。削りとは、培乾したかつお節をいくつかの形のナイフを使って整形する作業で、おもに女性が担当する。この工程でいかにきれいな形をつくるかが、かつお節の商品価値を決める。沖縄県は一〇(明治四三)年以来、内地からその技術者を招聘して村々で指導に当たらせている。

一九歳のとき、好子さんはポナペ島へ渡航する。父方のおばさんがいた関係でポナペ島へ行った好子さんは、コロニアの工場や対岸のナット村の工場で働いた。

「ポナペの工場は休みがなかった。削りの人は、朝七時ごろから昼二~三時まで仕事をした。漁師の奥さんで、子どももいる人たちがやっていたから、終わったら家に帰っていた。自分たち製造の人間は、昼間、乾燥、バラヌキ(骨を抜くこと)、もみつけ(切ったカツオの身に、すり身にした生および煮熟のカツオの身を塗布して、形を修繕する)の仕事をして、夕方船が帰ってきてからは、一〇~一一時ごろまで働いた。三千旗《さんぜんばた》(大漁旗。「三千旗」は「千旗」が三つ立っているのを指し、三〇〇〇尾くらいの魚が獲れた印)のときなど、朝まで製造をした」

大漁のときのすさまじいまでの忙しさは、トラック諸島やポナペ島の工場経験者の語り草になっている。それは、南洋の豊かさを象徴する語りである。

子どものころを南洋群島で過ごした人もいる。一九三一（昭和六）年生まれの仲間《なかま》愛子（旧姓与那嶺《よなみね》愛子）さんは、三四年に三歳で両親とともにトラック諸島へ渡り、翌年にポナペ島へ移住した。そして、戦争が終わるまでの九年間の少女時代を過ごす。

「ナット村に住んでいました。父はカツオ漁に従事しており、母は工場で働いていました。村には一軒家もあったし、トタン葺きの長屋もありました。山から竹で引いた水道があって、家の中に蛇口がありました。ご飯は米を食べていました。多くはないですが、ポナペでもつくっていましたから。野菜も魚もいろいろあり、生活はよかったですよ。

ナット村から伝馬船を漕いでコロニアの小学校（コロニア尋常小学校、途中からコロニア国民学校）に通いました。先生は本土の人でした。平日は勉強でしたが、四年生からは日曜日に軍事教練がありました。棒を担がせて行進したり、手旗信号をしたりね。道路の真ん中で『敵機襲来』と言って伏せさせられましたよ。ばかげてるね、ほんとに。学校の下にあったポナペ神社には毎月一日と一五日には参拝に行って、掃除をしたりしていました。コロニアには南興水産の非常に大きなかつお節工場や野菜市場がありました。サイパンから野菜を持ってきて売っている人もいて、子どもたちはサイパン店《みせ》と言っていました。糸満の人がやっていた魚屋もありました。夜コロニアに行って、映画館に行くこともありました。生徒は禁止されているのですが、先生たちの目を盗んで行きました。映画館は二軒で、チャンバラ映画などをやっていました。鞍馬天狗とか新撰組とか。サーカスも年一回まわってきました。

島民たちは公学校（南洋群島において南洋庁がミクロネシア系住民のために設置した小学校）へ行っていました。遠くからも来ていて、寄宿舎に住んでいました。島民の子どもたちは日本語をよくしゃべりました」

優位に立つ「日本人」

この「島民」についてだが、私は池間島からの移民たちと南洋群島の島民たちがどういう接触をしたかに関心があったので、移民体験者に取材するときには必ずそれについて聞いた。いろいろ聞いてわかったことは、人によってずいぶん差があったということである。各人がいた場所がどこか、そしてどういうパーソナリティーかによって、現地住民との接触の度合いは違っていた。

「水曜島では、工場の庭に現地人（女性や子ども）が遊びに来てガヤガヤやっているから、よく怒った。船が入ってきたら、工場に揚げるのを現地人が手伝っていた。子どもも来て加勢したね。そのときは、ご飯を炊いて出した」（小禄治世さん）

「島民の相手をしなければならないから、向こうの言葉に慣れるのが早かった。島民も池間の言葉を覚えた。島民は生意気だから、二～三日働いて腹一杯になったら、逃げることもあった。でも、友だちにもなったし、喧嘩はしなかった。言葉に慣れないうちは大変だった」（仲原繁信さん）

小禄さんや仲原さんの経験は、平均的な島民との関係だったと思われる。なかにはまったく接しなかった人もいれば、逆に、現地の言葉をかなり覚えて深く接した人もいる。日本軍が入ってきてから、通訳の任に就いた者もいるぐらいだ。トラック諸島で働いていた伊計《いけい》（旧姓金城）トミ子さん（慶良間諸島の阿嘉《あか》島出身。戦後、池間島の男性と結婚し、池間島に在住）は、こう語る。

「島民はよく遊びに来ていた。親しくしている人が一人いて、彼女は私が引き揚げるとき、『トミちゃん、日本に帰るか』と言って泣いた」

しかし、いずれにせよ、植民者対被植民者という枠を超える付き合いは、聞き取りのなかでは浮かび上がってこなかった。あくまで優位に立つ「日本人」としての池間島民の姿がそこにはある。それどころか、つぎのような話が複数のトラック諸島・ポナペ島移民経験者から聞かれた。

「向こうでは、島民から『ばかやろう』とか言われたりした場合に、島民を半殺しにすることがあった。間違って島民一人殺しても、五円払えばそれですんでいた」

私はドキッとして「島民を殺してしまう事件もあったのですか？」と聞いた。

「何回もあったけど、忘れることにした。あまりいいことでないから」

4　空襲と召集と

南洋での豊かな生活も、しかし長続きはしなかった。戦争である。小禄治世さんがいたトラック諸島は一九四三（昭和一八）年から日本軍の連合艦隊の主要基地になり、急速に戦争への準備が進んだ。小禄さんはそのころのことをこう語る。

「戦争が激しくなってね、南洋庁のトラック支庁に、寄付金みたいにお金を徴収された。一人あたりいくら買え、と来た。たびたび来て『買え。買わないと非国民だ』と言われるから、三〇〇円分の債券を買った。船も軍隊に徴用された。船の人間は徴用されたが、工場で働いていたわしは徴用されなかったので、金剛丸のかつお節工場で製造をした。このころのかつお節は全部軍が買い取り、かなり儲かった。だけど、戦争が激しくなると、この船も軍に徴用されてしまった」

沖縄からカツオ漁・かつお節製造でやってきた移民たちは、ある者は引き揚げ、ある者は現地召集された。あらかじめ自主的に引き揚げた者もいたが、女性と子どもについては軍による計画的な引き揚げが始まった。その際、悲惨なできごとも起きている。たとえば一九四四(昭和一九)年二月一七日、軍の命令で引き揚げる数多くの民間人が乗った巡洋艦・赤城丸が米軍の空襲を受け、ほとんどが亡くなった。五一二名の犠牲者のうち、沖縄県出身者が三六九名、池間島出身者は一四名にのぼった[18]。数少ない生き残りである伊計トミ子さんは、そのときの様子について、つぎのように語る。

「前の月に産んだ赤ん坊といっしょに乗った。撃墜されて、みんな海に飛び込んだ。みんな救命具を着けていたけど、日本の救命具は綿だったから、もたないのよ。私も、子どもを体に巻きつけ、『お父さん、お母さん!』と泣きながら海に飛び込んだ。海が燃えていた。そうこうしているうちに、敵はいなくなっていた。小さいボートが浮いていて、人が乗っていたので、それに乗った。運がよかった。夕方になって、また飛行機が来て、パラパラ(爆弾を)落としていった。みんな死んだふりをした。みんな疲れていた。

四日間、海に波まま風まま揺られていた。島からはだいぶ離れていた。エンジンも何もついていない船で、二十数名乗っていた。死んでいる人もいた。飛行機が飛んでいるから「また(空襲)だ」と思っていたら、日本軍だった。『友軍だよ!』と言って、日本の旗を振ったが、助けには来てくれなかった。少ない人数だったからでしょう。四日目の夕方、大きな船が来て、助けてくれた。みんな油にまみれて真っ黒になっていた。一昼夜でトラックに戻った。赤ん坊はもう死んだものと思っていたけど、隣りの人が『奥さん、奥さん、赤ちゃん生きているよ』と言った。足をつかまえて、背中をばんと叩くと、生きていた！」

この空襲はトラック大空襲と呼ばれる。赤城丸だけでなく、連合艦隊の艦船のほとんどが沈没し、夏島も甚大な被害を受けた。トミ子さんは救出後すぐ、別の船で引き揚げる。奇跡的に助かった赤ん坊は、その途中、奄美大島で亡くなった。

トラック空襲と同じころ、ポナペ島でも空襲が始まった。仲間愛子さんはこう記憶している。

「昭和一九（一九四四）年二月、突然、空襲が始まりました。学校にいて、みんな学校の防空壕に入りましたよ。学年ごとに防空壕が決まっていました。高等一年の生徒たちが下級生を誘導していて、二人亡くなりました。その日の夕方にみんな山へ逃げ、おとなもみんな避難しました。山には家などないから、木を切って簡単な家をつくりました。日が経つにつれて、町から焼かれた家のトタンなどを持ってきて、屋根を葺いていました。一年半そうやって山にいました。食べ物は、東北や沖縄の人で農業をやっている人たちや島民と物々交換し、水も何とかなりました」

このころ、男たちの一部は現地で召集され、一部は沖縄に戻って召集された。小禄治世さんは、トラック大空襲前年の一九四三（昭和一八）年に現地で召集されている。残りの多くの移民たちは、軍属という形で軍のために働くことになった。南興水産でカツオ漁に従事していた仲原壮二郎さん（一九二〇（大正九）年生まれ。前述の仲原繁信さんの弟）は、四一年に軍属になっている。

「昭和一六（一九四一）年の夏に軍属になって、軍隊に魚を供給していた。一七年三月には、ニューギニアのキャビアン（ニューアイルランド島ケビアン）へ行った。七昼夜かかった。役割はラバウル（ニューブリテン島）の軍へ魚を供給することだった。そのまま終戦までキャビアンにいた人もいた。自分は四カ月ぐらい経ったとき、用事があってトラックに帰ったが、戦争が激しくなってニューギニアには戻れず、そのまま戦争が終わるまでトラックにいた。トラックでは空襲が多かったよ。戦争は爆弾が一つ二つ落ちてくると思ったら、そうでないよ。飛行機が一〇台も二〇台も来るでしょ、それがいっぺんに同じところに爆弾を落とすんだよ。漁船はそんなにはやられなかったけど、軍の船は全滅だった。食うものがないでしょ。サツマイモをつくったり、カツオを獲ったりしていた。海に沈んだ醤油樽や米も引き揚げて食べた」

真珠湾攻撃によって太平洋戦争が始まると、南興水産はすぐさま戦争協力の方針を打ち出す。そして、海軍からラバウルに建設中の基地に食糧を供給することを要請され、隣島のケビアンに漁業基地をつくることにした。

カツオ船三隻が派遣され、その一つに仲原さんたちも乗っていたのである。なまり節をさらに培乾して、約一〇日の保存に堪えるものが軍に供給されたという。このケビアンでのカツオ漁は約一年続けられた(19)。

一九四五年八月一六日、一日遅れで小禄治世さんたちは終戦を知る。同日、召集解除され、上官が言った。

「地方に帰りたい人は帰ってよい。帰るところがない人は軍隊にいなさい」

小禄さんは水曜島へ向かう。

「水曜島へ行ったら、佐良浜《さらはま》(伊良部島の集落。池間島の分村で、やはり南洋へのカツオ漁移民が多かった)の連中が魚を獲って旅団司令部に納めていた。軍から爆弾をもらってきて、爆弾で獲っていた。わしも彼らの組に入った。わしは漁は下手だから、飯焚きをやった。六カ月間そこにいて、金を儲けた」

小禄さんの引き揚げは一九四六年二月だった。本土出身者は先に軍艦で軍隊といっしょに引き揚げていて、沖縄出身者が最後だった。沖縄測候所の船で、みんな一度に引き揚げた。そして、本島の「インヌミ」[20]と呼ばれた収容所に一カ月収容された後、米軍の舟艇に乗せられて、池間島へ戻った。三七歳の春であった。

池間島の人びととカツオの関係は、これで終わりではない。戦後、カツオ漁が復活し、最盛時の一九六〇年代には一四隻のカツオ船と一〇前後のかつお節工場が操業した。七〇年代に大手水産企業がニューギニアやソロモン諸島へ漁業進出した際も、多くの島民が請われてカツオ漁に向かった。往時の面影はないものの、現在でも三隻のカツオ船が操業を続けており、元気なオジイたちがはだか潜りで餌を採り、一本釣りでカツオを獲っている(第Ⅳ部第3章参照)。

小禄治世さんは七三歳まで、かつお節工場で働いた。途中、かつお節をつくりに尖閣《せんかく》諸島やソロモン諸島に行ったこともある。一九六〇年前後のサンゴ・ブームのときにはサンゴ採りをやった。七三歳からは「平良《ひらら》市役所に勧められて」、養蚕も手がけた。

「いろいろなことをやったねえ。いろいろやったが、かつお節がいちばんだよ」

笑いながら、そう言った。[21]

(1) 沖縄のカツオ産業の進展が近代日本のなかでどういう意味をもつかについては、宮内泰介「かつお節と近代日本——沖縄・南進・消費社会」、小倉充夫・加納弘勝編『国際社会6　東アジアと日本社会』東京大学出版会、二〇〇二年。沖縄のカツオ産業の進展については、上田不二夫「戦前期沖縄カツオ産業の展開構造」(鹿児島大学学位論文、一九九五年)が基本文献である。沖縄のカツオ産業は大正年間にピークを迎え、昭和以降は衰退の一途をたどった。

（2）前掲「戦前期沖縄カツオ産業の展開構造」、参照。

（3）沖縄県は、一九一〇年からカツオ漁とかつお節製造の技術者を宮崎県や高知県などの先進地から雇い入れて、有力カツオ漁村に派遣した。

（4）森田真弘『仲間屋真小伝（池間島漁業略史）』内外水産研究所、一九六一年、一三三ページ。

（5）本章では紙幅の関係上、南洋群島への移民にしぼって論じる。シアミル島への移民については、第Ⅲ部第3章および望月雅彦『ボルネオに渡った沖縄の漁夫と女工』（ボルネオ史料研究室、二〇〇一年）参照。

（6）南洋水産協会編『南洋群島の水産』南洋水産協会、一九四六年、一三二～一三四ページ。

（7）『琉球新報』一九三八年二月二四日。

（8）たとえば、一九二三年には一万五三八七円の補助金が出された（前掲（6）、二六～三七ページ、六三～六四ページ。

（9）一九三八年までに二〇隻の船がこの助成を受けた（『琉球新報』一九三八年四月二七日）。三九年以降は不明。

（10）池間島から南洋群島への移民の正確な数は不明である。一九四二年に南洋群島で水産業に従事していた沖縄県人（おもに池間島、伊良部島、沖縄本島の糸満と本部《もとぶ》）は六一六四人で、水産業に従事していた日本人の九二％を占めていた（沖縄県教育委員会『沖縄縣史第七巻各論編六移民』沖縄県教育委員会、一九七四年、三九九ページ）。

（11）ファナパンゲス島。トラック諸島は多くの島から成り、戦前の日本はそれらを月曜島、火曜島、春島、夏島などと名づけた。

（12）トラック諸島の当時の中心地。現地名トノアス島、英語名デュブロン島。

（13）前掲（4）、一三六ページ。

（14）南興水産については、庵原市蔵「南洋漁業の使命と将来」（『南洋水産』第六巻第九号、二～七ページ、一九四〇年）、川上善九郎『南興水産の足跡』（南水会、一九九四年）に詳しい。川上善九郎氏は元南興水産社員。また、元南興水産トラック営業所長吉田春吉によるフィクション風の手記『思い出の記』（私家版、一九九一年）もある。

(15) 前掲『南興水産の足跡』六四〜六五ページ。

(16)「昭和一二年の南洋群島のカツオ豊漁に依り、南洋節が日本内地市場に夥しく移入されたので鰹節市場は飽和状態に陥ることになった。従って上品質の製品以外は著しい値崩れを生ずることになった。とくに沖縄出身の個人経営者の打撃は甚だしかった。たとえば従来一箱(三七・五瓩《キロ》)が五〇円前後の相場で取引された製品が三〇円前後に暴落する有様であった」(前掲(15)、一一九〜一二〇ページ)

(17) 前掲(15)、一二三ページ。

(18) 赤城丸については、戦時遭難船舶遺族会連合会『海鳴りの底から——戦時遭難船舶の記録と手記』戦時遭難船舶遺族会連合会、一九八七年、一八〜一九ページ、一一七〜一二五ページ、吉村朝之『トラック大空襲』光人社、一九八七年、参照。撃沈された南洋群島からの引き揚げ船は一五隻に及ぶ(安仁屋政昭「南洋移民の戦争体験」『新沖縄文学』八四号、一九九〇年)。安仁屋氏によると、「『内地引き揚げ』というのは、一般住民の安全を図るのが第一義ではなく、作戦の足手まといを排除し、食料を確保するというのが主目的であった」(前掲「南洋移民の戦争体験」一一一ページ)。

(19) 前掲(15)、一七四〜一八二ページ。

(20) 当時、コザ市(現・沖縄市)高原《たかはら》にあった引揚者のための収容所。沖縄市企画部平和文化振興課編『インヌミから——五〇年目の証言』沖縄市、一九九五年、参照。

(21) 本章脱稿後の二〇〇三年六月、小禄治世さんは逝去した。享年九五歳。何度も足を運ぶ私に、小禄さんはいつもていねいに話をしてくれた。なお、本章で登場する池間島からの移民経験者の話は、一九九五年から二〇〇二年までの聞き取り調査による。調査にあたってはとくに、自身もトラック諸島への移民経験者である譜久村健さんにたいへんお世話になった。ありがとうございました。

第3章 「楽園」の島シアミル

高橋 そよ

1 よしこオバァとコーヒー

よしこオバァの朝は、一杯のコーヒーから始まる。二〇〇四年で八六歳になった。

「コーヒーはね、豆が肝心。豆から挽く香りがいい」

甘党だが、コーヒーだけはブラックで飲む。島のオバァたちは、たいていスプーン三〜四杯の砂糖を入れる。だから私は、ブラックと決めているよしこオバァは少々変わり者だと思っていた。しかし、しだいに、それがオバァの経験してきた時間と無関係ではないことがわかってくる。オバァが初めてコーヒーを口にしたのは、第二次世界大戦前に缶詰製造の女工としてイギリス領北ボルネオのシアミル島へ出稼ぎに行ったときのことだった。

よしこオバァは、一九一八(大正七)年に沖縄の伊良部《いらぶ》島で生まれた。四人兄弟の長女だ。いまは、末の妹と二人で暮らしている。毎朝七時になると、私の宿泊先のベランダから、ピシリとアイロンのかかったスウェット姿の二人がゲートボール場に歩いていく姿が見える。足を大きく振り上げて、踏みしめるように歩く大柄の妹の少し後ろを、軽く蹴るように歩くよしこオバァが続く。体格も歩き方も対照的な二人の姿は、遠くからでもわかった。ゲートボール場から戻ると、妹はシャワーを浴びるやいなや、近所の人たちの社交場である雑貨屋へ遊びにいく。

一方、よしこオバァは、台所を片付け、部屋を箒《ほうき》ではき、庭先のたらいに洗濯物を突っ込むと手でもみ洗いし、芋の葉っぱをお昼のおみおつけの具にするためにいくつか間引いて、家の中に戻る。それから、窓辺のちゃぶ台に置かれたミシンの前に座り、近所から頼まれていたスカートの仕立てにかかる。とにかく、よしこオバァがじっとしていることは、ほとんどない。そのうえ、ずばぬけた記憶力をもち、昔話を始めると次から次へと記憶の糸は手繰られるのだ。これは、そんなよしこオバァが語ってくれた、一九三〇年代にシアミル島へ渡ったころの話である。

2　ボルネオ水産株式会社

まず、よしこオバァの住む伊良部島と当時のイギリス領北ボルネオについて概略を述べておこう。

伊良部島は、沖縄本島から三三〇キロ南下した宮古諸島のひとつだ(一五九ページ図1参照)。島の周囲は、世界有数のサンゴ礁に恵まれている。この自然環境のもとで、島の漁師はサンゴ礁に棲息するブダイ、タカサゴ、アイゴなどを獲る追い込み漁やモリツキ漁を得意としてきた。追い込み漁の技術は、カツオ漁の鍵となる

図1　イギリス領北ボルネオ

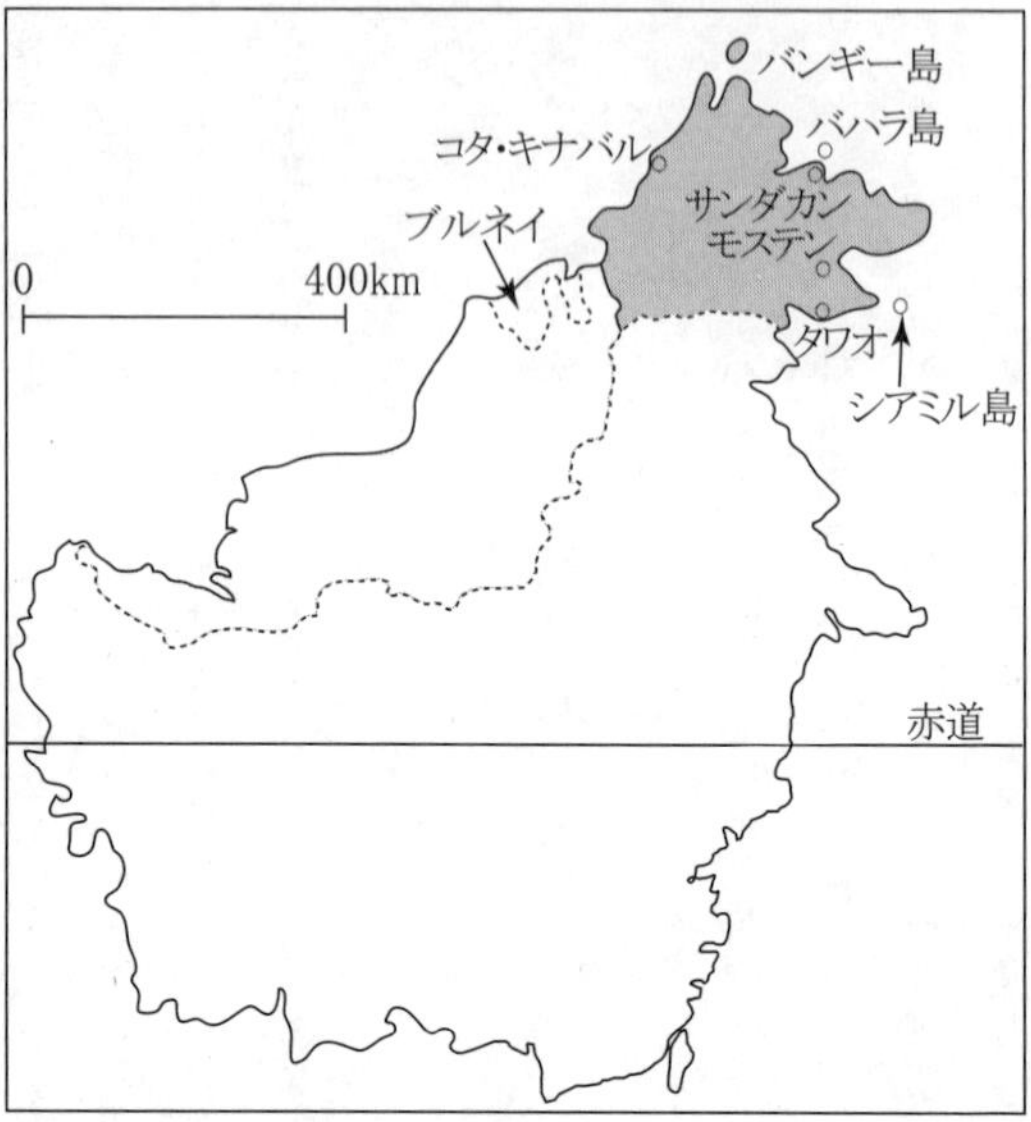

活餌の漁獲に必要不可欠である。一九三〇年代、伊良部島から多くの漁師がカツオ漁に従事するため、南洋群島やイギリス領北ボルネオへ渡った。女性もまた、漁獲したカツオをかつお節や缶詰に生産する女工として渡った。よしこオバァが缶詰女工としてシアミル島に渡ったのは一九三八（昭和一三）年七月、数え二〇歳のことだった。

　第二次世界大戦以前のボルネオ島北部は、北ボルネオ会社（The British North Borneo Chartered Company）の管轄下にあった。この株式会社は一八八一（明治一四）年に大英帝国から勅許（Charter）を獲得し、ロンドンの株主とイギリス植民地官僚によって運営されていた[1]。政務を執る総督はロンドンの重役会議によって選出され、イギリス政府の承認のもとに任命される[2]。関税による収入がもっとも多く、利益の大部分は株主に配当され、余剰金が国内の開発にあてられた。とくに東部の開発が遅れており、イギリス企業の関税を免除するなどの便宜を図って、積極的に資本家による資源開発がめざされていく[3]。

　一八八〇年代から一九〇〇年代には、燕の巣、籐、木材などの森林資源が商品として注目される。また、小規模生産されていたタバコが、一八八五（明治一八）年にアムステルダム市場で従来のオランダ・タバコよりも高額の値がつけられると、北ボルネオにタバコ栽培ブームが巻き起こった。八〇年代後半には東海岸で、オランダ人とドイツ人を中心にしたタバコ農園が広がっていく。[4] その後は、生ゴム、サトウキビ、コプラ、マニラ麻などのプランテーションが盛んになる。このように多国籍な資本家が森林資源や熱帯性農産物の生産を積極的に経営するなかで、折田一二を中心としたボルネオ水産株式会社は水産資源に目をつけた唯一の企業体であった。

ボルネオ水産株式会社の前身であるボルネオ水産公司は、数回の資源調査に基づいて一九二六(大正一五)年に設立される。そして、タワオの東一〇八キロに位置するシアミル島を北ボルネオ会社から租借すると、カツオ一本釣り漁、マグロ延縄漁、日本向けのかつお節生産などの漁業基地を建設した。[5] 拓務省によって三二年に実施された調査報告書では、イギリス領北ボルネオにおける期待する企業体としてボルネオ水産株式会社について言及されており、欧米出荷用のツナ缶詰の生産が提案されている。[6] 翌年の一二月、ボルネオ水産公司は資本金五〇万円のボルネオ水産株式会社となる。[7]

一九三四(昭和九)年にはカツオ・マグロ缶詰の製造が開始され、香港経由でバンクーバー・モントリオール・トロント(カナダ)、ニューヨーク・ボストン・ホノルル(アメリカ)へ輸出される。当時、イギリスの管轄下であったカナダにおける輸入税は、イギリス領北ボルネオからの出荷物に対しては半額であった。注油量や肉量などの製造規格や殺菌温度と時間が異なる六種類の缶詰が製造され、注油されるオイルもオリーブ油やサラダ油などに分けられていたという。使用する缶は、四一年の日本軍事侵攻まで、日本本土とアメリカから輸入された。[8]

一九三九(昭和一四)年には、サンダカンの北西に位置するバンギー島に、かつお節工場、缶詰工場、製氷工場を備えた第二漁業基地が建設される。ボルネオ水産における労働力のほとんどは日本人で占められ、活餌漁を沖縄県出身者、カツオ一本釣り漁を高知県出身者、工夫を高知・愛媛・沖縄の各県出身者が担っていた。[9] その三年前の三六年には、沖縄県水産会との契約によって漁師、漁船、工夫が集められて、「英領北ボルネオ移住漁業団」が組織される。よしこオバァは、この第三期漁業団として、三八年に北ボルネオへ渡航したのだ。

「お母さんは怒って反対したよー。内地の紡績工場に出稼ぎに行って、肺炎にかかって帰ってくる人が多かったからね。死ぬぐらいなら出稼ぎには行かさんって、怒っていたよ。だから、内緒で申込書を出したさあ」

当時、伊良部島には現金収入となる仕事がほとんどなく、琉球石灰岩からなる島の土壌では家族が食べるのに十分な作物の収穫は得られなかった。しかし、困窮した生活だったにもかかわらず、よしこオバァの母は娘の出稼ぎを許そうとしない。

「内地でさえ明日の命はわからないのに、外国なんてもってのほかだ」

そう言い続ける母を納得させるのは至難の業である。よしこオバァは、母の目を盗んで申請書に証明写真を添えると、斡旋者に提出してしまった。なぜ、それほどまでもボルネオへ行きたかったのか。「実は」と、オバァはこっそりと告白した。

「苦しい家計を助けたいという気持ち以上に、好奇心のほうが勝っていた」

島以外の生活を見てみたい。ボルネオの宗主国イギリスの香りにふれてみたい。こうした人一倍強い好奇心が、その後のよしこオバァの人生を左右することになる。

3 「楽園」の島の日々

一六人の少女からなる「第三期英領北ボルネオ移住漁業団」が伊良部島を発ったのは、穏やかな南風が吹き始めた一九三八(昭和一三)年四月だった。那覇で名ばかりの語学や作法の研修を受けると、神戸へ移動。そして、一六人を乗せた大阪商船サマラン丸は神戸を出港し、門司、キールン(台湾)、アモイ(中国)、香港、マニラ(フィリピン)、サンダカンに寄港した。ボルネオ水産の事務所があるタワオまでは、約三カ月間の船旅である。船内にはいつもレコードがかかり、少女たちはその前に車座となって流行歌を覚えた。よしこオバァは船が港に着くと、だれよりも先に甲板に立った。人の乗降する様や見知らぬ国の港の喧騒を眺めるのが好きだったのだ。オバァにとって、船の長旅は見るものすべてが新鮮で飽くことがなかった。

サンダカンに寄港したときのことだ。めざすタワオまでは、あとひと航海である。よしこオバァは、初めて目にする熱帯の大地に立ち、その空気を体いっぱい吸い込んでみたかった。出港までは、時間がある。

意を決したよしこオバァはパスポートを握りしめ、町の見学を申し出る。船に残った少女たちは、オバァが税関を通過する様子を甲板から見守っていた。オバァの目にまず飛び込んできたのは、寺の片隅に咲くハイビスカスのこぼれるような真紅だった。伊良部島では見たこともないほどに力強く、艶やかな色を発している。そっと両手に包み込んでみると、それは手に余るほどに大きく、ずっしりとした重みが伝わってくる。思わず、五つほど着物の袂《たもと》に隠し入れた。船に残る友人にも見せてあげたい。オバァは寺に手を合わせると、花の重みで膨らむ袂を揺らしながら船へと駆けた。

サンダカンやタワオを中心とした当時のボルネオ島東部は、すでに一九一〇年代後半に日産農林株式会社や三菱系のタワオ産業株式会社の資本によって、ゴム、マニラ麻の原料となるアバカ、コプラの原料となるココヤシなどのプランテーションが開拓されていた。また、軍事的な要衝であり、台湾総督府が早い時期からこの地域に注目していた[10]。

七月、よしこオバァはタワオに着く。すぐに一六人全員が折田一二所長室に並ばされ、そこで初めて契約書を見せられた。会社への「絶対」服従と賃金について説明を受けたが、契約が三年であることをそのとき初めて知る。イギリス領北ボルネオの就労ビザの有効期限が三年間だったからだ[11]。そして、本土出身者より賃金が低いことも知る。

全員、緊張で体が強張《こわば》っていた。扇風機のカタカタと回る音だけが響いていた。突然、その静寂を破るように、よしこオバァが声を張り上げる。契約書から「絶対服従」の「絶対」を取り消すように申し立てたのだ。所長の折田はぎょろりとにらみつけたが、オバァは動じずに続けた。

「言うべきことを言って何が悪いかと思ってた。負けるもんかっていう意地があったさあ」

なぜ、日本本土からの女工と沖縄出身者に賃金格差があるのか。この契約の場で判を押すことはできない。自分たちの働きぶりを見てから賃金を決めるよう主張した。それまで静かに椅子に座ってことのなりゆきをみていた折田は、サーベルを振り上げて激怒する。まるで仁王のような形相だ。よしこオバァをにらみつけると、怒鳴り散らした。

「前に出てこい。お前の名前は覚えておく」

そして、わら半紙と鉛筆を投げつけ、署名を要求した。識字力が試されていると思ったよしこオバァは、あえて紙いっぱいに名前を書き、右手の親指で力強く捺印した。結局、オバァの提案が受け入れられて、沖縄出身者の賃金も日本本土の女工と同額になる。

それから、少女たちは休みなく働いた。豊漁に恵まれたが、当時のシアミル島には製氷施設がなかったために、水揚げはその日のうちに加工しなければならない。かつお節工場も缶詰工場も、昼夜休むことなく稼働した。「今日は不漁だといいのに」と何度も願ったほどだ。娯楽は年二回、一月一日と一〇月一〇日に会社の行事として、シアミル島でもっとも高い山にある金毘羅神社に詣でた。このときばかりは、女性は着物、男性はスーツ姿と正装。夕方になると、男も女も同郷の者が船にそろい、唄とご馳走や酒に酔いしれる。島唄は心地よく、穏やかな熱帯の夜風は故郷の島を思い出させた。

21歳のよしこオバア(シアミル島にて)

六カ月が過ぎたころ、よしこオバァに、工場敷地内の診療所で看護婦として勤務するよう辞令がくだった。折田への直談判事件後、歯に衣着せずものを言うオバァの名は事務所にも知れ渡っていく。好奇心旺盛で飲み込みの早いオバァは、人手不足の診療所にとって即戦力となった。当時、診療所の医師として雇われていたのは欧米人である。

「一度、日本人のお医者さんもいたけど、心身症にかかって、一年も経たない間に本土へ引き揚げてしまったよ」

よしこオバァは、診療所の近くに住むユダヤ系医師の幼い娘からマレー語を習った。短期間で医師とマレー語で会話できるまでに上達し、通訳としても診療所にとって必要な存在となる。尋常小学校高等科でアルファベットを習ったことのあるオバァは、棚に並べられた薬をその瓶に書かれた薬名の頭文字から識別して覚えていく。シアミル島ではマラリアなどの風土病はなく、患者の多くは工場やカツオ船でのケガ人だった。

診療所での勤務は比較的自由な時間がある。缶詰工場で重労働をしている沖縄の仲間を思うと、心苦しくなることもあった。しかし、オバァには診療所勤務を断れない理由があった。沖縄からの契約漁師には会社の保険が利かない。それで、彼らから、便宜をはかってくれる同郷のオバァが診療所にいることを切望されていたのだ。

ときには、シアミル島近くのダナワン島の住民が、会社に内緒で薬とコーヒー豆を交換するために診療所を訪れた。その翌日、よしこオバァは決まって生豆を大きな鉄鍋に入れ、真っ黒になるまで炒る。そして、石臼で挽いた炒りたての豆の香りを深く吸い込むのが、オバァのささやかな楽しみだった。休憩時間になると窓辺に座り、診療所の脇のたわわに実をつけたマンゴーの木を眺めながら、コーヒーを口にした。

一九三九(昭和一四)年六月には、沿岸航路の定期貨客船キナバル号がシアミル島に寄港するようになった。(12) 船が入ると、すべての工夫が駆り出され、製造した缶詰やかつお節を積み込み、ツナ缶詰に使用する空缶の入った木箱を倉庫へ運ぶ。作業は終日、行われた。よしこオバァは、日本から取り寄せた診療所の薬を運んだ。そしてオバァにはもうひとつ、決まってある仕事がまわってきた。それは、出港までの船長水泳の相手をすること。オバァの泳ぎの腕前は、シアミルでも一目おかれていたのだ。

「泳ぎはね、沖まで泳いで、ぼーんって言って逃げられる。あれ(船長)につかまらん、もう。あれが海に入ったら、向こうに行って、手を上げているさあ。あんなして遊んでいるさ。工場の人は荷物を詰めて忙しいのに、ね」

よしこオバァは、大きく息を吸い込むと海底まで潜った。船長は、その姿を探す。リーフに囲まれたシアミルの海は、穏やかに水面をゆらしていた。オバァは船長の視線とは反対側に息を吹きあげる。こうした水中の追いかけっこが、船の積み込みが終わるまで続いた。あるとき船長が、オバァを船上のダンスパーティーに誘う。

「やだからね。ダンスをしたらダメだからねと、これだけは断った。若い人たちが抱き合ったりして、恥ずかしいからダメよー」

よしこオバァは、看護婦長をとおしてその誘いを断った。しかし、たった一度だけ、船長に個人的な頼みごとをしたことがある。

「上品で、きれいなポンポンジョーという若い船長で、真っ白い手もきれいさー。昼食にね、どんなサンドイッチを食べているかいと、どうしても知りたくて。どうしてもサンドイッチを食べてみたいと言ってみた」

翌日、船長に頼まれた船員が、よしこオバァの働く診療所までサンドウィッチを届けにきた。オバァはそれを抱えるようにして宿舎に戻ると、診療所仲間と炊事場の隅にかがんで口にした。

「ああ、きれいにつくってあったね。四角のパンだったけど、真っ白な薄い、上品なパンだったよ。いま売っているパンの半分ぐらいの薄さで、これ(パン)をきれいに切ってあってね。マスタードをきれいに塗ってあった。ほっぺたに入れたら、それこそ、みんなとろーと溶けそうなね。だから、材料が言えないわけ。マスタードだけではない、とろーと溶けてしまって、中に何が入っているか種類が言えないさ。二寸ぐらい、三角で、中を見せてね。みんな仕事をしているのに、食べものもらったら、こわいさー。もう、だれにも言えない。まだ頭にあるよおー」

このころが、よしこオバァにとって、日本人によって統制された「楽園」の島シアミルで過ごしたもっとも平穏なときだったのかもしれない。しかし、水面下ではすでに日本軍の南進の準備が整いつつある。一九三二(昭和七)年にはタワオ付近への日本人入植のためという名目で、拓務省が資源調査を実施した。その詳細な報告書には、現地での排日感情も調査項目として含まれ、イギリス領北ボルネオを管轄する北ボルネオ会社の運営方法とその開発の実態について分析されている。

報告書によれば、関税による収益によって支えられている北ボルネオ会社にとっては、開発の遅れた北ボルネオ東部に日本人が進出することは経済的にも政策的にも利点があり、「国籍人種ノ如何ヲ問ハズ開拓者ヲ歓迎」(13)しているという。さらに、現地の人びとは日本人に対して「好感」をもっているなど、タワオには日本人の入植にとって好条件がそろっていることを強調し、積極的に進出を提言している。そのうえで、「結局ハ全住民ノ牛耳ヲ執ルコトガ最モ肝要ナコトト思フ(14)」と締めくくっている。

4 開戦の影

平穏だったシアミル島に、開戦の影がちらつき始めた。一九四一(昭和一六)年一月には、缶詰工場が全焼する。倉庫の隅から出火した火は瞬く間に工場を包み、いくつもの油の入ったドラム缶がポーン、ポーンと激しく音を立てて跳ね上がった。幸運にも引き潮だったため、よしこオバァは潮の引いたリーフの上を歩いて逃げる。沖では沖縄出身者のカツオ船が停泊し、避難した人びとを救助していた。

火勢が落ちつき、上陸すると、缶詰工場は稼働できないほどに壊滅していたが、山手にあったかつお節工場と診療所は無事だった。出火の原因には、イギリス人技師によるボイラー放火説や漏電による失火説などの憶測が飛んだ。生産のすべてを失った缶詰工場の女工は、シアミル島からバンギー島への撤収を余儀なくされる。なかには、契約期限の満期を迎えて帰国する者もいた。よしこオバァも満期をむかえようとしていたが、待遇のよさから、かつお節を作るための漁師と工夫用に残されることになったシアミル島の診療所勤務を続けることを決める。

その年の七月、日本軍の軍事侵攻の脅威に対して、アメリカが二五日に、イギリスとフィリピンは二六日に、それぞれ在日本資産の凍結令を公布した。このため、会社からの給料の支払いは絶望的となる。そして、日本軍が二八日に南インドシナ(フランス領ベトナム)に進駐すると、東南アジアは開戦まで一触即発の事態となった(15)。

一二月八日、日本軍によって真珠湾が攻撃されると、シアミル島を取り巻く状況は急変する。二日後には、イギリス領北ボルネオの役人と巡警が島に上陸。日本人は全員集められ、サンダカンの対岸にあるバハラ島に収容された。食事は三度与えられたが、米の臭いがひどい。そこで、収容された日本人女性が自主的に班をつくり、飯炊き係を買って出た。おかずには、毎日同じ種類の魚の塩漬けが並んだ。そして、シアミル島では経験しなかったマラリアに多くの人びとが倒れたのである。

その後、日本軍が一時的に勝利をおさめ、翌一九四二(昭和一七)年二月一一日に収容所の人びとは解放される。よしこオバァはシアミル島の診療所へと戻った。だが、シアミル島ではカツオ船も漁師も日本軍に徴集され、かつお節工場は封鎖。徴集された漁師は軍に魚を供給するため、いつ敵艦が現れるともしれない海に来る日も来る日も潜った。

ある日、聞いたことのない爆音がする。よしこオバァが診療所から飛び出して、空を見上げると、星のマークの飛行機が低空飛行してきた。とっさに、連合軍だと思った。そのまま飛行機は浜へ墜落し、音をたてて燃え上がる。あっという間に野次馬が飛行機を囲い込み、なかには焼死したパイロットを棒で突っつく者さえいた。すでに戦火はそこまで迫っていたのだ。まもなく折田によって、タワオの北側にあるモステンに全員引き揚げるよう命令が下される。

モステンは、一九三七(昭和一二)年ごろから日産農林によって森林が大規模に開墾され、マニラ麻の原料となるアバカ農園が広がっていた。シアミル島から引き揚げた女性の多くは、農園のすずめを追い払う小作人として雇われる。自分で獲った魚を売り歩く男性もいた。そして、よしこオバァは、助産婦の見習いとして働くことになる。

5　幕引き、そして故郷へ

一九四五(昭和二〇)年八月一五日、モステンで「日本降伏」のビラが撒かれた。診療所にいたよしこオバァはそれを拾い上げ、終戦を知る。その後、サンダカンやタワオにいた日本人は、ゼッセルトン(現コタ・キナバル)の旧アピ飛行場跡に建設された収容所に向かった。よしこオバァは八月二〇日ごろに収容され、日本へ引き揚げられたのは翌年である。「練習艦」だった鹿島に乗って、四六年三月二五日ゼッセルトンを出港。[16] 海外引揚者収容所があった広島県の大竹を経由して鹿児島の収容所に行き、沖縄への引揚船を待った。

よしこオバァは、家族の安否や、いつ出港するのかも定かではない沖縄への引揚船の日程だけでなく、八年間の労働で貯めた二八〇〇円の給料の行方についても気をもんでいた。オバァはボルネオ島にいる間、病気になったことは一度もない。四年間皆勤賞を授与されるほど、勤勉に働いてきた。しかし、一九四一（昭和一六）年の資産凍結令以後、会社に預けていた金を受け取ることはできなかった。引き揚げる際に、資産証明書として黄ばんだ馬糞紙を受け取っただけだ。

ほとんどの女工は伊良部島に引き揚げた後、換金手続きの代行をするという島のある人にその証明書を預けた。だが、戦後の混乱のなかでうやむやになり、重労働に耐えて稼いだ金をまったく手にできないままに終わる。これに対して、よしこオバァは沖縄への引き揚げ以前に機転を利かせた。鹿児島の収容所にいたとき、福岡の銀行で引揚者の資産証明書を一人一〇〇〇円まで換金できるという噂話を耳にして福岡へ出向き、子持ちであると偽って二人分を換金して、二〇〇〇円を受け取ったのだ。一〇〇〇円は家族へのお土産として鍋や食器などを購入し、残りの一〇〇〇円は自分の将来のために残すことにした。残ったお札は折りたたんで、着物の襟に隠し入れた。

一九四六年八月一五日、沖縄への引き揚げが鹿児島、佐世保《させぼ》（長崎県）、宇品《うじな》（広島市）、名古屋の四港から開始される(17)。復員者を乗せた船が初めに名古屋から出港するという噂を耳にしたよしこオバァは、鹿児島から列車で名古屋へ向かう。そして、伊良部島に戻ったのは九月。島を発ってから、八年が過ぎていた。

6 北ボルネオの記憶

伊良部島に戻ってからの生活について、よしこオバァは多くを語らない。しばらくは、シアミル島での経験を活かし、助産婦として働いていた。だが、看護婦の免許をもたないまま、お産や病気に立ち会う責任がだんだん重荷となり、那覇《なは》へ単身で渡る。当時、本島では鉄くずのバーターが盛んであった。オバァは、沖縄本島南部の馬天《ばてん》港（島尻郡佐敷《さしき》町）に宮古地方から持ち込まれた鉄くずのブローカーをしたこともある。戦中の爆撃によって宮古島周辺の海に沈んだ薬莢《やっきょう》を、伊良部島の漁師が不発弾の危険を承知のうえで潜って集めたものだった。戦後の混乱が落ち着いた後も、職を転々とした。進学のために伊良部島から那覇へ出てくる親戚の子どもたちを預かり、面倒をみたこともある。そして、八二年にパチンコ店の店員として定年を迎え、伊良部島に戻った。

いっしょに住んでいる妹の夫は戦前、シアミル島で契約漁師として活餌漁に従事していたが、現地で徴集されて軍納魚を獲り、そのまま帰らぬ人となった。妹は遺族年金をもらって生活している。毎年、終戦記念日になると、遺族年金受給者は町役場主催の戦没者追悼式に列席する。仏壇には、たくさんの駄菓子、果物、煮物、刺身が供えられる。

伊良部島の慣習では、祖先供養は旧暦七月七日、つまり新暦の八月四日ごろに行われる。終戦記念日のために供物を購入するのは、遺族年金を受け取っている家庭だけといってもいい。この時期には決まって、遺族年金をもらっていない人びとの間で、「だれが何をどのくらい買っていた」という噂話で持ちきりになる。終戦記念日とは、戦死者のありし日を語る機会であると同時に、現金収入の少ない島においては、不自由なく老後を過ごせる遺族年金者へのやっかみがささやかれる日でもあるのだ。

仏壇にはカツオを供えることが多い。だが、よしこオバァと妹は、この日だけはアオブダイと決めている。その理由を尋ねても、「決まっているからさー」と微笑むだけだ。サンゴ礁に棲息するアオブダイは、南の島で亡くなった妹の夫が、軍のために死に物狂いで戦時下の海に潜って獲っていた魚の一種であろう。アオブダイが北ボルネオの記憶を喚起させると考えるのは、うがった見方だろうか。

これまで、イギリス領北ボルネオでの出稼ぎ経験者にインタビューを重ねてきた。そこからは、低賃金での労働を可能とした日本本土と沖縄の経済格差や本土出身者と沖縄出身者の賃金格差などが見えてきた。また、本稿ではふれなかったが、シアミル島での恋愛は厳しく罰せられたそうだ。未婚のまま妊娠して子どもを産んだ女工には、労働の継続は認められなかった。だが、その子どもの父親は責任を取らされることもなく島に残ったという。男女の待遇の差が歴然としてあったのだ。このように、日本人内部にもさまざまな格差があった。その一方で、南の海での水産資源の開発が日本の南進の布石となっていたことも事実である。漁業移民として海を渡った一人の沖縄女性の経験から、何重もの強者と弱者の関係が絡み合っていることが見えてくる。

（1）石川登「北ボルネオ植民地における労働管理――戦間期の国際協調主義と帝国主義ネットワーク」『帝国の文化人類学的研究』科学研究費補助金研究成果報告書、二〇〇二年、二ページ。

（2）K.G.Tregonning, *Under Chartered Company Rule : North Borneo 1881–1946*, University of Malaya Press, Singapore, 1958, p.27.

(3) *ibid.*, p.21.

(4) *ibid.*, p.85.

(5) 南洋団体連合会『大南洋年鑑(下)』(『二〇世紀日本のアジア関係重要研究資料③単行図書資料第二〇巻』収録)龍渓書舎、一九四二年、六二〇ページ。

(6) 拓務省拓務局『英領北ボルネオ・タワオ地方事情』(『二〇世紀日本のアジア関係重要研究資料③単行図書資料第二六巻』収録)龍渓書舎、一九三四年、八八ページ。

(7) 渡邊東雄『南方水産業』中興館、一九四二年、一七一ページ。

(8) 前掲(7)、一八〇～一八二ページ。

(9) 藤林泰「カツオと南進の海道をめぐって」尾本恵市・濱下武志他編『海のアジア6アジアの海と日本人』岩波書店、二〇〇一年、一九三ページ。

(10) 前掲(9)、一九二ページ。

(11) 松本國雄『シアミル島――北ボルネオ移民史』恒文社、一九八一年、一〇一ページ。

(12) 前掲(11)、一〇九ページ。

(13) 前掲(6)、九九ページ。

(14) 前掲(13)。

(15) 前掲(11)、一六六～一六七ページ。

(16) 前掲(11)、三四二ページ。

(17) 望月雅彦『ボルネオに渡った沖縄の漁夫と女工』ボルネオ史料研究室、二〇〇一年、一七六ページ。

第Ⅳ部

カツオから見える地域社会

第1章　かつお節と薪——海と森を結ぶもの

北村也寸志

1　山師という仕事

先日、職場の同僚である三〇代前半の理科の教員に、「かつお節の製造には薪を使うんだ」と言うと、「へえ、そうなんですか」と意外な表情を見せていた。電気・石油・ガスに浸った都市生活を送る者にとっては、かつお節の製造における「焙乾《ばいかん》」に、燃料として薪をいまだに使っているというのは、意外な感じを受けるようだ。

かつお節製造工程において焙乾は、解凍後、煮熟した原魚(カツオ)から水分を飛ばす「乾燥」と、煙に含まれる有機成分によって「殺菌」や「香味付け」などを目的とする、きわめて重要な工程である。では、その薪は、だれが、どこで、どのように生産し、どれぐらい消費されているのだろうか？　林業の後継者難や里山の荒廃とはどう関連しているのだろうか？　そんな疑問から、枕崎市、山川町などかつお節生産地のある鹿児島県南薩《なんさつ》地区[1]へ出かけた。

まず、鹿児島県林務水産部や枕崎市水産課など関係行政機関を訪ね、薪に関する資料を入手した。その過程で、山川町の薪伐採業者が一九九二年に指宿市内の約三ヘクタールの急傾斜地を伐採したことがわかる。そこで、指宿《いぶすき》市周辺を車で走っていると、山川町の西にある池田湖に出てしまった。どうしたものかと道路地図を出そうとしたところで、道路沿いの薪の伐採現場に出くわした。車を降りると、男性の声が聞こえる。

「ああ、もう仕事はやめ。パチンコ、パチンコ」

図1　鹿児島県と南薩地区

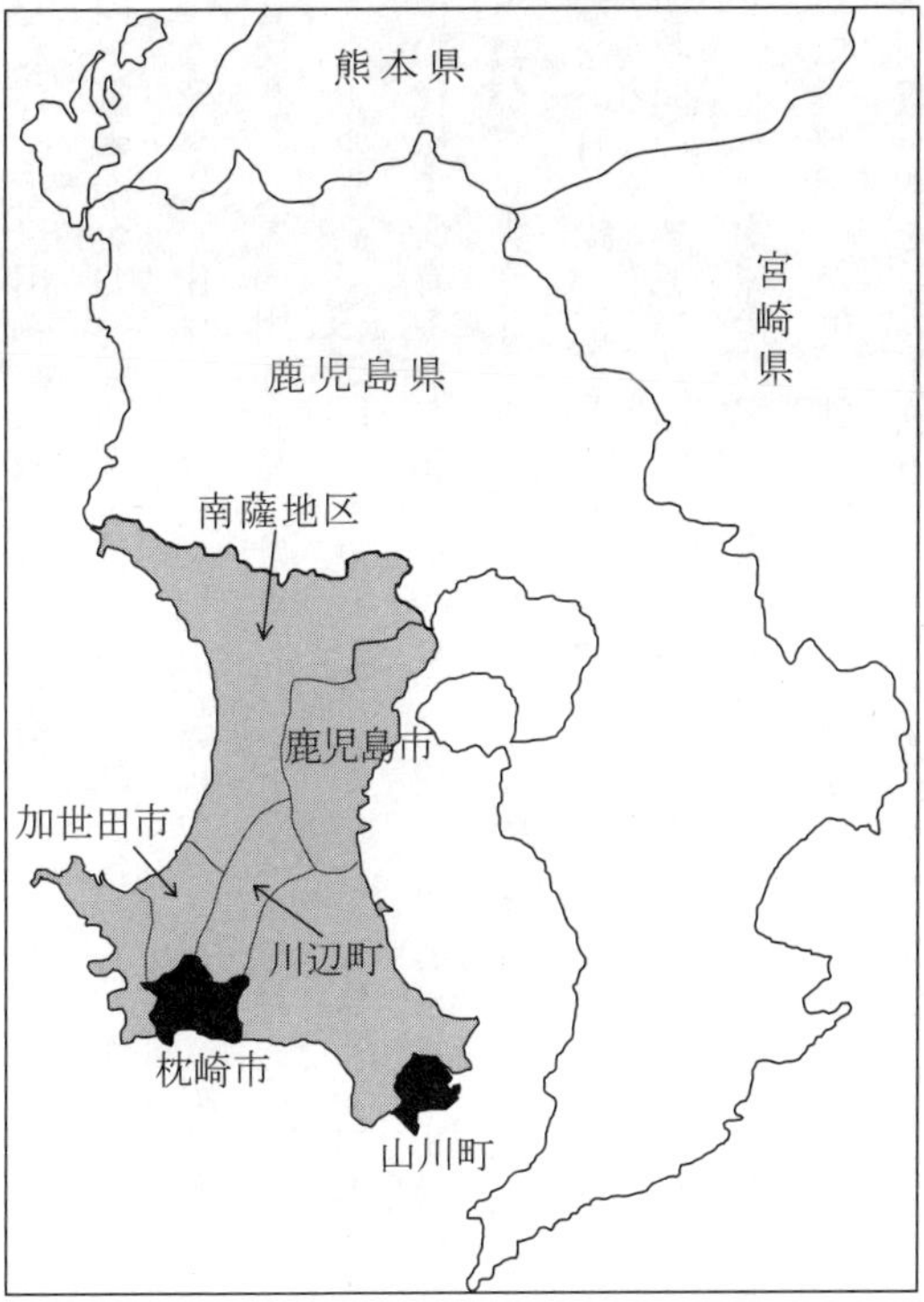

大無田《おおむた》信介さん。一九五一年生まれ、熊本県人吉《ひとよし》市の出身だ。高校卒業後は、熊本県南部から鹿児島県北西部で木を伐採し、八代《やつしろ》市内のパルプ工場にチップを納めていた。しかし、八〇年以降、原木需要は、丸太から次第に外材チップへ変化していく。かつては、広葉樹の原木は一トンあたり一万円以上で買い取られていたが、九〇年には八五〇〇円まで下がった。さらに、原木そのものをパルプ工場が引き取らなくなり、かつお節製造工場に薪を納めるようになった業者も少

なくない。大無田さんは山川町の林業会社で働いた後、九六年に独立して池田湖畔に作業所を構えた。

山川町のかつお節製造業者は、広葉樹林を伐採し、かつお節の焙乾に適した薪にして納入する大無田さんのような業者を「山師」(2)と呼んでいる。薪はカシの仲間が好まれる場合が多い。彼らは日ごろからカシの多い山林を探し、良質の山林を見つけると、所有者と伐採権を直接交渉する。樹齢三〇年以上のカシの多い山林は一ヘクタール最高三〇万円で、カシの割合が少なくなると価格も下がる。もっとも、道路工事や庭の造成など小規模の伐採で所有者から謝礼をもらって伐る場合もあり、相場はあってないようなものらしい。

契約が成立すると、原木を斜面の下から順にチェーンソーで伐っていく。通常、広葉樹林は皆伐し、薪には使わない針葉樹が混在していれば残しておく。一〇〇メートル程度の標高差ならば、ユンボ(パワーショベル)で切り開いた林道に林内作業車で入る。林道は、できるだけ林床が荒れないように、株のまばらな部分を見つけてつくる。伐採後は、ユンボで土場(薪を割り、置く場所)まで運搬し、チェーンソーで五〇センチの長さに切って薪割機にかけ、鉄製のパレット(一・三〜一・五五m^2)に入れる。

薪割機を持たない山師や、伐採の作業効率面で薪割りを専門とする業者(割子と呼ばれる)に委託する場合は、五〇センチの丸太のままトラックに積み込んで出荷する。ただし、かつお節製造の技術を焼津市から積極的に導入し、焙乾に焼津式乾燥機を使用する山川町の製造工場へは、薪割機にかけず、丸太のまま納入する場合も多い。山川町には割子が四人いる。割子はかつお節製造工場から注文を受けて、薪割機を持たない山師が納めた丸太を割り、手数料をもらう。

伐採や薪割り作業は二〜三人でするのが一般的だ。大無田さんの場合、一ヘクタールの山林から薪を伐採し終えるのに、薪割りを含めて三人の場合で約二カ月かかるという。作業スピードは、若い働き手がいるか、夫婦でやっているかなどで異なる。また、薪の価格は、枕崎市では二カ月ほどの乾燥が条件で、パレット単位で決められている。一方、山川町ではトンあたりで決められており、伐りたての新鮮な薪を納入する。(3)

山師たちは同業組合をもたないため、生産調整も特定の休日もない。基本的に、晴天の日に働き、雨天は休業する。南薩地区の気候の特徴から、年間をとおして一週間に一日は休みになる。また、林内作業車を使用中にキャタピラーの駆動ベルトが切れて大事故になるなど、危険を伴う作業である。林内作業車が登れない急斜面の山林では、索道(ケーブル)を用いて伐採した原木を運搬する方法がある。ただし、事故が多く、南薩地区で索道を使用する山師は少ない。筆者が確認できたのは大無田さんのみである。

大無田さんは、他の山師が入らない急傾斜の山林を、索道を使って伐採してきた。トラックで移動するときなどに山林を物色する。伐採に適当な山林を見つけると、用意しておいたスーパーのレジ袋を持って入り、林道から見える木の上にかける。そして、近くの民家を訪ね、レジ袋をかけた木のある山を指して、山林の所有者を確認するのだ。

仕事を始めるときには、体に塩をふり、山の神に祈る。(4) 塩は常に携帯しているという。購入した山林を伐採する初日には、酒一升・塩一キロ・米一升を供える。

筆者が二度目に訪れた秋は、山川町営観光牧場の開設予定跡地に隣接する山林が伐採地だった。林道の造成と薪割りの土場として、草地となっている予定跡地を九月から一二月まで借りているという。借用料はこの四カ月間でわずか一四〇円だった。山林の広さは〇・八ヘクタール。相場は一ヘクタール約三〇万円だが、急斜面で伐採・搬出がむずかしく、買い手がいないため、一〇分の一の三万円で買い取ったそうだ。一ヘクタールあたりの売り上げは樹種や樹齢によって幅があり、一〇〇〜三〇〇万円。(5) 平均すると、粗収入は一カ月一二〇万円、純収入は八〇万円程度で、それ以上は望んでいない。使用人は、三九歳の男性一人だ。山師は一〜数軒のかつお節製造工場に薪を納入する。大無田さんの場合は、山川町の一軒にのみ納めている。

仕事に余裕があれば午前中で切り上げ、パチンコへ出かける。また、近所の集落の人たちとの付き合いも大切にしているから、野菜や卵などを食べきれないほどもらう。そのお返しには野生のイノシシを捕まえ、猪肉パーティーをする。

「山での仕事はいいよ、最高だよ。日没後に照明つけて作業してると、タヌキやウサギが出てきて楽しいもんだよ、ガッハッハ」

たまに行くスナックのカラオケで歌う唄も、キーワードは山だ(6)。

もう一人、川辺町《かわなべ》(川辺郡、枕崎市の北)在住の加藤義光さんの仕事を紹介しよう。加藤さんは一九三四年生まれ。若いころから広葉樹を伐採し、かつては馬で山から下ろして、オート三輪で加世田《かせだ》市のパルプ工場へ納めてきた。当時、伐採した材の価格は二トン車一台で一万〜一万五〇〇〇円だったという。その後、三七歳から五七歳まで鹿児島県内の物産会社で働き、知人の勧めもあって山仕事に戻った。三〜四人を雇い、山川町のかつお節製造工場に薪を納めてきたのだ。九九年にはチェーンソーで足を切る大けがをし、約一カ月入院。退院後は奥さんのミヨコさん(三九年生まれ)と二人で伐採している。二人の息子と一人の娘がいるが、いまのところ山師の仕事を継ぐ意志は彼らにない。

ある日の朝六時、加藤さんは前日までに伐採した丸太を四トントラックで山川町まで運び、割子の浜崎喜寿《きじゅ》さん(7)から依頼されたかつお節製造工場の土場に降ろす。自宅に戻って三〇分ほど休息を取った後、車で約五分の万之瀬《まのせ》川流域の山林に向かった。ここで伐採を始めたのは二〇〇〇年の九月からだ。二・五ヘクタールで、伐採に二年近くかかる予定である（その前は三ヘクタールで約二年かかったという）。前回の伐採から四〇年が経過したマテバシイの多い山林だ。薪の原木の樹齢としては十分である（仮にもっと太い原木を入手しようと思えば、より奥の山に入らなければならない。林道沿いの作業しやすい山林は、ほとんどスギとヒノキが造林されているからだ）。より良質の薪を得るには、索道や大型のユンボなどが必要となる。

加藤さんと奥さんの伐採手順は次のとおりだ。

①樹高約一〇ｍの三本のマテバシイを、加藤さんがチェーンソーで伐る。

②長さ五〇センチの尺（ものさし）とチョークで、奥さんが五〇センチ間隔で幹にマーキングしていく。

③マークしたとおりに、加藤さんがチェーンソーで伐る。

④すぐ下の林道まで手と足で転がし、道端に並べて積む。

スキーのゲレンデで言えば、上級コースのような斜面で、要領よくこの作業が進んでいく。「こんな速いペースで夕方まで仕事をしていくのか」と驚きながら見ていると、休憩。「いっしょにお茶でも飲まんね」と、奥さんにお茶とお漬物をいただく。訪れたのが三月末だったこともあって、斜面のところどころに咲くヤマザクラが満開で、ちょっとしたお花見気分だ。

50㎝に伐った薪を林内作業車に積み込む加藤さん夫妻

一服後は、伐採斜面の上にあった林内作業車を移動させながら、道端にある薪を積む。広葉樹林の伐採は急斜面が多く、林内作業車が欠かせない。そして、下の林道脇に止めてあった四トントラックまで運び、積み換える。一回で五列半積んだ。一日半でこのトラック一台分、一カ月の生産量は四〇〜五〇トンである。薪割機を使うとしても、人手がなければむずかしいし、結果的に丸太の出荷量が落ちる。そこで、浜崎さんに薪割りと納入先の紹介を委託しているのだ。

伐採は汗まみれになるきつい仕事だが、大無田さんも加藤さんも、あくせく働かない。大無田さんはよく午前中で仕事を終えるし、イノシシを捕まえる罠も仕掛ける。加藤さんは春から秋にかけてはコンスタントに伐採するが、毎年一一月一五日になると、納品を頼まれてもチェーンソーを置き、猟銃を片手に山へ入る。翌年の二月一五日までは狩猟で日々を過ごすのだ(8)。かつお節製造は、こんな山の自然と一体となった生活を送る人びとによっても支えられている。

2　高齢化と後継者難

枕崎、加世田両市には、山師が多く住む地区がある。枕崎市田布川《たぶかわ》地区では二〇人(うち専業一五人)、加世田市中山地区では一六人(うち専業一三人)が、伐採に従事している(いずれも〇一年の数字)。もっとも、八六年には両地区合わせて約六〇人が従事していたというから、一五年間で六割にまで減ったわけだ。枕崎市のかつお節生産量は八六年の八四九二トンから二〇〇〇年には一万五六五七トンと二倍近くにまで増えているから、山師一人あたりの薪の生産量は大幅に増加した計算になる。後継者は八三年以来ひとりもおらず、六五歳以上が多い。専業者の最年少は四九歳の男性だ。兼業者では四〇歳の男性がいるが、あくまで副業として営んでいる程度だという。ただし、一般に山師の就業者数は把握しにくい。

その理由のひとつは、山川町のかつお節製造工場へは、南薩地区全域の山師から薪が供給されているためだ。それでも、六回の聞き取り調査から、田布川・中山地区以外に少なくとも二八人が納めていることがわかった。彼らは、鹿児島市、枕崎市、山川町など三市六町に点在している。

もうひとつの理由は、その就業形態にある。すなわち、①焙乾用薪材の伐採のみを収入源としている専業型、②農業などを営むが、焙乾用薪材の伐採を主たる収入源としている本業型、③農業その他の仕事を主たる収入源としている副業型、④建設・土木工事などで伐採した薪を納品するスポット型に分けられる。①と②の形態が大半を占めてはいるが、こうした多様な形態が就業者数の把握のむずかしさとなっているのだ。

なお、山師は枕崎市か山川町のどちらかのかつお節製造工場に薪を納めるのがふつうで、両方に納める山師はきわめてまれである。いずれにせよ、南薩地区全体で少なくとも六四人が薪を供給していることになる[9]。

山川町のかつお節製造工場に薪を納めている山師の高齢化と後継者難も、枕崎・加世田両市と同様の傾向にあり、南薩地区全体で四〇歳未満は一〇名もいない。聞き取り調査では、水産加工業や林業関係者から後継者難を憂える声をしばしば聞いた。しかし、鹿児島県林務水産部の林業担当者でさえ、彼らの就労実態や規模を把握しておらず、産業振興の光が当たらないのが現状である。

3　焙乾の方式と薪の種類・価格・再生利用

かつお節の質を決定づける焙乾方式には、直火《じかび》型の手火山《てびやま》式と急造《きゅうぞっこ》庫式、間接加熱型の焼津式の三種類が

急造庫式焙乾室。火床の上が5階構造になっている（山川町のヤマケイ）

ある。近年は、薪を使わない重油・ガス焙乾が増えつつあるが、これらの方法ではいぶすことはできない。乾燥のみが目的である。

手火山式は、もっとも古くから行われている焙乾法である。静岡県西伊豆町田子地区では、いまも小規模ながら続けられている。かねさだ鰹節店の場合、幅二メートル、奥行き一メートルの炉（火床）を四室設け、炉一台に四枚重ねの蒸籠《せいろ》を二つ置く。そして、一日一回、朝に薪をくべ、一〇日間にわたって焙乾を行う。一日目は薪の量を多めにし、徐々に火力を弱くしていく。その間、節の乾燥具合などを見ながら、蒸籠の上下二枚を入れ替えていく。熟練と勘が要求される作業だ。この方式でつくると、香りがよく、最高品質の本枯節ができるとかつお節業界では評価されているが、大量生産はできない。かねさだ鰹節店では年間生産量が約一二トンというから、焼津市などの大手荒節製造工場に比べると、一〇〇分の一程度にしかならない。

急造庫式は、焼津市や鹿児島県内で広く行われている。手火山式に比べて風味はやや落ちるが、本枯節製造にも十分に耐えられる。薪を焚く一二畳ほどの「焚き納屋」（火床）が地下に設けられ、薪を一〇カ所程度に分けて積み、火を入れる。細い薪はそのままだが、直径十数センチの場合は縦に割って使う。薪は一～一時間半ごとに一日五～七回くべ、夜間は火を入れず、静置する（あん蒸）。蒸籠は地上二～五階構造の焙乾室に置かれ、まんべんなくいぶされるように上下を入れ換える。焙乾日数は季節や原魚のサイズによって異なる。大きな原魚や脂肪分が多いと長くなり、湿度が高いと多少長くなる傾向があるが、だいたい八〜一二〇日間である。通常、薪は堅木が好まれるが、樹種にこだわらない製造工場も少なくない。

花かつおや削りパック製品の需要が増えるようになると、かつお節製造業者には大量生産できる技術が求められていく。その一つが焼津式乾燥機である。枕崎市では八一軒のうち一七軒、山川町では四五軒のうち一〇軒に、焼津式が導入されている。焙乾室の側面に火床を置き、薪を焚いて出る熱と煙がファンで強制的に焙乾室全体に送られる。火入れは一日五〜六回。一回目は朝六時半から九時の間で、その後は約二時間おきに四〜五回行う。焚き始めは割った薪を使うが、後からは太いままの薪を入れる。蒸籠は台車で移動するから、人手はかからない。

ただし、燻臭《くんしゅう》があまり付かないため、本枯節製造業者には敬遠されている。荒節製造の場合でも、燻臭を強く付けたい工場では、急造庫式と併用する。山川町のいくつかの工場では、初めの二日間は焼津式、後の一〇日間は急造庫式でいぶしていた。

ところで、焙乾に用いられる薪には二種類ある。火はつきにくいが火持ちするものを「堅木」、火はつきやすいが火持ちしないものを「雑木」という。いずれも樹齢三〇年以上の広葉樹だ。堅木は、アカガシ、アラカシ、シラカシ、クヌギ、マテバシイなどブナ科やヤマザクラなどの広葉樹、雑木はそれ以外の高木の広葉樹で、クスノキ属のタブノキがもっとも多い。なお、クスノキは樟脳成分が、マツやスギは強い樹脂臭があるため、焙乾に不向きとされている。

山川町では堅木が好まれる傾向にあり、消費量全体の六割以上を占める。堅木が多いと、かつお節の質がよいと一般にいわれ、価格にも反映される。ただし、これはおおまかな傾向にすぎない。焙乾作業を行う各製造工場が薪の樹種と量、焙乾方式について独自に工夫しており、マニュアルがあるわけではない。たとえば、枕崎市では堅木と雑木の区別がない。また、土佐市宇佐町の伝統的なかつお節製造では、マツを使っていた。[10] マツは非常に強い燻臭がするので、宇佐から山川町に移住してきた業者は、広葉樹を使うものの強く燻す傾向がある。それゆえ、焙乾後のかつお節の表面が黒っぽい。

鹿児島県内のチップ工場は、九〇年前後にもっぱら外材を使うようになり、広葉樹の原木を引き取らなくなった。しかし、薪材の価格は一トンあたり一万四〇〇〇～一万六五〇〇円を推移し、たいして変わっていない。山川町では、堅木一万四〇〇〇円、雑木一万一〇〇〇円が納入価格の相場である(九九～〇一年平均)。パレットに入れるときには、混入が一割以下になるように求められている。枕崎市では堅木と雑木の価格差がなく、堅木と雑木が混ざった状態で、一万二〇〇〇円が相場である。ただし、乾燥させて納品しなければならない。また、いずれも、割った薪を納入する場合は、薪割手数料として三〇〇〇円が上乗せされる。

大無田さんは、山川町に納める他の山師と違って、原木伐採後、一～二カ月乾燥させてから、かつお節製造工場の土場へ運ぶ。価格は、薪割手数料込みで一万六七〇〇円だ。乾燥させると薪は一〇～二〇％軽くなるから割安だし、すぐに使えるという利点もある。その代わり、堅木・雑木関係なく納品している。

次に、原魚一トンをかつお節にするのに必要な薪の量を調べてみた。かつお節製造工場では、本枯節をつくるときのほうが荒節より薪を多く消費するという共通した認識がある。しかし、「原魚一トンあたり」という一定した値を出すのはむずかしい。火床に対する焙乾室の大きさ、気温、原魚の肉質、燻臭付けの度合いが異なるからだ。そこで、枕崎市にある今井鰹節店の今井敏博さんやカネコメの西岡啓治さんに、他の製造工場も含めて詳細に検討してもらった[11]。

その結果、原魚一トンあたりの薪の消費量は、一九〇～三三〇キロであることがわかった。二〇〇〇年の枕崎における荒本節（表面にタールがついたままの荒節）の平均単価は、一キロ七〇〇〇円である[12]。通常、原魚一トンでかつお節が二〇〇キロ生産されるので、売り上げは一四万円だ。原魚一トンあたりの薪の消費量を少なく見積もって二〇〇キロ（五分の一）とすれば、薪代は三〇〇〇円前後となり、売り上げの二・一％を占める計算である。そして、南薩地区全体の一年間の薪消費量は、九九年の枕崎市と山川町の原魚仕入れ量がそれぞれ六万八〇〇〇トン、四万五〇〇〇トンであることから、二万二六〇〇トン（(68,000+45,000)÷5＝22,600）となる。

ところで、薪の燃焼によって発生した炭酸ガス（CO_2）は、大気中へ排出される。一方で伐採後の広葉樹林は、切り株の側部から生えてくる萌芽《ぼうが》[13]が自然に成長して二次林となる（天然萌芽更新）。そして、三〇～五〇年後には元の山林に復元し、再び伐期を迎える。すなわち、排出された炭酸ガスは長期的にみれば復元する広葉樹に再吸収されると考えられるから、再生可能なエネルギーを利用した焙乾法として評価されよう。

また、薪を燃した後に発生する灰は、肥料、こんにゃくや鹿児島の特産菓子「あく巻」[14]の原材料であるあく汁、陶芸に用いる釉薬《うわぐすり》などに有効利用されている。かつお節製造工場では火床から年に二～三回、灰を回収する。山川町では、回収業者が二〇キロ一六〇〇円で引き取っている。あるかつお節製造工場では、年間の薪代が二〇〇〇万円であったのに対し、灰の年間売り上げは一〇〇万円であった。これは、薪の購入金額の五％にあたる。エネルギー資源の転換にともない、家庭から灰が得られなくなったため、引く手あまたのようだ。

図2　南薩地区におけるかつお節焙乾用薪材に関する里山林利用のシステム

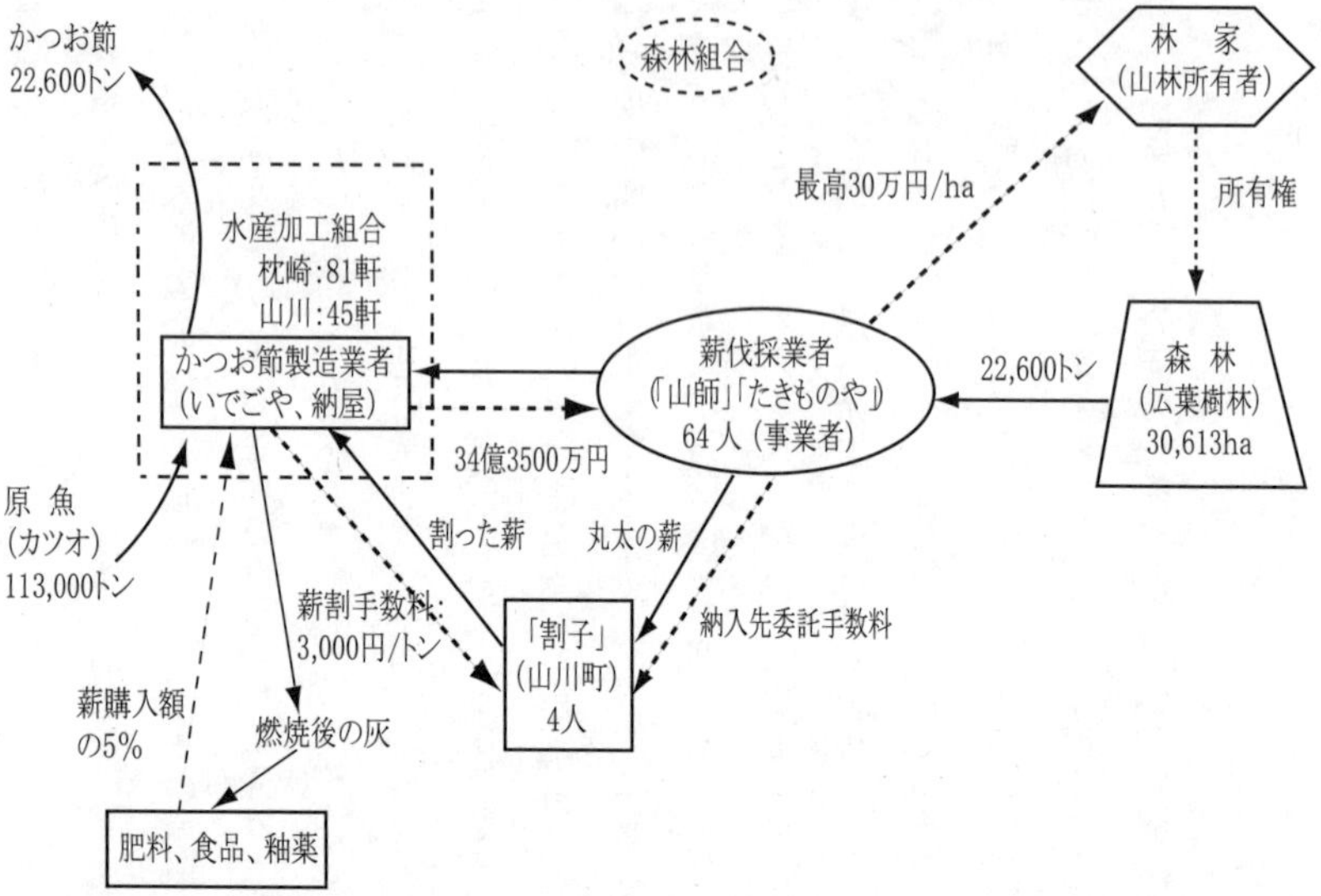

（注）——→ 製品の流れ、- - - → 資金の流れ。

4　里山利用のシステム——森と海を結ぶ

これまで見てきたように、南薩地区全体に共通して、かつお節製造業と薪を伐採する採取林業が一体となっており、薪は地域内でほぼ供給されている[15]。里山の植生である広葉樹林を伐採して、薪を得てきた[16]。かつお節製造業と薪伐採の里山林利用は、システムとして機能しているかのようである。

そこで、調査結果と統計資料[17]から、南薩地区におけるかつお節焙乾用薪材に関する里山林利用の全体像を図2に表した。枕崎市では江戸時代中期から、山川町では明治時代末期から、かつお節生産が続いている[18]。鹿児島県における広葉樹林（天然民有林）の割合は、六四年の四七％から九九年には三九％へ減少しているのに対して、南薩地区のそれは三九％から三八％とほぼ変わらない（九九年の面積は三万六一三ヘクタール）。なお、広葉樹林の所有者（林家）は森林組合に加入していない場合が多く、森林組合は薪の伐採に関与していない。

最後に、かつお節製造における薪を使った焙乾をとおして、海と森のつながりについて考えてみよう。

南薩地区の人びとは地域の自然環境に適応し、海洋生物と森林資源を結びつけて巧みに利用してきた。それは現在も変わらない。その利用は決して一過性ではなく、持続的に行われてきた。日本の食文化における伝統的調味料のひとつであるかつお節の製造は、携わる人びとが意図しないまでも、地域内循環が成立するエネルギー・経済システムを築きあげてきたといえるだろう。

一方で日本全体を見ると、林業は深刻な問題に直面している。低価格の輸入材と六〇年前後に盛んに行われた拡大造林によって、木材市場においては針葉樹の原価割れが続き、管理が放棄された人工林が目立つようになってきた。肥料・燃料・飼料の資源提供の場であった里山林(広葉樹林)は、エネルギー資源の転換や農業の変容(製品化された化学肥料購入への移行)と六六年の入会林野近代化法(入会林野に係る権利関係の助長に関する法律)施行とともに利用が激減し、里山の荒廃を危惧する声が高まっている。

図3　里山林利用の比較

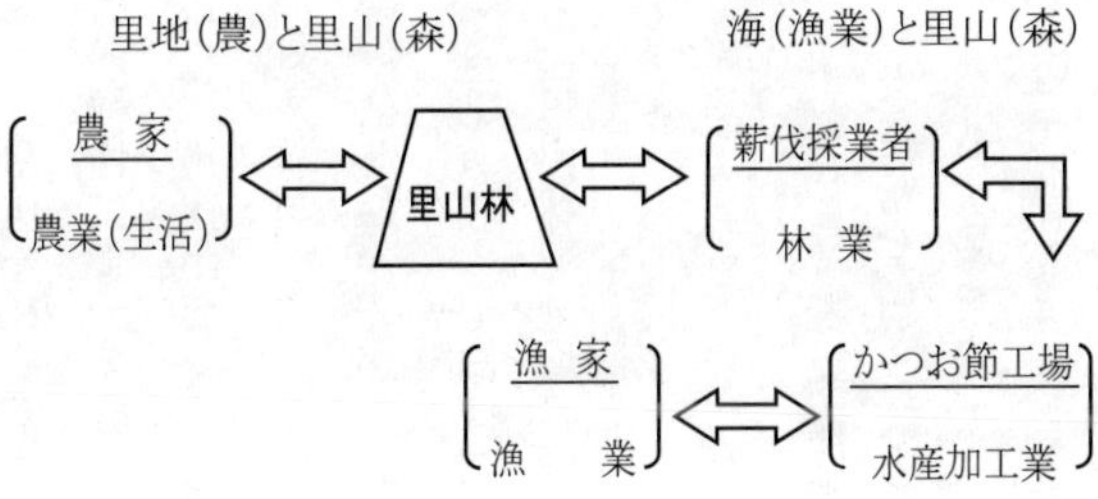

筆者にとって、かつお節製造に使われる薪を調べるなかで、里山林の利用のあり方についても新たな発見があった。すなわち、農―里山だけでなく、海(漁業)―里山という関係、さらにかつお節製造をそれら二つのつなぎ手として位置付けることで、人びとのより多様な関係が見出せたのだ(図3)。これまでの里山研究は、農業を中心とした里地と里山との直接的な関係のなかでの資源利用に焦点を当ててきた

ために、里山をめぐる人びとの関係の多様性が見落とされてきた。言い換えれば、里山がそれを利用する人びとの多様性によって維持されてきた側面に焦点を当てる必要性に気づかされたのである。

現在、市民ボランティアによる里山林管理の運動が広がりつつある。しかし、暮らしとの関係を失った里山の管理を維持するには六〇〇〇万人のボランティアが必要であるとされる。[19]「市民」による里山管理を否定するものではないが、かつお節製造という生業を媒介にした人と里山とのかかわりは、「市民」による里山の園芸的な管理がもつひ弱さを示唆するとともに、利用しながら維持・管理する新たな可能性を私たちに提示してもいる。里山林を地域の産業と暮らしのなかで再び結びつけ、「社会的存在」[20]として位置付け直すことも必要であろう。

(1) ここでいう南薩地区とは、「南薩森林計画区」に指定される市町村のうち、鹿児島郡吉田町・桜島町・三島村・十島《としま》村を除く二二市町を指す(図1)。かつお節製造業者と薪の伐採業者の生活・経済活動の多くが、この地域で行われている。

(2) 枕崎市とその周辺では「たきものや」と呼ぶ。枕崎市と山川町は、直線距離にして約五〇キロ離れているにすぎないが、かつお節製造の歴史や経緯が異なるため、業界用語がまったく違う場合が多い。たとえば、枕崎市ではかつお節製造工場を「いでごや」、焙乾用のプラスチック製蒸籠《せいろ》を「せろ」と呼ぶのに対して、山川町ではそれぞれ「納屋」「えんざ」と呼ぶ。

(3) 山川町では六〇年代まで、薪をおもに船で運搬し、「はえ」と呼ばれる独特の単位(幅五尺×長さ一〇尺×高さ二・五尺、一尺=約三〇・三センチ)で売買していた。しかし、一部の山師が巧妙に中を空かして積んで納めたため、問屋の要求で八四年にトン単位に変更される。ただし、薪は二カ月程度で乾燥して軽くなるため、結果的に価格は値上がりした。

（4）山では、川に向かって小便をすることも、大無田さんにとって禁忌である。

（5）この山林伐採後の総売り上げは、薪材二〇〇万円、杉八五万円だった。

（6）十八番は「山のつり橋」。さらに「山」「与作」「さぶ」と続いていく。

（7）浜崎さんは、かつお節製造工場から薪調達の委託を取り付け、納入先を探すのが苦手な、あるいは煩わしい山師に紹介もしている。山師からもらう納入委託手数料（いわば口利き料）は、一トンにつき三〇〇円だ。

（8）本章脱稿後の二〇〇四年七月、加藤義光さんは逝去されました。ご冥福をお祈りします。

（9）枕崎市については川辺町の尾山和人さん、山川町については浜崎喜寿さんからの聞き取りによるところが大きい。

（10）現在でも、土佐清水市では、めじか（ソウダガツオ）節の焙乾にマツを使っているところがある。また、土佐市では現在、観光用になまり節などをわずかに生産している程度である。

（11）今井さんや西岡さんにはこのほか、枕崎市・山川町・土佐市のかつお節事情について詳しく教えていただいた。

（12）「二〇〇〇年枕崎水産加工業協同組合統計資料」。

（13）一般には「ほうが」と読むが、林業界では「ぼうが」という。

（14）木や竹を燃やした灰からとった灰汁《あく》に浸したもち米を孟宗竹の皮で包み、灰汁水で数時間煮込んで作る。端午の節句の祝いもち。

（15）枕崎市の薪の供給については、岩野美穂・堺正紘「鰹節ばい乾用広葉樹薪材をめぐる地域市場」『森林文化研究』第一五巻、一九九四年、参照。

（16）伐採後は、萌芽更新の成長速度がはやいマテバシイが優占樹種となる。

（17）「枕崎水産加工業協同組合統計資料」「山川水産加工業協同組合統計資料」「平成一一年度鹿児島県林業統計」。

（18）枕崎市誌編さん委員会『枕崎市誌』一九九〇年、山川町役場『山川町郷土史』一九五八年。

（19）恒川篤史「里地自然を保全するための長期的戦略」武内和彦・鷲谷いづみ・恒川篤史編『里山の環境学』東京大

学出版会、二〇〇一年。

(20) 内山節編『《森林社会学》宣言』有斐閣選書、一九八九年。

〈付記〉本稿は、二〇〇一年度兵庫教育大学大学院学校教育研究科修士論文「かつお節焙乾用薪材の供給の現状とその将来――鹿児島県南薩地区を中心に――」および「かつお節製造にみる里山林利用――鹿児島県南薩地区を事例として――」『環境社会学研究』第八号(二〇〇二年)をもとに、加筆・修正したものである。

第2章　餌屋の世界

秋本　徹

1　餌のイワシを供給する餌場

カツオはおもに二つの漁法によって漁獲されている。一つは、グラスロッドやプラスチックカーボン製の長さ四・五〜六メートルの竿に疑似餌を付けて一匹ずつ釣り上げる、一本釣漁法である。もう一つは、長さ一五〇〇メートル、深さ一五〇〜二〇〇メートルの巨大な網を使い、洋上でカツオの群れを一網打尽にする、巻き網漁である。私たちが刺身やたたきとして食べるカツオは、漁獲時に魚体に損傷の少ない一本釣りによって釣り上げられたものが多く使用されている。

カツオの一本釣りは、船上からはるか沖合の海面にカツオの群れを見つけることに始まる。カツオ船のブリッジ上には、一段高くなったフライングブリッジと呼ばれる部分が設けられ、ここから双眼鏡を使ってカツオの群れを探し出す。ナブラと呼ばれるカツオの群れは、海鳥の群れの下に付く鳥付きナブラや、流木のまわりに群がる木付きナブラなど、海を漂う流れ物に付いている場合が多い。

ナブラをはるか沖合に見つけると船を近づけ、船首近くのトリカジに設置された餌瓶《えさがめ》と呼ばれる船上生簀《いけす》（飼い桶）の中から、撒き餌を担当する餌投げが活餌のカタクチイワシ（以下イワシと略す）を獲り網ですくい捕り、ナブラに向かって投げ放つ。カツオの群れが活餌を食べ始めると群れ全体が興奮し、釣りやすい状態になっていく。餌投げには、群れの習性を熟知したベテランの乗組員があたる。メザシや煮干に加工され、私たちの食卓にもならぶイワシは、カツオにとっても好物のようだ。

イワシの食いを確認すると船から散水（イワシの群れに見せかけた霧状の海水）し、漁労長の指示によって、疑似餌を付けた竿による一本釣りが一斉に開始される。活餌は操業中もナブラに向かって撒き続けられ、餌瓶が空になると漁を終えて帰港しなければならない。一本釣りでは活餌の良し悪しが結果に大きな影響を与えるため、一本釣漁船にとっての生命線として位置付けられ、細心の注意を払って取り扱われている。

一本釣りの撒き餌は古くから、カツオの食いがよい、生きたイワシ（マイワシ、キビナゴ、サッパなどを用いる場合もある）が用いられてきた。太平洋沿岸各地には、こうした活餌を供給する餌場《えさば》が形成されている。日本近海で操業するカツオ一本釣漁船は、自ら餌を獲って漁場に向かう奄美・沖縄地方を拠点とするカツオ船を除き、操業に先駆けて餌場に寄港する。そして、巻き網漁業者、餌仲介業者、餌問屋など餌屋と呼ばれる活餌のイワシを専門に扱う業者から、一航海分の活餌を買い取り、船上生簀に搭載して漁場へ向かう（古くは、奄美や沖縄、さらにソロモン諸島やモルジブのように、餌イワシ漁を自前で行っていた）。

餌屋の起源は三〇〇年以上も遡れる。記録された古いものとしては、一六八六（貞亨《じょうきょう》三）年の伊豆国賀茂《かも》郡宇佐美《うさみ》村（現在の静岡県伊東市）の書上帖（営業上の報告を記入して提出する帳簿）がある。ここに「鰹餌網三畳」

と記され（伊東市史編纂委員会編『伊東市史』一九五八年、三八三ページ）、カツオ漁を目的とした餌イワシ漁が行われていたことがわかる。また、現在も餌場がある神奈川県三浦市では、一七五五（宝暦《ほうれき》五）年の『三崎志』に、「餌糧舟」についてふれた記録が残されている。それによると、海士船（鰹船）を使ったカツオ漁と餌イワシ漁を目的とする漁が行われ、分業体制が確立されていたという。

餌場は、古くからイワシ漁が行われてきた漁村である。現在も巻き網船によるイワシ漁が行われたり、定置網が近くの海域に設置されている。カツオ漁のシーズンに餌場を訪ねると海面にいくつもの生簀が浮かび、多いときには数百にも及ぶ。沖合で捕獲したイワシは船上生簀の中での生活に馴らすために、船に搭載するまでの一定期間、餌屋や定置網漁業者の管理する内湾に留置された生簀の中で飼われる（この期間を生《い》け付《つ》けと呼ぶ）。水温や魚体の大きさによって生け付け期間は一週間から一〇日以上と異なり、搭載可能になったイワシを馴れ餌と呼ぶ。

外洋に面した地域では、高波を受けて生簀が壊され、外洋に流される危険性が伴う。したがって、波の穏やかな内湾に面し、航行する船舶の妨げとならない、生簀を留置できる海面の確保と、カツオ漁の漁場や水揚げ港との位置関係が、餌場の大切な条件となる。

2　餌屋とカツオ船の取引関係

オイルショック以前は、現在よりはるかに多くのカツオ一本釣漁船が出漁に先駆けて活餌を供給する各地の餌場に立ち寄り、浜には活気があったという。一本釣漁船の数を農林水産省統計情報部が五年ごとに刊行する

図1　餌場の分布

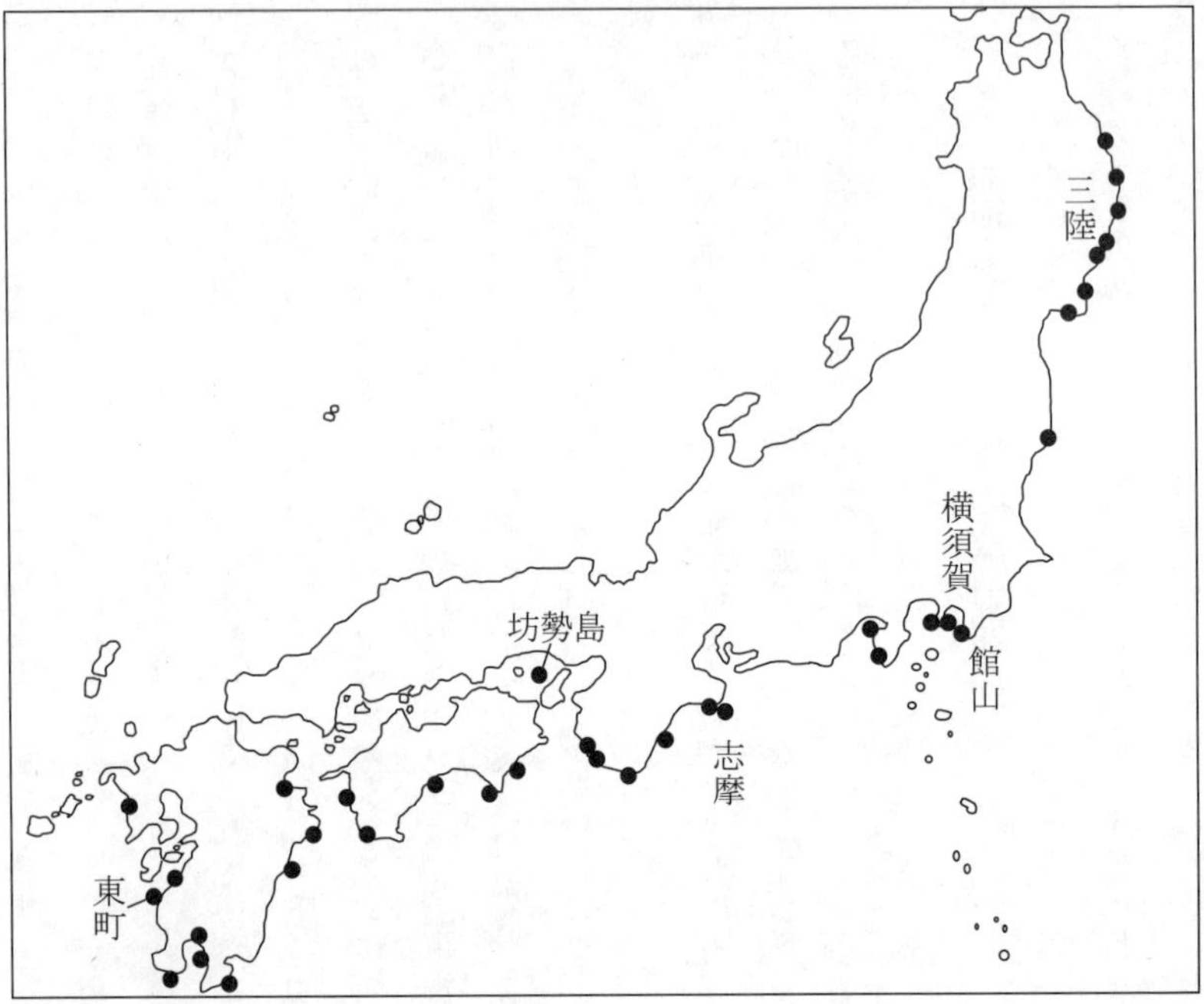

『漁業センサス』で過去に遡ると、統計を取り始めた一九七三年には全国で二二九四隻(遠洋、近海、沿岸の合計)だったが、九八年には七八六隻で、二五年間で約三分の一に減少している。

餌場には当時、船籍地からたくさんの餌買いや乗組員の家族が集まっていた。相模湾に面した横須賀市(神奈川県)の佐島《さじま》には、高知県など各地から乗組員の家族が滞在するための漁民宿泊所が漁協の隣りに設けられ、七五年ごろまで使われていたという。三重県のカツオ船が餌の調達のため、八〇年ごろに作成した資料にある巻き網、定置網、仲買、餌問屋などのリストを見ると、すでに廃業したり餌の取り扱いを止めた業者がいくつも載っている。伊豆半島東側の網代《あじろ》や宇佐美のように、現在は餌場がなく、餌を手配する餌買いに語り継がれる思い出の場となった地域も多い。

図2　取引関係の3パターン

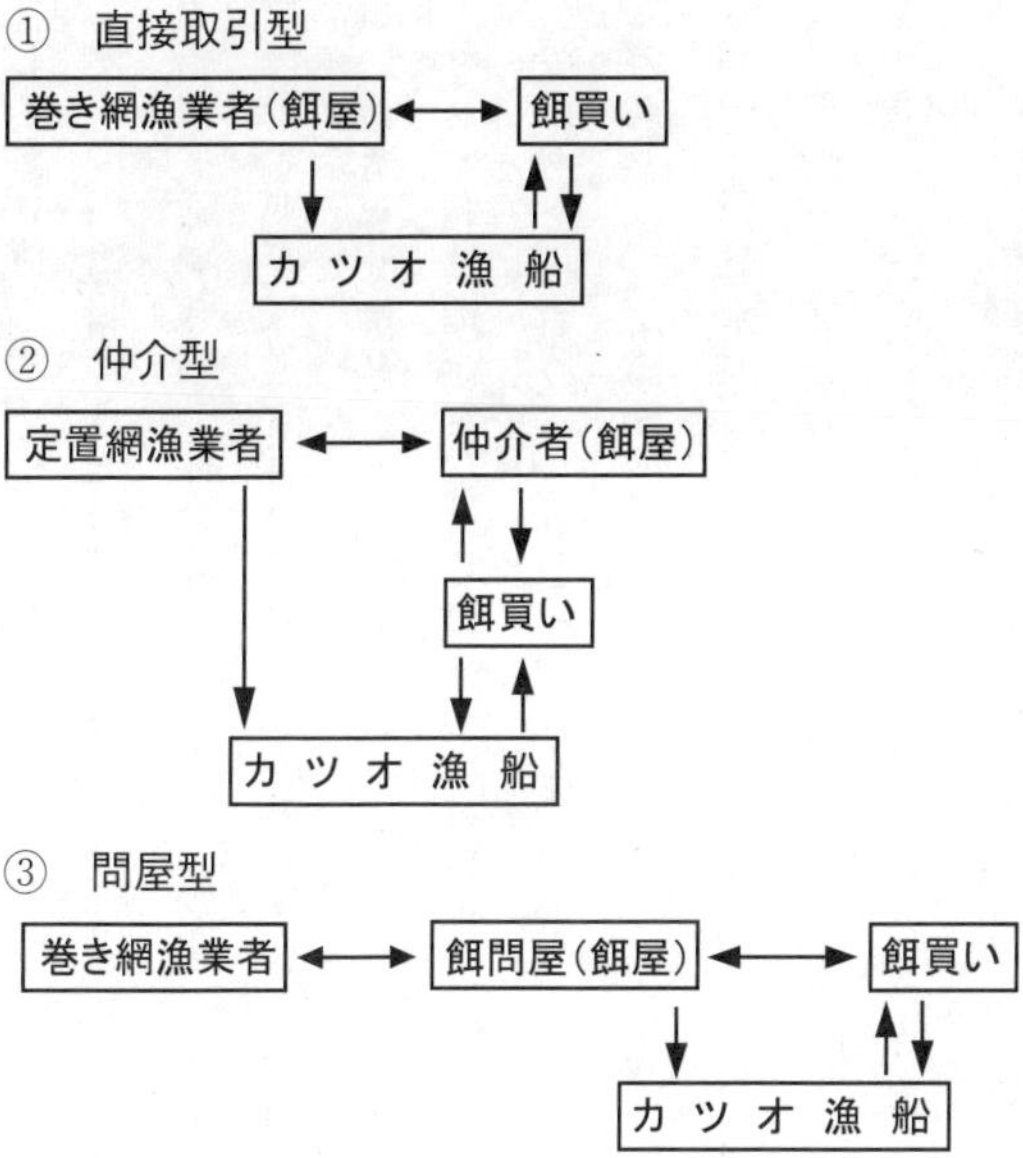

現在も健在な餌場の多くは、都市部から遠く離れた半島や離島の小さな漁村に点在している(図1)。最寄り駅から一時間以上も離れ、路線バスが一日数本通うだけだったり、公共交通がまったくない地域もある。こうした辺境の地で餌屋とカツオ船との間で行われる取引関係は、次の三つのパターンに分類できる(図2)。そこでは、各地の餌場へ出向き、先を見越した餌の手配を仕事とする餌買いの役割が見逃せない。

第一は、餌イワシの生産者である巻き網漁業者から、餌買いを通じてカツオ漁船が餌を購入する直接取引型である。巻き網漁業が行われ、餌のイワシを毎年漁獲できる地域に発達してきた。館山《たてやま》市(千葉県)の三カ統(統は漁業経営の単位)、佐島の三カ統、横須賀市鴨居《かもい》の一カ統など関東地方の餌場と、瀬戸内海の家島《いえしま》町坊《ぼう》勢《ぜ》島(兵庫県飾磨《しかま》郡)の四カ統で、おもに行われている。

巻き網漁業者はイワシの漁期に入ると一定期間の漁を行い、生簀で飼い馴らした後、活餌としてカツオ船に供給する。館山市の三カ統は年間を通じて餌イワシ漁を行い、坊勢島では秋から冬にかけておもに遠洋大型カツオ船(四九九トン型)用の餌を扱っている。佐島と鴨居では例年、春先から初夏にかけて餌を扱うが、漁況によって扱う期間が大きく変わる年もある。

第二は、仲介者が介在する仲介型である。定置網漁業では、餌のイワシが常に漁獲されるとは限らない。ある程度まとまった量が定置網に入ると、生きたまま生簀に移す。一週間から一〇日飼い馴らし、落ち着いた状態で生簀の中を静かに泳ぐようになると、餌としてカツオ船に搭載できる。仲介者は、こうしたイワシの漁獲情報を古くから取引関係にある定置網漁業者と連絡を取り合って把握し、活餌を必要とするカツオ船との間に入って売買を仲介する。船専属の餌手配を専従とする餌買いはカツオ漁船と船舶電話を通じて連絡を取り、仲介者の指定した餌場で受け渡しを行う日時を決定する。カツオ船は指定した日時に決められた生簀に向かい、餌買いと仲介者の立会いのもとに、定置網漁業者と餌の受け渡しを行う。仲介者は餌代を受け取り、定置網漁業者に支払う。

この形態は、定置網漁業が行われ、イワシがカツオの漁期に毎年一定期間漁獲される地域に見られる。宮城県から岩手県にかけての三陸沿岸で古くから行われ、現在は宮城県石巻《いしのまき》市と本吉《もとよし》郡志津川《しづがわ》町を拠点とする二つの大きなグループがある。横須賀市から三浦市にかけての下浦《したうら》海岸、三重県志摩《しま》地方、鹿児島県の一部でも、数名の仲介者がカツオ船と定置網の間に入って取り引きを行っている。

第三は、問屋型である。巻き網漁業者が沖合で漁獲したイワシを、竹籠一杯を単位として海上で餌問屋が買い取り(仕入)、自己の保有する生簀に移して飼い馴らす。餌問屋は沖合での仕入れ専用船(籠船)を保有し、自ら生簀を管理する。カツオ漁船は餌買いと連絡を取り合い、餌問屋から活餌を搭載して漁場へ向かう。鹿児島県と長崎県で古くから行われ、現在も三カ統が残っている。在庫を抱える点が仲介型とは異なる。

3　東京湾のイワシ漁

毎年、春の日差しを感じるころ、カツオ一本釣漁船は黒潮の流れとともに北上するカツオの群れを追いかけ、伊豆七島から小笠原諸島のはるか南にかけての漁場に向かって行く。各地の餌場もカツオ船の活餌搭載が始まり、にぎわい始める。東京湾の餌イワシ漁は、二月ごろから七月ごろまでがシーズンだ。東京湾に面した横須賀市鴨居と館山市には、毎年たくさんのカツオ船が活餌搭載のために立ち寄っている。

首都圏南部に広がる東京湾はくびれた観音崎《かんのんざき》を境に、内湾と外湾に区分される。観音崎に近い鴨居には、内湾で獲れた餌イワシを扱う餌屋が一カ統ある。品川から京浜急行で約一時間、終点の浦賀《うらが》駅からバスで一五分ほどの住宅地に隣接した小さな漁港には、遊漁船に混じって餌イワシ漁に向かう二隻式小型巻き網船が係留されている。全国でもっとも東京に近い、都市に隣接した餌場だ。全国有数の混雑する海域で餌イワシを獲る。埋立地の岸壁に広がる工業地帯との物流の場である東京湾がカツオ漁を支えているのは、意外な事実かもしれない。

漁場から陸地を見渡すと、コンクリート護岸の向こうに、高度経済成長のころにつくられた造船、石油精製、発電所など重厚長大産業が広がっている。きれいな海とは言いがたい東京湾だが、冬になると横浜市金沢区の海の公園や横須賀市走水《はしりみず》の海岸にはノリヒビ（海苔を養殖するための網）が並ぶ。シャコ、アナゴ、スズキなどの小型底曳き網が行われ、江戸前の魚が獲れる豊かな漁場なのである。

餌イワシ漁を行う巻き網船団豊丸《ゆたか》（福本久治親方）は六隻から構成される。午前三時、すでに魚探船は漁場に

豊丸の進水(船おろし)に同席させていただいた。この後、岸壁に船を見に来た人たちに、縁起物の五円玉とお菓子が船上の親方から振る舞われた(2003 年 3 月 15 日、鴨居港)

向かい、イワシの群れを探している。生簀の資材を積んだ運搬船三隻も、沖合で取る朝食の材料を親方の乗る巻き網船(本船)に積み込み、巻き網船二隻とともに、まだ暗い鴨居大室港を出港する。

観音崎灯台の明かりを左手に、巻き網船団は湾奥部に舵を取る。横須賀の街明りが遠くに見えるころ、右手に明治時代に要塞として築造された人工島・第二海堡《かいほう》の灯台が一瞬、海面を照らす。さらに、左手に米軍基地を見ながら北に向かい、九七年七月に大型タンカーのダイヤモンドグレース号(二六万トン)が座礁し、原油流出事故を起こした中の瀬の西側を通過する。その先に広がる入江へ入ると、この日の漁場である根岸湾だ。羽田空港近くまで乗り入れるときもあるという。

固いセメント護岸に囲まれ、昼夜休むことなく稼働する石油精製工場の炎と明りに照らされた静かな入江を、イワシは群れをなして泳いでいる。まだ水の冷たい四月初め、火力発電所から排出される大量の温排水はイワシにとって心地よい。やがて、巻き網船のブリッジに備えた魚群を見つけるソナーの画面に、濃い魚影が赤く映し出される。

作業船が活動を開始する前の四時半、親方の指示で二隻の巻き網船が一回目の網を海中に入れる。ソナーの画面に赤く映し出されたイワシの群れを囲い込むまで約一分。すぐに巻揚機が作動し、網が手繰り寄せられていく。うっすらと明るくなった船の周囲に、カモメの仲間が集まってくる。

三〇分近くかけ、海面に浮かぶ丸い黄色い浮きの描き出す円が、しだいに小さくなっていく。海から船上に揚げた網は、ていねいに積み重ねられる。二隻の巻き網船に囲まれた網の中をのぞくと、黄緑色の背中をした一〇センチ程度のイワシの群れが、ややパニック状態で渦を巻きながら泳いでいた。

生簀の中のイワシを獲り網を使って集め、バケツで掬い取る

巻き網船の近くでは、運搬船に積まれた木枠を海上で組み立てて網を張り、イワシを飼い馴らすための八角形の生簀(関東の八角生簀)をつくっている。完成した生簀が巻き網船のすぐ前に運ばれると、イワシの体に傷が付かないように注意しながら、群れを静かに網から生簀に追いたてていく。

房総半島から朝日が昇り、海を照らし出すころ、二回目の網を入れる。七時を過ぎると、港湾土木の大型作業船が現場に向かい始める。九時近くになって漁が一段落すると、親方から「飯」という声。暗いうちに船上でといだご飯が炊き上がり、船に積み込んだおかずと、巻き網に入ったイワシやスズキをタモ網で掬い上げて船上で調理した煮つけ、味噌汁の朝食だ。魚探船や運搬船の乗組員を含めた十数人全員が巻き網船に集まる。

食事の片付けがすむと、埋め立て地につくられた大型レジャー施設

・八景島シーパラダイスの沖で最後の網を入れ、この日の漁を終える。

一日の漁で生簀三〜六個分のイワシが漁獲できる。イワシの入った生簀はロープでいくつもつながれ、目立つように大漁旗を掲げて、ゆっくり鴨居港近くの錨地まで曳航される。大型船が頻繁に行き交う東京湾で、漁が終わった昼前から十数時間かけて生簀を移動させる作業は、神経をすり減らす。

一方カツオ漁船は、漁期が始まってから初夏まではおもに勝浦港（千葉県）に水揚げし、餌の在庫状況や品質、餌屋との間に築かれた信頼関係によって、それぞれの餌場へと向かう。鴨居までは約三〜四時間だ。

カツオ船（船頭）、餌買い、巻き網漁業者（餌屋）の三者によって決められた活餌搭載時間が近づくと、餌買いは生簀を管理する数人とともに小型船に乗って生簀に向かい、準備を始める。活餌搭載は通常、日中の明るい時間に行われる。

カツオ船が生簀に近づくと、魚探船が生簀の前にカツオ船を誘導する。まず、カツオ船に「祈大漁」と書いた熨斗《のし》が巻かれた清酒二本が渡される。カツオ船は外洋に出ると、船上儀礼としてこのお神酒を船上から海に撒くそうだ。次に、餌屋が生簀の中に獲り網と呼ばれるイワシを集める網を入れ、海水とともに一八リットルのバケツで掬い取る。暴れるイワシが逃げないように、バケツには素早くプラスチックの青い蓋《ふた》がかぶせられる。そして、生簀に横付けされたカツオ船の船上生簀まで、素早く、ていねいに、イワシに傷が付かないように、乗組員総出のバケツリレーで運ばれる。

関東地方では、餌屋がバケツでイワシを掬い取る「売り手量《ばか》り」だ。汲み取るバケツの数は餌屋とカツオ船の双方で正確に数えられ、搭載が終わると、カツオ船のブリッジで餌代の支払いが行われる。その後、カツオ船から餌屋に釣ったばかりのカツオやマグロが、餌を量ったバケツに入れて渡される。こうして、カツオ船ははるか南方の漁場に向かい、餌屋は網と生簀を片付け、餌買いを乗せて港へ帰っていく。

4　夏に活気づく三陸沿岸

三陸沿岸では、古くから仲介型による活餌の取引きが行われてきた。北上する黒潮の流れとともに漁場が三陸沖に移る六月ごろから一一月下旬の戻りカツオの漁が終わるまで、多くのカツオ船が気仙沼《けせんぬま》港（宮城県）に水揚げする。燃料、水、食料などを積み込み、次の出漁準備が整ったカツオ船は、活餌搭載地に向けて舵を取る。石巻市から岩手県北部に続くリアス式海岸の浦々には、十数人で管理する大型から家族で管理する小型まで、いくつもの定置網が設置されている。早朝、定置網の魚捕部《うおとりぶ》を引き揚げ、イワシが入っていれば生簀に移す。そこで一週間から一〇日飼い馴らした後、カツオ船向けの活餌として商品化される。

三陸沿岸の商慣行は、餌を買うカツオ船がバケツを使ってイワシを掬い取る「買い手量り」だ。おのずと、イワシを一匹でも多く入れようとする。売り手量りの場合は海水が多めに入ることもある。これはバケツ一杯あたりの金額にも反映され、各地で多少の違いは見られるものの、買い手量りは五六〇〇円、売り手量りは四〇〇〇円となる。

カツオ漁最盛期の八月初め、石巻を拠点に一九五五年から親子二代にわたってカツオとマグロの餌問屋を営む大山俊一さん（六一年生まれ）の一日に、同行させていただいた。

午前五時。明け方から早朝にかけての三陸沿岸は濃い霧に覆われ、ひんやりとした空気が立ち込めている。この日は宮崎県のカツオ船への活餌搭載に立ち会うため、網元の待つ女川《おながわ》町（宮城県牡鹿《おしか》郡）の横浦漁港へ向かう。車中では、けさの水揚げ状況について、三陸沿岸に設置された定置網の親方に一軒一軒携帯電話で問い合わせている。横浦は東北電力女川原子力発電所に隣接した小さな漁港だ。山の向こうに原発の建物が見え、発電設備の振動音が微かに伝わってくる。この日の活餌搭載は六時の予定だ。

漁港では、定置網の親方が獲り網、バケツ、カツオ船に渡す養殖ホタテ、清酒を伝馬船《てんま》(小型の動力船)に積み込んで、私たちの到着を待っている。車を停めた大山さんは長靴に履き替えると、合羽《かっぱ》をはおってすぐに伝馬船に乗り込み、沖合の生簀に走らせる。三陸沿岸では、杉材の枠に網を張った小形の四角生簀が使われている。一五分ほど湾内を走ると、白い船体のカツオ船が見え出し、目印となる黄色い旗を立てた生簀近くに投錨していた。船上では活餌搭載の準備が整っている。日本人乗組員に加えて、一〇代のインドネシア人も三人いた。

生簀に伝馬船を横付けし、その後ろにカツオ船が並ぶ。初めに、餌屋から清酒一本がカツオ船に渡される。続いて、網元の親方が伝馬船から獲り網を生簀に入れ、バケツで掬い取れるようにイワシを集める。この後、カツオ船の乗組員が一八リットルの金属製バケツでていねいに一杯ずつ掬い取り、蓋をかぶせる。さらに、船上の強制環水装置の付いた船上生簀(カンコと呼ばれる)まで運んで、静かに放たれる。

この日、バケツ六五杯で活餌を搭載し終えると、定置網の親方からカツオ船に、養殖ホタテがバケツ三杯渡された。カツオ船からは、カツオ数本と約一メートルのシイラ一本が入ったバケツが返される。海を生業とする者同士の強い絆が感じられる光景である。カツオ船と定置網の仲を取り持つ大山さんは、ブリッジで精算を行う。空になった生簀を片付けるころ、カツオ船ははるか沖合の漁場に向けて速力を上げていた。

六月からの約半年間、カツオ船は気仙沼港に獲物を水揚げし、三陸沿岸で活餌を搭載する。この間、大山さんは各地の浦々をまわり、カツオ船の都合に合わせて受け渡しに立ち会い、約一万キロも車を走らせるそうだ。イワシが獲れずに餌が思うように手配できないときは、カツオ船や餌買いとの間に入って気をもむという。かつては漁業無線局を通じてカツオ船と交信していたので、連絡が取れるまでが一苦労だった。親子二代で築きあげてきた信頼関係が、カツオ漁の生命線をいまも支えている。

5　籠船《かごふね》の浮かぶ八代海《やつしろかい》

各地の餌場を歩いてきた筆者は、カツオ船に餌を手配する何人もの餌買いに会う機会があった。一部の船を除いて近海や遠洋で操業するカツオ船では、船主に雇用された餌買いが、先々の航海を見越して餌の手配にあたっている。元漁労長などカツオ漁の経験豊富な男性が引退後に指名される場合が多く、還暦を過ぎても現役で活躍する。そして、漁場の移動とともに各地を渡り歩いて、餌の手配をする。筆者は彼らとともに過ごし、夜遅くまで沖合でのカツオ漁や餌を手配する苦労話など、豊かな体験をうかがった。そうしたなかで、鹿児島県では古くから大きな竹籠を使い、いまも籠を単位として餌を扱っていると聞いて、餌と籠の関係を調べに羽田から現地へ向かうことにする。

鹿児島空港から南九州の山々を越え、甑《こしき》海峡を望むＪＲ鹿児島本線（現・肥薩《ひさつ》おれんじ鉄道）阿久根《あくね》駅までバスで約二時間。そこは日本列島の南のはずれにある餌場の一つだ。その漁村に通じる東町《あずま》行きの路線バスは、一日四往復しか運転されていない。餌屋の水口さん夫妻が駅まで出迎えてくださった。

天草下島と出水《いずみ》山地に挟まれた東町（鹿児島県出水郡）は、八代海に面している。町を一望する海抜一六二

九州南部で使われる籠船(東町)

メートルの針尾《はりお》公園からは八代海が一望でき、伊唐島《いから》や諸浦島《しょうら》などたくさんの島々が眼下に望めた。ブリやタイを養殖する生簀が小さな入江の臼井漁港近くに点々と浮かび、カツオの餌となるイワシの生簀もいくつか見える。

水口松夫さん(一九二四年生まれ)が餌問屋を始めた七〇年当時は、この地域でイワシがたくさん獲れたという。東町では約二〇軒の餌問屋が営まれ、何十人もの餌買いが各地から集まっていた。竹籠職人もいたそうだ。しかし、石油ショックによる燃料代の高騰などによってカツオ船は減り、往時のにぎわいは見られなくなった。周辺地域の餌問屋は廃業が相次ぎ、いまでは二代目の和広さん(六二年生まれ)が東町に残る唯一の餌問屋である。和広さんは宮崎県と鹿児島県をはじめとする各地のカツオ船に餌を供給するほか、タイ、ブリ、ヒラメの養殖も行っている。竹籠職人は、水俣市《みなまた》(熊本県)で茶の栽培と兼業している還暦を過ぎた一人だけとなり、今後の竹籠の調達に不安を感じているそうだ。

九州南部の餌取引では、イワシを獲る巻き網船から竹籠一籠(一八リットルのバケツ約一〇〇杯)を単位として餌問屋が沖合で直接イワシを買い取り、生簀に在庫する。一帯では、イワシが明かりに集まる性質を利用した夜焚きと呼ばれる夜間操業が行われ、集魚灯を備えた二隻の灯舟《ひぶね》を交えた巻き網船団による漁が行われている。

漁のある日に船団から連絡が入ると、餌問屋は買い付け専用の籠船を船団の後を追って出港させる。巻き網船がイワシを獲ると、籠船から縦三メートル、横五メートル、深さ四メートルの巨大な竹籠が海中に落とされる。そして、網から籠にイワシを追い立て、イワシが入った籠を籠船の船尾にロープでつないで、餌問屋の生簀に曳航し、イワシを放して飼い馴らす。

餌問屋は年間を通じて、ブリやタイなどの養殖を行う傍ら、巻き網漁でイワシが獲れると仕入れ、カツオ船に売る。竹籠は籠船のブリッジ前方に、合計八個が二列に並んで積まれている。ただし、近くの伊唐島で農地を造成し、地域の名産品として赤土ジャガイモの栽培が盛んになってから、海に赤土の影響が及んだようで、イワシが獲れなくなってきた。最近の漁獲量は、竹籠二～三杯が多いという。他の魚種が混入したり、夏場などイワシの歩留まりの悪い時期には、値が安くなる。

このほか九州南部では、古くは鹿児島湾（錦江湾《きんこうわん》）がカツオ船でにぎわい、イワシに加えてキビナゴも餌として扱われていた。桜島を巡る観光バスに乗ると、ガイドが島の南側にある小さな入江・身代湾《しんだいわん》での餌にまつわる昔話と最近の様子を説明してくれる。

「大正三（一九一四）年の桜島の噴火直前、ある人が全財産をはたいて餌を買い付け、身代湾に生簀を置いて一儲けしようとしました。ところが、身代湾の海水は硫黄分が多く、餌はすべて死んでしまい、海に身投げしたそうです。三〇年ほど前までは餌を運ぶ籠船を鹿児島湾でも見かけたといわれますが、いまは餌が獲れなくなり、カツオ船の数も減ってしまいました」

鹿児島県は枕崎市や山川町という全国有数のカツオ産地を現在も抱え、古くから籠船を使った餌の取り引きが行われてきた。竹製の巨大な籠を漁具として用いてきた地域土着の漁労文化は、今後も末永く継承されていってほしい。

6 信頼関係で成り立つ餌買いの旅

カツオの一本釣りの生命線となる品質の高い餌の確実な手配が、餌買いの使命だ。品質の高い餌とは一般に、カツオの食いがよく、船上生簀での死亡率が低く、黄緑色の背中をし、生簀で大きく口を開けて一定方向に群れをなして泳ぎ、他の魚種の混入が少ないことが条件とされている。餌が手に入らずに出漁できないような事態は、何としても避けなければならない。そのためには得意先とする餌屋の親方と仁義を切った仲となり、一つの餌場では一軒の餌屋としか取り引きしてはならない。

イワシが十分に獲れ、餌の手当てに心配ないときは、生簀をのぞいて予約し、本船への搭載を待つだけの、一見気楽ないい仕事だ。テレビを見ながら獲り網を部屋で編み、一日のんびり過ごせる。近くの遊技場や、夜になれば酒場に繰り出すときもある。趣味で大掛かりな刺繍や人形をつくり、餌屋の床の間を飾る餌買いもいる。こうした姿を見て、かつて東町幣串《へぐし》の子どもたちは「大きくなったら餌買いになる」と言ったそうだ。

ところが、いったん餌が不足すると、餌買いの真骨頂だ。古くから取り引きがある各地の餌屋と携帯電話で連絡を取り、手当てに奔走する。携帯電話がないころは、両替した大量の一〇円玉を常に持ち歩き、公衆電話のある場所がいつも気になっていたという。手配がままならなくなると、最後は餌屋の親方に泣き付いて頼み込み、知り合いの餌屋を手配してもらう。こうなると、築き上げてきた親方との信頼関係の世界だ。

旅から旅の餌買いは、餌買い宿と呼ばれる賄《まかな》い付き宿舎に寝泊まりする。餌屋の事務所の二階や、隣接した建物だ。餌買い宿が満室の場合や宿舎を持たない餌場では、近くの民宿を利用する。こうした餌買い民宿は、夏休みなどで満室の場合は家族の部屋を都合し、特別の便宜をはかって餌買いを受け入れてきた。

餌買い宿に寝起きすれば、親方といつでも連絡が取れる。だが、民宿に泊まると、親方と過ごす時間が短くなってしまう。そこで毎朝、事務所に顔を出し、お茶を飲んで情報交換する。この集まりを「学校行く」と餌買いたちは呼ぶ。餌買いにとって、情報は何よりも大切だ。操業状況、水揚げ港、今後の日程について船と連絡を取り合い、次の活餌搭載について相談する。仲間の餌買いや得意先と連絡を取って、各地の餌情報も常に把握していなければならない。

こうした生活をする餌買いについて若林良和氏は、「現代の漂泊民」と『カツオ一本釣り』(中公新書、一九九一年)で表現した。毎年シーズンになると家族と一人離れ、渡り鳥のように太平洋沿岸の各地を移動する。長く海に生活し、慣れない丘を辺境から辺境へ転々とする生活は、年配者にとってときに負担に感じるかもしれない。だが、今日のように情報通信技術が発達しても、漁業者同士の仁義を切った信頼関係のうえに構築された餌買いの世界は一朝一夕に変わることはないだろう。

第3章　カツオに生きる海人《インシャ》

見目佳寿子

1　カツオの島・池間島

なぜ、カツオを追いかけたのか？　きっかけは、モルディブのかつお節を取材した新聞記事だ。(1)　赤道直下のモルディブで現地人とともにかつお節をつくっている日本人がいる。熱帯とかつお節が奇妙な組み合わせに思えて、心に残った。

その後、アジアと日本の関係を考えるとき、記憶の片隅にあったカツオと熱帯の島々が急に私の脳裏をむくむくと支配し、藍色に輝くインド洋で、釣り糸の先に食いついたまま空を飛ぶカツオの姿が目に浮かんだ。あたかも海の狩猟であり、竿《さお》をしならせる漁業者は海の狩人のようだ。いったい、この迫力は何だろうか。我が家の食卓に欠かせなかったかつお節の素材は、こんなに雄々しい魚だったのだ。

カツオ一本釣り漁業を実際に、この目で見てみたい。私は、沖縄県の宮古《みやこ》列島に位置する池間《いけま》島に出かけた。それ以来、「池間民族」の魅力にとりつかれている。本稿では、サンゴ礁の海に囲まれる池間島で育まれてきたカツオと人びとのかかわりについて、取り上げたい。

池間島は、宮古列島の北端、面積約二・八㎢、周囲約一〇キロの小島で、三九〇世帯、七六三人が暮らす（二〇〇四年八月現在）。宮古列島の他の島と同様に隆起サンゴ礁から成り、北東五～一五キロにわたる海域には八重干瀬《ヤビジ》が控えている。

ヤビジは、南北一〇キロ、東西六・五キロにわたって一〇〇以上も散在する、日本最大の造礁サンゴ（リーフ）である。干潮時に陸になる面積は宮古島の三分の一にも達し、その広大さから柳田國男が「海上の道」を発想したといわれる。池間島の方言で、細部にわたって、巨大な人体に例えた名称がつけられている。カナマラ（頭）やドゥ（胴）などから、古老も意味がわからないものまで多種多様だ。池間島の海人たち[2]はみな、ヤビジに対する深い知識をもっている。それは、複雑な浅瀬を無事に航海するための海図でもあり、漁場の性質を示すデータの宝庫でもある。海に生きる者の大切な知識として、親から子へと伝えられてきた。

図1　池間島とヤビジ

カツオ漁業の変遷については、野口武徳氏の『沖縄池間島民俗誌』に詳しく述べられている[3]。野口氏によると、カツオは古来「神の魚」とされて海人たちに崇《あが》められ、漁業の対象とは考えられてこなかった。沖で群れを見ると、手を合わせて拝み、「フーヤガッチュ」（長男、坊ちゃん、大将の魚）と呼んだという。それは、海が荒れているときに船がカツオの群れの中に入ると、周囲が静まるからである。

カツオ漁業が開始されたのは一九〇六（明治三九）年だ。第一次世界

表1　池間島と沖縄県のカツオ一本釣り漁業の推移

年	池間島		沖縄県		池間島の割合(%)	
	漁獲量(t)	生産高(万円)	漁獲量(t)	生産高(万円)	漁獲量	生産高
1996	293	7,700	1,209	40,400	24.2	19.1
1997	—	—	777	24,400		
1998	276	10,500	921	31,000	30.0	33.9
1999	172	4,400	885	28,300	19.4	15.5
2000	118	2,700	543	17,700	21.7	15.3
2001	120	3,600	687	16,700	17.5	21.6
2002	76	3,000	488	13,100	15.6	15.3

(注) 漁業種類別統計のため池間島の数字にはマグロ類も含まれるが、カツオが90%以上を占めると考えられる。なお、—は不明。
(出典) 内閣府沖縄総合事務局農林水産部編『沖縄農林水産統計年報』沖縄農林水産統計情報協会、各年版。

大戦後の好景気は池間島にも影響を与え、かつお節の値は上がり、「カツオの島・池間」といわれる最盛期をむかえた。「家屋は次々と新築され、部落の様子は一変した」[4]。その後、一九二九(昭和四)年を頂点とする不況とかつお節の値下がりで、漁夫や女工はボルネオ島、トラック諸島、パラオ諸島へ渡った。

戦後も、一九五五年には二五〜三〇トン級の約四〇名が乗れる船が一四隻もあり、カツオ漁業で島が活気づいていた。翌年からディーゼルエンジンが搭載され、豊漁が続く。七〇年には、第二次南方カツオ漁業(ソロモン諸島やパプアニューギニア)が始まる。約七〇名が従事し、一本釣りで年間五億円以上の収益を上げたという[5]。

九六年以降のカツオ一本釣り漁業の推移を表1に示した。往時には遠く及ばないものの、沖縄県のカツオ漁獲量の二〇〜三〇%を占めていることがわかる。〇二年の生産高二〇〇〇万円は、全生産高の約一五%である。ただし、沖縄県全体の近海カツオ(ソウダガツオを含む)の二〇〇〇年の漁獲量は七八年の約二%にすぎない。

私が初めて訪れた九七年には、島の人口の約三割、全世帯の約七割以上が何らかの形で漁業に従事していた。ほとんどがカツオ漁業にかかわった経験をもつ。現在では、近海漁業はカツオ一本釣り漁業と深海一本釣り漁業に大別される。カツオ船は宝幸丸《ほうこう》、八幸丸《はちこう》、吉進丸《きちしん》の三隻だ。

夏の訪れとともに始まるカツオ漁業の生命線は活餌である。本土では、カツオの漁獲と活餌の供給が分業化している。しかし、池間島をはじめ沖縄の場合は、一本釣りと活餌の供給が同じ船で行われる。池間島の人びとが考えるカツオ漁業とは、両者が一体化したものである。活餌供給を専業的に行う漁業者は存在しない。活餌の供給と一本釣りを両立させる柔軟性と優れた技能が、池間島の海人の特徴であり、強みである。活餌の供給方法は、潜水を主体とする追い込み網漁と、棒受網《ぼううけ》（ボーキ網）漁の二つに分かれる。

追い込み網漁は、サンゴ礁に潜り、小魚（バカジャグやムギャ）の群れを敷網の中に数人で追い込んで捕獲する、沖縄独特の古い漁法である。池間島でも、かつては盛んに行われていた。戦前・戦中を通じた南洋漁業開発事業の成功の陰には、この追い込み網漁業に長《た》けた沖縄漁民の活躍が大きかったといわれている。

棒受網漁は、夜間に集魚灯で集めた小魚をすくい上げて獲る漁法である。夕方に出港し、沖に停泊して暗くなるまで待機する。網は一枚の長方形の袋状で、一辺が竹の浮きで水面に支えられ、水面下に垂れ下がる構造になっている。この網を沈め、集魚灯で海を照らして小魚を引き寄せ、十分に集まったところをタモ網で掬い取る。追い込み網漁に比べて労力が少なく、大量に獲れる。しかし、船上で泊まるため海上にいる時間が長い。浮きには太い孟宗竹が使われるが、宮古列島には産しないので、本土から購入する。池間島周辺で活餌が不足してきたため、九八年から三隻のうち二隻が棒受網漁に転換した。

冬季には、ほとんどの漁師が深海一本釣り漁業を行う。夕方に出漁して、多良間島近海で高級魚のハタ類やタイ類を釣る。手ごろな石に糸と餌を巻き付けて海へ放り込み、底に着くと持ち上げて石をはずす。（石）巻き落としと呼ばれ、一九二四(大正一三)年に那覇から伝えられたが、那覇では廃れてしまった珍しい漁法である。また、一年を通してイカ釣り、アイゴやブダイなどの銛《もり》突き漁が、ヤビジで小規模に行われている。

2 女性が担うかつお節づくり

カツオ漁業が開始された六年後の一九一二(明治四五)年以来、かつお節の製造も行われてきた。現在も、かつお節工場が一つ操業している。カツオを漁獲し、生切り・煮熟するのは男性で、その他の加工作業は女性が行う。かつお節製造業は、女性の社会進出に大きく役立ったと同時に、池間島を支えてきた産業である。

池間島を初めて訪れた私を笑顔で迎えてくれたのは、長嶺静子《ながみねしずこ》さん(一九二五~九八年)だ。短い期間だったが、孫のようにかわいがっていただいた。静子オバアは毎朝五時に鳴る親子ラジオ(島内の家に備え付けられているる有線ラジオ)の放送で起きて、畑仕事に出かけ、朝食に家へ帰る。まさに、自然のリズムに合わせた暮らしぶりだった。若いときはかつお節工場で働き、削りが上手だったという。私は、彼女が働いていた丸吉《まるきち》かつお節工場で製造工程を教えてもらった。

①頭切り　カツオの内蔵を除去し、水洗いする。
②シーガートゥイ　背の皮をはぐ。
③中通し　真ん中に刃を入れる。
④身下ろし　縦に二分する。
⑤腹ガーキー　腹の皮を切る。傷を最小限に防ぎ、形を整えるのに重要である。

⑥籠タティ　切った部分に紙を張り、ていねいに鉄製の蒸籠《せいろ》に並べる。

⑦釜入れ　蒸籠を釜で炊く。サジク（煮熟）といい、老人の仕事である。昔は西表島《いりおもて》の石炭、リュウキュウマツ、木麻黄《モクマオウ》などを用いた。いまは重油バーナーで工場長が管理する。七〇度程度の湯に蒸籠を入れて温度を上げ、いったん沸騰させた後で約九〇度に下げて、一時間以上煮る。鮮度がよいカツオは六〇～七〇度、鮮度が落ちたカツオは八〇度前後にすると、型くずれしにくい。その後、九五度に上げ、しばらく蒸す。完全に煮熟しないと、後処理に響く。

削り刀で表面を整えるオバア

⑧釜出し　釜から蒸籠を出して冷水に入れ、冷却する。

⑨フニ抜き　骨と鱗《うろこ》を抜く。骨が残ると、乾燥させても完全に収縮せず、割れの原因になる。雄節は三分の一、雌節は二分の一、皮を残しておく。

⑩モミツケ　背の皮をはぐ。骨を抜くと傷ができるため、傷跡に竹べらでシルク（傷がついた魚や小さなカツオの身だけを擦ったもの（ナマコという）に腸などを混ぜ、臼に入れて杵でついたもの）を塗りつけて修理する。最後に和紙を張る。

⑪焙乾　急造庫方式（なまり節は手火山方式）でいぶす。

⑫表面削り　削り刀で荒節の表面を整え、裸節にする。

大半のオバアは朝の畑仕事をすませて、一〇時に工場へ来る。

最年少で六〇歳、平均年齢は七〇歳を越えていた。それでも、「工場は畑作業ほどきつくない。体が元気なかぎり続けるさあ」とみんな意欲的だ。魚のアキャウダ(仲買人)も女性が多く、最高齢は八九歳。池間島の女性は、非常に働き者である。

池間島では、刺身だけでなく、煮付けや魚汁にもして、カツオを日常的に食べている。オバアたちは、工場からカツオのカナマイ(頭)やジュウブニ(尾骨)を持ち帰り、煮付けにしてよく食べる。かつお節(荒節)を削った後に出る削り粉も持ち帰り、だし汁として使う。本土では頭や尾骨などは捨てられているが、池間島ではまったく余すところなく食べる。

沖の漁から帰ったカツオ船の船員たちは、その日に獲れたカツオを一〜二尾、分配される。彼らは友人や親戚にも届けるから、引退した老人たちもカツオを食べられる。島内の多くは親戚同士のような関係で、だれもがカツオ漁の恩恵に預かれる。池間島の人びととカツオのかかわりは、いまもきわめて深い。

3　釣竿一本でつながる自然と人間

初めてのカツオ漁船

九七年七月二九日、午前四時半。ほの暗い池間漁港に、私は静子オバアと立っていた。胸が高鳴る。生まれて初めてカツオ漁船に乗せてもらえるかもしれない。可能性は、五分五分。船の神(本土から入ってきたとされる船の守り神フニヌカン)は嫉妬深い女神なので、女性を一人船に乗せると船を転覆させると考えられ、漁船には女性を一人で乗せない風習がある。オバアも、緊張感を隠せない様子だ。

岸壁には吉進丸(一三トン)の白い姿が闇に浮かび上がっている。「この船に乗りたい」という思いで、私の胸は一杯になった。初めて見る乗組員の男たちが、自転車に乗って集まっている。一様に表情が硬い。船長(親方と呼ばれる)の伊良波《いらは》進《すすむ》さん(一九三二(昭和七)年生まれ)がやって来た。緊張した私たちは、静子オバアの若いころの写真を見せながら、お願いする。

「オバア(の写真)もいっしょだから大丈夫です。船に乗せてください」

例外的に女性を乗せる場合は複数が望ましいとされている。そのため、写真を持たせるという慣行が池間島には若干ある。

私は持参した泡盛の小瓶二本を差し出した。カツオ漁船は、池間島の数ある漁船のなかでもっとも縁起を担ぐ。新しく船に乗る者は、必ず泡盛の二合瓶を二本用意するのが慣わしだ。

幸い、船長は乗船を認めてくれた。そして、泡盛を神棚に祀ってあるフニヌカンに捧げ、ついで舳先と旗を立てる台の元にかけ、最後に左舷の中ほどの海面に注ぐ。さらに、フニヌカンに手を合わせた。私も神妙に、それにならう。

「私のせいで不漁になりませんように」

午前五時半、出港。船長は、池間島の大神を祀《まつ》るウパルズウタキ(鎮守の森ナナムイの奥にあり、池間民族の祖霊を祀る)の方向に合掌した。帽子を取って、少し頭を垂れる乗組員もいる。対岸の西平安名崎《にしへんなざき》に立つ白い風車や池間大橋が朝もやに浮かび上がり、美しいシルエットを見せている。風が絶え間なく吹く朝の海上は、心地よい。

船主と船長以外の乗組員は、すべてシンカと呼ばれる。彼らは仕事の担当によって、ボーソン(甲板長《こうはんちょう》)、ホンマキ（船首で餌を撒く係）、ミガニミービャ（双眼鏡係、目がいい人が選ばれる）、ッズゥツービャ（魚釣り手）と呼ばれる（そのほかに会計がいる）。船首の左舷は一番ジャウ（竿）と決まっていて、もっとも上手な釣り手でもあるボーソンが座る。ボーソンの意見で、ッズゥツービャの位置を二番ジャウ（竿）から順に決める。主戦力から退いた老人たちは船尾で釣るが、そのなかで上手な者がトゥムヌカドゥンビービャ（船尾の左角に座る人）となり、右側へ順に釣る場所を決めていく。

シンカのなかで、若い者が炊事係を務める。といっても、吉進丸で一番若い人は六〇歳だった。また、出港する船の後ろには、活餌供給に使う網を載せた小舟がつく。高齢で釣りの第一線を引退したウヤズ（親父）が乗るので、ウヤズ舟と呼ばれる。もっとも、かつては厳密であったこうした役割分担も、いまでは境界が不明確になり、乗船資格も厳しくなくなった。若者はなかなか乗らず、乗組員は高齢化するばかりである。

一斉に潜る追い込み網漁

吉進丸は毎日、ヤビジのリーフで追い込み網漁によって、カツオの餌となる小魚の群れを捕獲する。キジャカ、ナカンツ、イーヌアカナビジが、おもな漁場であった。小魚がどのリーフにたくさんいたかを乗組員たちはよく記憶し、次の日に向かうリーフを決めている。決定権をもつのは、船長とボーソンだ。

午前六時半、リーフ（フディ岩、池間島北東）に到着するころには、船長以外は全員、潜りの準備をしている。漁場が決まると、頭にタオルをきりりと締め、ミガニ（木や水牛の角でつくられた水中眼鏡）をつけて、ジャグガニジャウ（先に白いテープを付けた約二メートルの竹竿）を持って、吉進丸からウヤズ舟に乗り込む。仮に目当てのジャグ（餌）がいなければ、すぐに漁場を変更する。

漁場に着くと、潜りを得意とする新城真光《しんじょうしんこう》さん(一九三一(昭和六)年生まれ)が網を持って勢いよく飛び込み、サンゴの根岩に網を引っ掛けて、固定させた。そして、ミジュキ(サンゴとサンゴの間の水路状になったところ)に袋状の網を張り、流れに沿ってうまく膨らませる。小魚をできるだけたくさん網に入れるためだ。これはむずかしい技術なので、ベテランの海人が行う。

小魚を網に追い込む海人たち

その間に、潜りの上手なシンカがジャグの群れを見つけ、大声で合図した。すると、全員が水音をさせながら網の真ん中のほうへ一斉に潜り、ジャグガニジャウを振るって小魚を追う。呼吸を合わせ、同じタイミングで同じ方向へ泳がなければならないので、熟練とチームワークを要する場面だ。小魚の群れは、音を恐れて同じ方向に逃げる。その習性を利用して、潜る前に派手に水音をさせたり、大声で叫んだり、戦術を駆使している。

口々に声をあげ、まるで魚のように敏捷に、シンカたちは魚を追う。「ウヤウヤウヤ。もっと追い込めー」と、船長も船から盛んに声援を送る。ミガニ以外の装備は付けていないのに、だれもが海中で自由自在に魚を追っていた。シュノーケルやフィン(足に付けるゴム製のひれ)は、昔仕込みの海人には邪魔なのだ。追い込んだ小魚をウヤズ舟の樽に入れると、潜り手はすぐに次の追い込み作業にとりかかる。その間に、ウヤズ舟が小魚の入った樽を吉進丸まで運ぶ。吉進丸では、ジャグナギビャ（餌をカツオ群に撒く担当者）が、樽に入ったジャグを魚倉に移す。

ここまでをひとつの作業とすると、一回に平均四〜五分しかかかっていない。活餌一日分の小魚を獲るには、この一連の作業を平均一時間半繰り返す。

追い込み網漁の問題点は、労働の激しさに集約される。何度も息を肺一杯にためて、四〜五メートルの海中に猛進するのである。その間、餌取り責任者の新城さんをはじめ、ジャグを吉進丸へ運ぶ役割以外の四人は、船に上がることがなかった。高齢化が進めば、体がもたなくなるのは当然だ。若者に敬遠される厳しさも、この点にあろう。

しかし、彼らは一様に「ボーキは楽だが、追い込みのほうがおもしろい」と言う。「重労働でも海中は心地よい、泳ぐ魚を見るのは楽しい」からだ。

カツオと海人の闘い

活餌を積んだカツオ船は、池間島へ帰るウヤズ舟と別れ、島の北西二〇〜三〇カイリの漁場をめざす。その間、乗組員たちは思い思いに過ごす。昼寝をする人、釣り針と糸を修理する人、竿をチェックする人、そして私とおしゃべりしてくれる人……。この機会に私は、オジイたちが台湾近海や遠く南洋までカツオを釣りに行った経験談を聞いた。

昔は竹で竿をつくり、フグやネコの皮を擬似針の材料にしたそうだ。糸はブー（苧麻《ちょま》。イラクサの仲間で、宮古上布の原料でもある）を紡いだ手づくりだった。それがなくなると、シイラ（池間方言ではヒーユ）とウスバキハギ（カワハギの一種）の皮に大型のブダイ（池間方言ではヒロシ）の鱗《うろこ》を使ったという。ゴムビジュと呼ぶ擬似餌は、草履のゴムを魚型に切ってつくった。もちろん、網は自分で繕う。本当に海人は器用だ。

ボーソンも兼ねる奥平洋三《おくだいらようぞう》さん(一九三〇(昭和五)年生まれ)は、双眼鏡を放さない。無口だが、とても眼が利くミガニミービャなのだ。船長の信頼は厚い。

ボーソンと船長が探し求めるのは、トゥイマツだ。カツオの大群(フゥンミ)がジャグの群れを水面に追い上げると、空中から海鳥が狙う。トゥイマツとはそうした鳥が渦巻く群れを意味し、カツオを見つける重要な目印となっている。池間島のカツオ船は魚群探知機を使わない。カツオの動きは非常に素早いので、あまり役立たないからである。自然に密接に結びついた古くからの方法のほうが効果的なのだ。カツオを見つけるには、鳥の動きと種類に注目しなければならない。鳥の種類によって、魚群の種類が異なる。ゆっくりした動きの鳥の群れは、マグロの群れにつく。素早く動く白い鳥が、カツオの群れにつくカツオドリだ。これも、海人の大切な知識である。

魚の動きに合わせて鳥が風を切り、船長は舵を切る。魚群に追いついて船を止めると、船長が興奮して叫びながら、甲板に降りてきた。

「アガイヨー、アガイヨー」

船長の指示で、ジャグナギビャが活餌を少し撒いて、喰いつきを試す。餌を投入しても、カツオの群れが飢えていなければ逃がしてしまうからだ。船長は「アガイタウトー」と手を打って悔しがった。カツオの群れの興奮を途切れさせないように効果的に餌を撒くのは、相当にむずかしい。餌撒きにも名人といわれる人がいるが、船長の指示があってから撒くため、漁獲の責任はすべて船長にある。

鳥の群れがスーイと飛び去った方向へ船を直進させた。

散水器から水を撒きながら、カツオが針に喰いつくのを待つ。カツオが釣れたら、甲板に放してすぐに次を狙う。ベテランのオジイも興奮する瞬間である

「ウヤウヤウヤウヤ、キタキタキター、離すなヨー、ウリャササ」

餌を投げ入れた途端、黒くて大きなカツオの魚群が船に向かって走ってきた。

船長が大声で全員に知らせ、ジャグナギビャが「ヒィヤサッ、ヒィヤサッ」と餌をたくさん投入して、散水器から一斉に海水を放つ。勢いよく沸き立つ海面を、ジャグが群れていると錯覚させるのだ。

釣り手は鉢巻きを締め、竿用の腰当てを付けて、準備を整える。

「来たー」というかけ声とともに、釣りの開始だ。それぞれ船首と船尾の定位置について水面に竿を泳がせ、カツオが喰いつくと、一気に引き上げる。あっという間に、しなる竿から飛んできて甲板をバタバタと跳ね回るカツオたちで、船上は一杯になった。カツオたちはそれぞれが必死の形相をしており、物言わぬその迫力に気押されそうになる。体から流れた血は海へ落ちていき、真っ青な水面は鮮血

で紅く染まった。海面は白、碧、紅のみごとなコントラストを見せる。カツオは、その腹にくっきりと青い縞を浮かび上がらせている。興奮すると縞模様が濃くなる性質があるのだ。初めて経験する修羅場にもかかわらず、私は不思議に美しい光景だと感じた。

カツオを釣り上げる様は、得体の知れない力で私に迫った。自然と人間が釣竿一本でつながっている。そのとき、人間と魚は対等であるとさえ思えた。何度見ても飽きることがない。私たち人間が生きるために、命ある生き物を殺す。だれでも知っているその理《ことわり》を、真正面に突きつけられる。釣りとは、彼らにとって、もっとも身近にある狩猟なのだ。

船長はエンジン音よりも大きな声で全員を叱咤し、ジャグナギビャは船内を前後に走り回る。人とカツオの攻防は、実際には体が感じる時間より短い。餌を投げても釣れなくなるまで釣りまくるが、時間にすると一〇分足らずである。

海にやさしい海人

昼食のおかずは、釣ったばかりのカツオの刺身。新鮮すぎて、ふつう私たちが食べるカツオよりも歯ごたえがある。酢醤油か酢味噌を付けて食べるのが池間島の流儀だ。船上の食事は文句なしにおいしい。

晴れた水平線上に八重山の島並みを望む。ひと仕事終えたオジイたちは、一服している。昼寝してもタバコを吸ってもいい、気ままな、太陽の下の時間。

昼食も早々に、船長と奥平さんは双眼鏡を構えて、第二ラウンドに備えている。どこまでも群青色の視界を、ときにトビウオが横切り、イルカがジャンプする。イルカはカツオ群を従えていることも多いので、海人にとっては格好の目印となる。ひとたび群れを発見するやいなや、大急ぎで臨戦態勢に入る。

こうして、魚を追う海人たちの彷徨は、鳥とカツオがいて、餌が残っているかぎり、続けられる。漁獲が少なければ、沖合に設置されているパヤオまで行って、小さ目のカツオを釣る場合もある。人工的な浮き漁礁であるパヤオには、マグロやカツオの幼魚が回遊途中に滞留するからだ。

午後五時半ごろ、池間島に向かって一直線に船を走らせた。陸地に近づくと、漁獲高に応じた数の大漁旗を掲げて、それぞれの船のテーマソング（吉進丸の場合は鳥羽一郎の「祝い船」）を大音響で鳴らす。大漁旗を掲げる台の根元には、カツオを腹合わせにして二尾お供えする。これは、大漁と安全に対する船の女神様への御礼である。

仕事が一段落したので、厳しい表情も和らぎ、船長はいろいろ話してくれた。船長は、海の生き物の生態を熟知している。

「ぼくの職場は海だからね。海のことならば、よく知っているよ。カツオは不思議な生き物だよ。ツキがあるときは船を追っかけてくる。ツキのないときは全然見つからない。サンゴの生命力はとても強い。台風で壊されても、翌年には元に戻っている。若いサンゴの出す粘液で、サザエの卵が孵化しないし、小魚もいなくなる。サンゴが死んで岩になった後に、サザエがたくさん発生するんだよ。大きいサンゴ礁には魚が豊富だ」

サンゴが小さい生き物のゆりかごになるのは、死んでからのことである。

「本土の先生方は、海を守れというでしょう。海を守れるわけはないさー。人間の力なんて小さいもんだのに。海にやさしいのは、沖縄の海人が一番さ。カツオと知恵比べしながら、一本釣りで釣っていれば、カツオは減らん。池間でずっと魚を獲ってきたから、わかるんだよ。本土の漁師は、巻き網を使って根こそぎカツオを獲るでしょう。あれが一番いけないよ。わかるでしょう」

4　台湾への出漁

池間島から西の沖に出ると、晴れた日には八重山列島の島影が見える。八重山列島まで来ると、台湾は目の前だ。沖縄と同じく黒潮がめぐる台湾にも、カツオは回遊する。

私は、池間島の勝連清吉《かつれんせいきち》さん(一九二六(大正一五)年生まれ)から、「(若いころカツオを釣りに)台湾にはよく行っていたよ」という話を聞いた。

「台湾人はカツオ漁をしないのですか」

「彼らはおもにカジキを突くから、カツオは釣らん。わしらは台湾北部の基隆《キールン》の港内で取引相手の餌業者からその日の活餌を買い取って、与那国《よなぐに》や波照間《はてるま》の沖に戻って、釣ったもんだ」

名船長として名高い長嶺宗治《ながみねむねじ》さんからも、台湾出漁の話を詳しく聞いた。台湾出漁の背景には、宮古島近海におけるカツオ回遊量の減少があったという。五五〜六五年ごろによく行ったそうだ。基隆では活餌として、池間島のようなバカジャグではなく、本土の大型船が積んでいるクロイワシを使う。バケツ五〇〜六〇杯を一日に扱う。宗治オジイによると、台湾人はカジキの突き漁と深海一本釣りをしていたそうだ。

「池間から出て台湾に行って餌を買い、大漁して、池間の工場に水揚げ。家で水を浴びたら、すぐにまた出航したさあ。直行すれば二日弱で行けるので、一航海は正味四〜五日。そんな航海が一〇回くらい続いたな」

第二次世界大戦が激しくなった一九四四年、沖縄本島、宮古・八重山列島の学童約八万人が台湾と九州に集団疎開した。だから、池間島で私が出会った七〇歳台の多くの人びとにとって、台湾は幼少時の感慨深い地である。戦後の闇貿易時代の物々交換にもカツオは役立っていた。

さらに、宮古島で会った台湾人女性は、「台湾でもかつお節をつくってるし、味噌汁のだしにもかつお節を使う」と言った。

こうした情報をもとに、私は、台湾におけるカツオ漁業とかつお節製造の現状を知りたいと考えた。台湾人は、かつお節をどう利用しているのだろうか。

5　台湾かつお節事情

那覇から乗った台北《タイペイ》行き飛行機の隣席は、日本語も沖縄方言も上手な台湾のおばあさんだった。台北で衣類を安く仕入れて那覇の市場で売り、差額を儲ける、いわゆる「担《かつ》ぎ屋さん」だ。沖縄で元気な老人を見慣れている私も、七〇歳の彼女が週に一度、国境を越えて商売に来るとあっては、脱帽だ。

「かつお節を料理に使いますか?」

「台湾東部では、いまもかつお節をつくっていますよ。そうめんチャンプルー、冷奴、味噌汁に使います」

台北では、海産物や漢方薬を扱った商店がひしめく街の一角で「花かつを」と銘打った袋を発見した。日本製だけでなく、台湾製も売られていた。かつお節は、台湾では柴魚片《ツァーイエーピン》や木魚《ムーイユ》と呼ばれている。日本統治の影響もあって、かつお節と刺身は台湾人の食生活に根をおろしているようだ。市場へ行くと「刺身」の文字がよく見られる。

図2　台湾と宮古・八重山列島

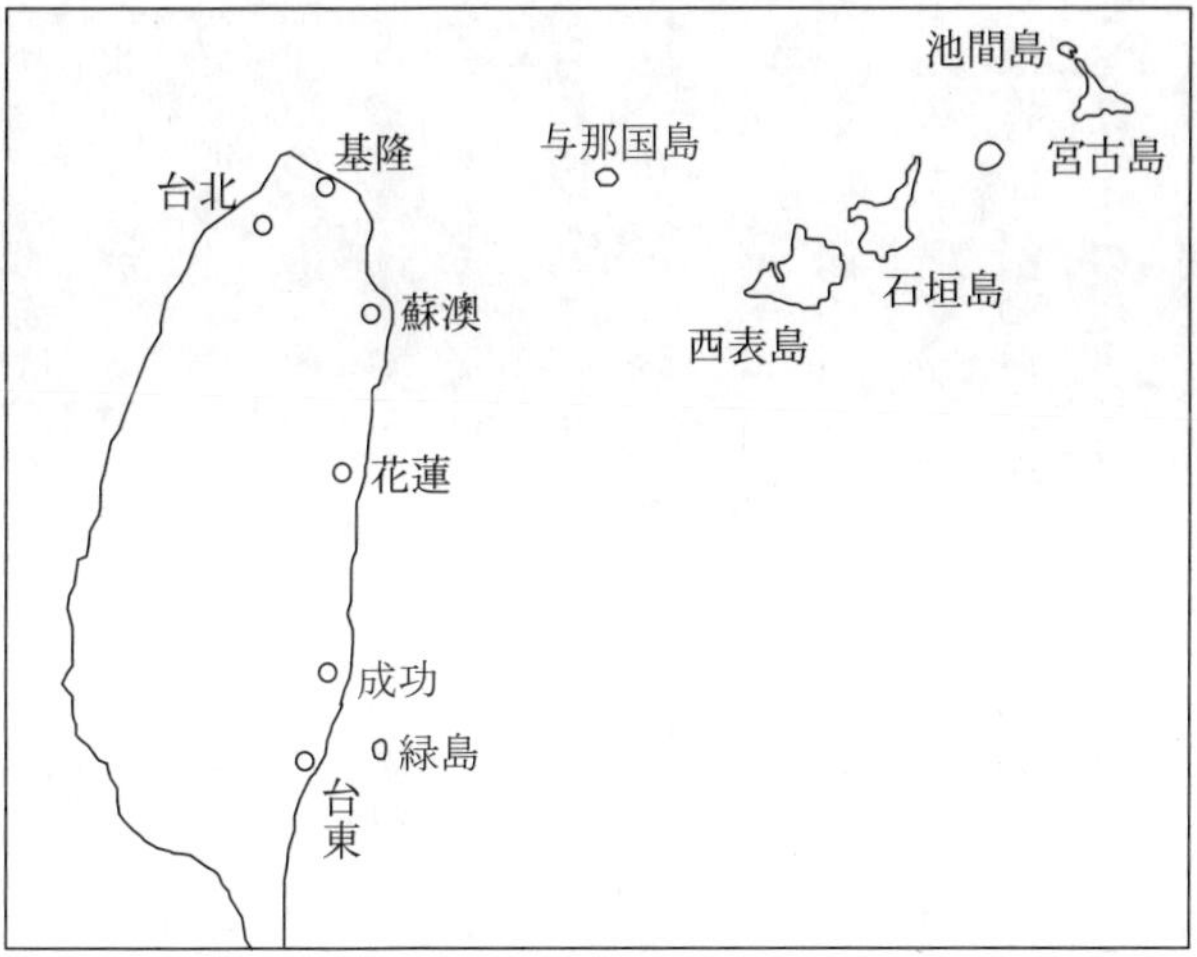

『台湾水産加工業現況』によると、台湾のかつお節産業は一八九〇年に始まった。宮崎・鹿児島両県から日本人がやって来て、宗田節(ソウダガツオで製造した節)を試験的に製造したという。一九一〇年には基隆で日本人がマガツオのかつお節を製造し始め、その後、台湾中に広がっていく。最盛期は二二〜三〇年で、宗田節の生産量は二五年の九八七・五トンが最高であった。二九年には基隆、台東《タイトン》、花漣《ホワリエン》に合計六九工場があり、製造従事者は二〇〇〇人にのぼったという。技術も徐々に向上し、日本近海のカツオに比べて脂肪分が少ないこともあってよい品質に仕上がり、日本本土に移出されていく。かつお節工場は日本人経営が多く、宗田節工場は台湾人経営が多かった。沿岸性のソウダガツオは、古くから台湾で食べられていたからだろう。

ところが、一九三〇年を境として、昭和恐慌の影響と、パラオ諸島やトラック諸島から安い南洋節が本土に入ってきたために、生産は凋落した。そして、戦争が終わって日本人が引き揚げると加工技術が落ち、輸出量も減少していく。その後、六八年に日本人業者が台湾漁業局に働きかけたのをきっかけに、技術者が基隆・花漣・緑島《リュイタオ》・高雄《カオシュン》の工場に派遣される。折しも、日本からの大量輸出で打撃を受けた缶詰業者が、かつお節産業への転換をめざした。こうして日本人技術者の指導のもとで製造されたかつお節は、戦後の日本市場でもふたたび認められたのである。

台北からは台湾東部の海沿いを走る列車で、台湾最大の漁業基地・蘇澳《スーアオ》まで南下した。ここには九九年八月時点で、四つのかつお節工場があった。私が見学した工場は、日本向けのかつお節とさば節をつくり、焼津市や沼津市の業者に出荷しているという。ちょうど、さば節の荒節が箱詰めされていた。かつお節も、日本のようにカビ付けはせずに、裸節の一段階前の状態で出荷しているそうだ。日本への輸出量は七七年の一五〇四トンがピークで、八〇年代は五〇〇トン前後だった。その後は減少し、一〇〇トン以下となっている。

さらに南下して、かつお節生産が盛んだったという台東県へ入り、台東で下車。成功《チュンコン》まで車で向かう。八五年には一五のかつお節工場があったそうだが、私が訪れた九九年七月時点では台東県全体で二カ所に減っていた。そのうちの一つを日本人と共同経営している、広東系の向富鑑《シャンフーチエン》さん(一九二九年生まれ)に話を聞く。二五歳からかつお節づくりに従事し、戦前は成功の南東約三〇キロの緑島(当時の呼称は火焼島《かしょうとう》)でかつお節工場を経営していたという。その後、緑島のカツオ水揚げ高が減ったために、成功に引き揚げた。

夏はカツオ漁の最盛期にもかかわらず、このときは水揚げがなく、工場は稼働していなかった。かつお節に向くマガツオの比率は低く、ソウダガツオが多いようだ。マガツオの水揚げがあれば、男女約二〇人の作業員で加工する。薪には、日本では不向きとされるクスノキやヒノキも使っていた。日本ではこれらの香りが節につくのは好まれないが、台湾では味がよくなるという評価なのだ。工場直売のかつお節は、半斤(三〇〇グラム)一〇〇台湾元(一台湾元=約三・三円、当時)で販売されていた。山間部に住む阿美《アミ》族も、このかつお節を買いに来るという。(6)

向さんは毎日、味噌汁をつくる。自分でつくったかつお節でだしを取り、台湾味噌を使う。毎日、味噌汁が飲みたい世代なのだろう。なお、カツオの腸や卵は料理屋に売り、骨は粉にして動物の飼料としている。

向さんの話によると、緑島は六〇～七〇年代に台湾一のカツオ漁場であり、一本釣り《チェンカンピア》が行われていたそうだ。では、現在もカツオ漁業は行われているのだろうか。里帰りやマリンレジャーを楽しむ若者たちでごった返したフェリーに乗り、私は緑島に渡った。だが、カツオはどこにも見当たらない。とりあえず、成功の水産試験場から紹介された漁会(漁業協同組合)に足を運び、のんびりした雰囲気のなかで職員の話を聞いた。

「緑島でカツオ漁が行われていたのは九四年まで。漁をやめた原因は、魚価の下落(一キロ二〇台湾元)と餌の減少です。住民の八割がかつてはカツオ漁業に携わっていました。とくに、島の北にある公館村の出身者が多いですね」

漁業が変化のスピードが速い産業であるのは、どこも変わらない。私はともかく、その公館村を訪ねた。老人たちが、家の前でひなたぼっこしている。そのなかに、漁会で名前を聞いた陳田合春《チンテンホウツン》さん(一九二六年生まれ)がいた。背が高く、ひょろっとした陳さんは、福建省出身。一六歳から六六歳まで海に出ていたという。

私がカツオ漁業について尋ねると、柔和な表情をした陳さんの口から、流暢な日本語が紡ぎ出された。

「日本語を使わなくなって五〇年以上も経つから、うまくしゃべれなくて」

だが、その言葉は実に折り目正しい。隣りで奥さんも、ぽつぽつと日本語で話してくれた。

「うちの人は、ここで一番腕のいい海人だよ。若いときは力が強いから、カツオをいっぱいあげておったよ」

奥さんは、顔を皺々にして、親指を立てた。

陳さんは家に戻ると、一本の釣り竿を持ってきた。

「これを日本船に雇われていた時代に使っていました」

釣り竿を前にした陳さん夫婦

そして、瞳を輝かせて、当時のカツオ漁の様子を記憶を蘇らせながら話してくれた。陳さんの記憶では、カツオ漁がとても盛んだったのは一九六〇年代で、日本人も多かったという。

「午前二時や三時には、九トンの母船に二隻の手漕ぎの小舟が付き従うスタイルで、出漁していきます。手漕ぎの小舟には、餌の小魚を獲るための潜り手が六人ずつ乗っていました」

成功と緑島の間の浅い海で一日に獲る餌は一二～二〇キロ。カツオの漁獲は一・二～一・四トン。ときには、船上に足の踏み場がないくらいの大漁だったという。

活餌の供給形態を尋ねると、池間島の追い込み網漁と同じである。木製の水中眼鏡をつけて海に潜り、小さい竹竿で海面を叩いて、小魚を追い込む。池間島でアンツカイ、沖縄本島ではパンタタカーと呼ばれる、浅めのリーフで行われる追い込み漁法だ。また、丁香《ティンシャン》という小魚は、沖縄で使われるキビナゴと同類と思われる。丁香の煮干がたくさん売られているのを見て、池間島の家庭にもキビナゴの煮干が常備されているのを思い出した。

緑島から日本人が引き揚げたのは、一九六三年である。こうしたカツオ漁の歴史は、いずれ風化していくのだろうか。

「釣り竿は子どもに大切に伝えていくよ」

そのうち博物館に収まっているかもしれない釣り竿を誇らしげに立て、陳さん夫婦は素晴らしくいい表情で、写真に収まった。この老夫婦に会えただけでも、台湾に行った成果があったとつくづく思う。二人のことは池間島の海人にもぜひ伝えたい。

6　かつお節は池間島の宝物

池間島のかつお節工場のオバアたちは、実に楽しそうに仕事していた。たっぷりの愛情をこめて、かつお節をつくりあげていた。カツオ漁船の海人たちも、カツオについて話すと饒舌になる。オバアも海人もカツオに強いこだわりをもち、伝統産業をなんとか続けたいと思っている。カツオは彼らを魅了する魚なのである。なぜ、そんなにカツオに夢中になるのだろうか。

二〇世紀の初め、カツオは池間島の産業に欠かせない魚として華々しく登場し、商品価値をもつ。かつお節産業を基幹産業として、池間島は近代への道を歩んできた。そのなかで、カツオは島の人びとの生活にとって、切っても切れない魚となる。大半の島民がカツオ漁やかつお節づくりに積極的にかかわり、南洋での漁業経験も多くが共有している。カツオは、池間島の文化的シンボルといえるであろう。あるオバアは女工時代を振り返って、こう言った。

「かつお節は池間島の宝物さあ」

魚と人間の、いきいきとした躍動感あふれるかかわり。その魚を地域の人びとの大切な食べものとしてつくり変える技と心。そのどれを欠いても、池間島のカツオ文化は成立しない。オジイやオバアの紡ぎ出す語りに耳を傾けていると、カツオから始まっても不思議に彼らの生きざまの物語へとつながっていく。それを思うとき、伊良波船長の言葉の意味がよくわかるようになった。

「都会の人間は大きいことを考えるけど、池間の人は小さい仕事でも一生懸命するよー。小さい仕事をしっかりやっておれば、経験から人生を語ることができるんだよー。都会の人よりも、池間の人は、生きがいのある人間だよー」

（1）「赤道の小島に甘い香り」「伝統の漁守り　自然にいぶす」『朝日新聞』一九九六年五月一二日（日曜版「地球食材の旅」シリーズ）。

（2）沖縄方言で「海人（ウミンチュ）」、池間方言で「海者（インシャ）」、宮古島では「海者（インジャー）」という。本稿では、あえて海人にルビをふり、インシャとした。

（3）野口武徳『沖縄池間島民俗誌』未来社、一九七二年。

（4）前掲（3）。

（5）長嶺宗治さんからの聞き取りによる。

（6）成功に住む阿美族漁民は、おもにトビウオを獲る。原住民市場にはトビウオの燻製や貝の瓶詰が売られていた。なお、台湾では、先住民である阿美族やプヌン族などを原住民と称する。

〈参考文献〉


秋道智彌『海洋民族学——海のナチュラリストたち』東京大学出版会、一九九五年。

伊良波盛男『池間民俗語彙の世界——宮古・池間島の神観念』ボーダーインク、二〇〇四年。

呉春基・劉燈城「台灣東部新港地區主要魚類資源調査研究——漁獲量・體長組成・肥滿度及體長與體重之關係——」台湾省水産試驗所、一九八九年。

国立台湾海洋大学『台湾水産加工業現況』行政院農委會台湾省漁業局、一九九〇年。

台湾省立博物館『台湾麻老漏阿美族的社会與文化』一九九四年。

台湾総督府殖産局水産課『台湾水産要覧』一九四〇年。


〈付記〉一九九七年の現地調査からお世話になっている池間島の長嶺巌・すみ江氏、譜久村健・節子氏、伊良波進・みどり氏、勝連清吉・秀子氏をはじめ、池間島と台湾でご協力いただいたすべての方々に深く感謝いたします。また、沖縄調査を始めるときからたいへんお世話になった沖縄地域ネットワーク社の上原政幸氏、学部時代からお世話になっている秋道智彌先生、大学院時代の指導教官である福井勝義先生にも、この場を借りてお礼申し上げます。

第4章　小さなかつお節店の大きな挑戦

赤嶺　淳

1　カツオの街・枕崎

「下駄屋とかつお節屋は潰れる」

鹿児島県枕崎市でかつお節の製造・販売業㋕今井鰹節店を営む今井敏博さん（一九五四年生まれ）の父、故・純郎《すみお》さんの口癖である。

突然、純郎さんが病に倒れ、東京の大学で法律を学んでいた敏博さんが家業を継ぐこととなったのは、七七年である。おりしも、アメリカ、カナダ、ソ連の三カ国が領海二〇〇カイリを施行し、魚類の安定供給がむずかしくなると噂され、「魚ころがし」や「思惑買《おもわく》い」といった言葉に代表されるように、水産業全体が大きく揺らぎ、カツオの価格が不安定な時分であった。当時について、「毎日、魚の価格が上下して、生産計画が立てられなかった」と敏博さんは振り返る。

もともと車好きだった敏博さんは、大学卒業後は自動車販売関係の仕事に就きたいと考えていた。かつお節屋を継ぐ気などなかったという。そんな青年が弱冠二〇歳そこそこで、みずからかつお節製造技術を修業するかたわら、同時に二〇〇カイリ時代のかつお節屋を経営していかねばならなくなった心境は、察してあまりある。

二〇〇二年に全国で生産されたかつお節およそ三万五八〇〇トンのうち、鹿児島県は約二万三四〇〇トンで、全体の六五%を占める(二二一ページ表2)[1]。しかも、そのほとんどは枕崎市と山川町で生産されている。江戸時代中期にかつお節の生産が本格化した枕崎では、タバコ、茶、焼酎とならんで、現在でもかつお節製造は主要産業のひとつである。では、そもそもどのような事情から、かつお節産地となったのだろうか。そのいきさつを『枕崎市誌』から要約しよう[2]。

本枯節と呼ばれるカビ付けをほどこしたかつお節が開発されたのは、江戸時代のことである。品質の改良が進んだだけでなく、大阪と江戸という二大消費地の需要に刺激され、かつお節の生産量も飛躍的に伸びた。殖産政策に積極的だった藩政も、かつお節生産が増大した要因である。薩摩藩は、カツオ漁とかつお節製造の先進地だった紀州の印南《いなみ》(和歌山県日高郡印南町)から、一七〇七(宝永四)年に森弥兵衛を招き、かつお節製造の技術指導を依頼する。これが、枕崎における本格的なかつお節生産の一歩となった。

カツオがのってくる黒潮は、フィリピン北方から台湾東方を北上し、琉球列島、奄美諸島の西方を北上する。その後、トカラ列島にぶつかり、屋久島の南方から太平洋へぬける。枕崎の南岸はるか沖合を流れる黒潮へおもむくには、優れた船が必要である。

枕崎の西隣、薩摩半島南西端に坊津《ぼうのつ》という国際港がある。東シナ海に面したこの港は、古くから中国との往来が活発であった。七度目の航海でようやく来日をはたした鑑真和上が降り立った港でもある。しかし、一六

図１　枕崎と奄美諸島

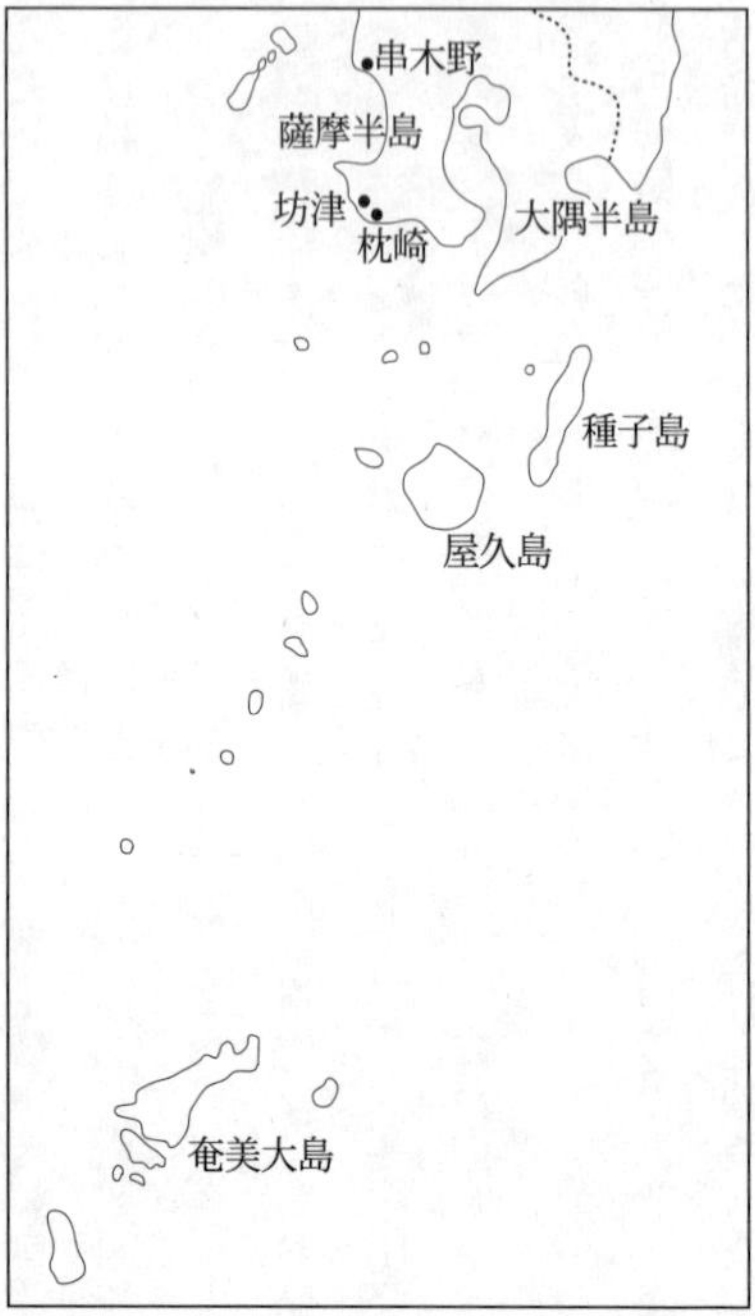

三五（寛永一二）年、徳川幕府が中国（明）船の入港を長崎一港に限定したため、坊津での対外貿易は御法度となる。とはいえ、風や波を避けるため、あるいは薪水の補給のために入港する船は、跡を絶たなかった。「漂流」と称して入港する船も少なくなかった。つまりは、密貿易である。

坊津における密貿易はなかば薩摩藩公認で行われ、一七二二（享保七）年の幕府による手入れがはいるまでの九〇年間近くも続いた。「唐物崩《からものくず》れ」と呼ばれる、幕府の摘発から逃れた密貿易船をかくまったのが、枕崎の領主・喜《き》入《いれ》氏である。薩摩藩家老でもあった喜入氏は、密貿易船の所有者にカツオ漁とかつお節製造の特権を与え、かつお節産業の振興を願った。密貿易船をカツオ漁船に転換することによって沖合での操業が可能となり、かつお節大量製造の端緒を枕崎はつかんだのである。

その後、枕崎のかつお節生産は活発となり、寛政年間（一七八九～一八〇〇年）に刊行された『日本山海名産図絵』には、「土佐、薩摩を名産とする」と評されるまでに成長した。その後も改良を重ね、現在では日本一の生産量を誇るにいたった。とはいえ、かつお節の海外生産も始まった今日、枕崎市における企業間競争もさることながら、山川町や焼津市などとの産地間競争も激しさを増している。

そのような厳しい環境のなか、「自分らしい味」の創造に意欲的なのが、今井敏博さんである。今井鰹節店は、一八九二(明治二五)年ごろ、敏博さんの曽祖父・嘉一郎《かいちろう》さんが鹿児島県北西部の串木野《くしきの》より移住し、かつお節生産を始めたことに由来する。嘉一郎さんが頼ったのは、カツオ産業を手広く手がけ、「カツオ大臣」と称されていた枕崎の国見氏である。そして、枕崎だけではなく坊津からもカツオを仕入れて、加工していたという。

四代目にあたる敏博さんが、かつお節製造に従事してから四半世紀が過ぎた。この間、石油ショックや円高による輸入原魚の増加、かつお節の海外生産の開始など、かつお節製造をめぐる環境は大きく変化してきた。たしかに、結果としてかつお節の生産量は増大し続けているが、全国のかつお節消費量が拡大する一方で、枕崎市の加工者数は減少している。〇三年一〇月のかつお節生産者数は七〇軒で、二五年間でほぼ半数が廃業してしまった。価格競争の激化が、おもな理由である。今井さんも、かつお節生産者の未来は決して明るくないと悲観的だ。

そのような厳しい環境のなか、どのように活路を開こうとしているのか。本稿では、今井敏博さんの試みを紹介しながら、現在のかつお節製造業がかかえる問題点を明らかにしたい。具体的には、創業から一〇〇年が経った今井鰹節店の経験を簡単に振り返り、かつお節産業が日本社会の変化とどのような関係を保ってきたのかを考えてみたい。

2　今井鰹節店の七五年

今井鰹節店の創業時、日本は富国強兵を国是にかかげ、さまざまな近代化政策を実施する渦中にあった。軍隊の近代化も、その一例である。皇軍兵士の体力増進のため、兵食の充実が課題とされ、米食が導入された。(3)かつお節も兵食に採用された結果、一八九四～九五（明治二七～二八）年の日清戦争を契機として、需要は拡大する。(4)かつお節の需要が全国的に拡大しつつあったころに、今井鰹節店は産声をあげたのである。まさに時代の産物といえよう。

敏博さんの祖父・嘉衛《よしえ》さんが二代目として家業を引き継いだのは、一九三五（昭和一〇）年である。南洋群島（現在のミクロネシア）でカツオ漁業とかつお節生産を行った南興水産株式会社が設立された年である。二九年に始まった大恐慌が終息し、全国のかつお節需要が再び上向きに転じつつあった時期でもあった。実際、三六年には、かつお節の生産高は史上最高の一万三五三二トンを記録している。そのうち南洋節は一八％で、かつお節相場を左右するほどの存在感を示すにいたった。(5)

南洋節の激増はかつお節のインフレを誘発し、進物《しんもつ》として、還暦祝い、新築祝い、棟上げ祝いなどにも贈られるようになった。一九三六（昭和一一）年から東京でかつお節の販売に携わる稲葉美二は、回顧録『東京鰹節物語』のなかで、当時の乾物屋では鶏卵、砂糖、かつお節が進物需要の主流であった、と述懐している。(6)東京における小売価格は、二〇〇グラム程度のかつお節一本が三〇銭、鶏卵が一〇〇匁《もんめ》（三七五グラム）あたり三一銭、白砂糖が一キロあたり四三銭であった。そばやラーメンが一五銭だったころの話である。(7)

嘉衛さんの時代は、安さを売り物とする南洋節との競争だったと想像されるし、それに続く統制時代をどのようにやりくりしたのか。非常に興味ある問題だが、いまだ詳細を伝える資料を入手できていない。

三代目の純郎さんは地元の進学校を卒業後、海軍兵学校を経て、職業軍人としての道を歩んだ。その後、一九五〇年に嘉衛さんが亡くなり、跡を継ぐ。戦後復興が進み、枕崎のカツオ漁業も軌道に乗り始めたころである。純郎さんは翌年に結婚し、その三年後に敏博さんが誕生した。周知のように、日本経済は五五年に戦前の水準を回復し、翌年の『経済白書』は、「もはや戦後ではない」と謳いあげた。

高度経済成長と呼ばれる六〇年代前半の日本経済は、合成繊維、プラスチック、家庭電器などの新製品が登場し、経済の牽引役をつとめた点で、戦後復興や朝鮮戦争による特需景気とは異なっていた。従来の産業においても生産技術が進歩し、コンビナート化などとあいまって、規模の利益を追求し、生産コストの大幅低下に成功する。流通では、スーパーが出現し、「流通革命」を標榜するようになった。そのような環境のもと、国民生活も大きく変貌した。生活水準が目に見えて上昇するなかで、「三種の神器」として、洗濯機、冷蔵庫、白黒テレビが普及し、人びとのライフスタイルを一変させていく。

純郎さん時代の経営は、「機械化」あるいは「合理化」を旗印とする高度経済成長時代の日本社会に対応を余儀なくされたものだった。というのも、かつお節製造業界も、昭和三〇年代に製造面と消費面でさまざまな変化を経験することとなったからである。製造面では、諸工業での雇用が拡大したため、旧態依然の生産形態から脱却できない水産加工業の職場が敬遠されるようになった。戦前の徒弟制度のもとで技術を磨いてきた技術者たちの高齢化が進む一方で、若者たちは長期間の修練を必要とする職場を嫌うようになったのである。とりわけ、焼津市においては、他県からの出稼ぎ者を受け入れ、不足の顕著な「削り」工員を養成せざるを得ない状態となった(8)。

削りは、荒節の表面についたタール部分を落とし、節の形を整える作業である。肉を落とさず、包丁の跡を残さずに削るのは、単純に見えて熟練を必要とする。現在のように機械化される以前、削りは、「生工《なまこう》」と呼ぶ頭切りやその他作業とは区別され、誇り高い職業であった。そんな気位の高さは、もちろん修練のなせるところである。たとえば、枕崎市のある老人は、「一九歳のとき、一人前と思って威張っていたら、焼津でずっと上手な女性削り師に出会って悔し涙をながした」と、若かりしころを回想している。(9)

削り工の不足を補うため、焼津水産加工協同組合は削り工程の機械化に取り組んだ。六〇年に試作品が完成すると、市内はもちろん他産地からも注文が殺到し、二～三年のうちに全国に普及する。くしくも、この六〇年は、即席ラーメンに象徴される簡便な食品が一気に普及し、「インスタント時代」なる言葉が流行し始めた年でもあった。(10)

焼津の成功をうけ、枕崎水産加工業協同組合が、削り工程の合理化対策として表面整形事業と呼ぶ、かつお節削り整形工場を設立したのは、六七年である。各製造所から委託され、組合が荒節の表面を削る作業を請負ったのだった。これを契機として、それまでの「削り工」と「生工」の分業体制がくずれ、協業体制へと転換していく。

六五年は、日本の総人口が一億人を突破した年である。テレビや冷蔵庫が二台以上ある家庭が珍しくない今日からは想像できないかもしれないが、全世帯の過半数に電気冷蔵庫が普及したのも、この年である。ちなみに、六七年生まれの私の実家(大分県)に冷蔵庫が登場したのは、六三年一一月だそうだ。六万円だったのを、その年の冬のボーナスと翌年の夏のボーナスの二回払いで購入したという。公務員だった父の月給が二万円に届かなかった時代のことだ。(11)

冷凍技術の進化は、カツオ漁の形態も変化させた。冷凍技術の進歩と南方漁場の開発とがあいまって、六五年ごろからカツオ一本釣り漁業の周年操業が可能になったのである。その結果、六六年にはカツオが過去最高の豊漁となり、かつお節の生産量も増大した。カツオ漁業の周年化が進んだのは、かつお節製造史上でも注目すべきことである。一年中いつでも原料のカツオが得られる、計画にもとづいた安定的なかつお節の生産が可能となったからである。

それまではカツオの北上にともなって製造時期も限定され、枕崎では三月から一一月までが製造シーズンだった。シーズンの終わりには、各製造所ごとに「別れ」という宴会が催され、そこで経営者から「来年もお願いします」と声をかけられると、来シーズンの雇用が確定したという。オフ・シーズンの職人たちは、道具の修理をしたり、竹籠を編んだり、かつお節を収める木箱をつくっていた。

また、周年操業がなされていなかったころは、カツオの群れを追った職人の移動もめずらしくなかった。たとえば、削り師のなかには、包丁と砥石を持ち、カツオの北上にともなって、鹿児島から宮崎、静岡、宮城の各県へ仕事場を移動する人びとがいた。(12) その過程で、修練を積むと同時に技術交流が行われたのである。先述した老人の事例も、それに該当する。「薩摩節は簡単な形だったが、焼津ではきれいに形を整えていた」と、薩摩節と焼津節の製品や製造技術の差異を目のあたりにしたのであった。(13) 敏博さんが子どもだったころは、三月になると焼津市から職人が三名ほどやって来て、七月まで枕崎市に滞在し、なまり節を製造し、焼津に送っていたという。

なお、六五年に枕崎市では、貨物列車に代わって、かつお節のトラック輸送が始まった。それまでは、駅で製造業者同士が、貨車のスペースをめぐって口論することも少なくなかったそうである。

3　カツオ危機

さらなる技術革新が、業界をわかせることとなった。大手かつお節店のにんべんが六八年、ポリプロピレン、ポリエチレン、ビニロンの三層でつくった小袋に五グラムを入れ、窒素充填した「フレッシュパック」を開発したのである[14]（第I部第2章参照）。これに触発されて、業界全体がパック製造に向かった。また、製造工程の機械化も着々と進んでいく。たとえば、頭切り機が六六年に完成し、七一年には改良型も登場した。それまで男性の熟練工が力をこめて作業していた頭切り工程だったが、改良型ではだれでも簡便に操作できる。しかも、男子熟練工三人分の高能率をもって処理できた[15]。

日本鰹節協会の依頼をうけて、一七〇〇ページにおよぶかつお節史の大著をまとめた宮下章は、かつお節の生産・流通・消費各分野における「革命」は、六九年から七〇年にかけてなされた感がある、と指摘している[16]。だが、その一方で、七〇年代前半以降のカツオ漁業は苦難の連続であった。枕崎市も例外ではない。八九年発行の『枕崎市誌』は、七〇年以降のカツオ漁業の変遷を「激動期の鰹漁業」と形容しているほどである[17]。

枕崎市における漁船の大型化は、七〇年に始まった。そして、わずか数年のうちに枕崎港所属船のすべてが、二九九トン、四三〇トン、四九九トン型へと拡大するにいたる。漁獲物の保存方法も、氷蔵からブライン凍結へ変化した。漁船の大型化は、漁獲物の積載能力の増加を意味し、水揚げの増加をもたらす。しかし、他方では、漁場の遠隔化、大型化にともなう航海の長期化、経費とくに燃油費の増加が顕在化した。航海の長期化によって、船を降りる高齢者が続出していく[18]。

とくに、七九年の第二次石油ショックによる燃油費の高騰は、カツオ産業に大打撃を与えることとなった。第一次石油ショックが起こった七三年以前の燃油価格は、一リットルあたり一一円であった。ところが、第一次石油ショックで三倍に高騰し、第二次石油ショックで八倍となったのである。さらに、日本の水産会社や商社がパプアニューギニアやソロモン諸島に築いた漁業基地からの「基地物」といわれる輸入カツオが七〇年代後半に増加し、魚価の下落を促進した[19]。

これらの一連の苦難は、「カツオ危機」として地元の人びとに記憶されている。ただし、その内容は複雑である。二〇〇カイリ問題、燃油費の高騰、操業の長期化にともなう活餌の斃死、不漁と問題は多い。その多くは、漁業技術の向上ではカバーできない。また、同じカツオに依存しながらも、カツオ漁業者とかつお節製造業者では、危機の意味するところは異なっている。カツオ漁業者は、豊漁と魚価の高騰を願う。他方、かつお節生産者からすれば、安価で安定した原魚の供給が必須となる。

カツオ危機当時、枕崎市では一本釣り漁船しか存在しなかったが、政府は一本釣り漁船から巻き網漁船への転換を進めようとしていた。それは、七九～八一年の三年間で経営不振の遠洋一本釣り漁船五〇隻を減船し、海外巻き網船を一〇統増やすことで、カツオの漁獲量を減らし、魚価を安定させるという政策である[20]。

カツオ一本釣りで発展してきた枕崎市漁業協同組合は当初、巻き網漁船の導入に反対であった。地元の『南日本新聞』は、その理由を次のように紹介している。

「五隻の船を潰して一隻の巻き網船を造る。巻き網船一隻には、一七人しか乗れず、一四〇人が失業の憂きめにあう。これでよいのか。また、巻き網船の建造には二〇億円かかるが、それにみあう漁が可能なのか。資源の枯渇を招くおそれはないのか[21]」

一本釣りには、餌として生きたイワシが必要である。長期間の操業となると、この活餌の斃死が少なくない。一方、海外巻き網船は餌がいらず、漁船員もほぼ半数ですみ、漁獲効率もよい。第二次石油ショックで高騰した燃油価格でも、浜値は一キロあたり二〇〇円前後で採算が合うと試算された(一本釣りは四〇〇円前後)。時代の趨勢と判断した枕崎市漁協は、八〇年度に一本釣り五隻を減船し、海外巻き網船を一隻建造することを、いったんは決定した。(22) しかし、依然として「カツオ一本釣りの伝統を絶やすな」という声が根強かったため、最終的に巻き網船の導入は見送られる。(23) 今日にいたるまで、海外巻き網漁船は導入されておらず、枕崎市のカツオ漁船は、その後も一貫して遠洋一本釣りを行っている。(24)

では、枕崎市民は、カツオ危機をどのようにみていたのだろうか。

七八年四月二六日、漁協関係者、漁業関係労組、船主、加工業、市民の代表者ら二〇〇名が漁協ホールに集まって、カツオ問題にしぼった市民提言集会が開催された。(25) 同年七月二五日には、青年会議所が中心となって、「枕崎の漁業を守る会」が発足する。南太平洋の二〇〇カイリ実施や輸出不振などによる魚価低迷で、かつてない危機をむかえた枕崎市の水産業を、全市民運動で守りぬこうというものである。第一回カツオ祭りも開催された。(26)

七九年二月二四日には、「かつお漁業危機突破枕崎市民大会」が開かれる。(27) 八〇年一月には、カツオボール(カツオのミンチ)が学校給食に採用され、カツオ消費への貢献が期待された。(28) 八三年には、端午の節句に「かつおのぼり」をあげようとの運動も始まる。有志が一七人で構成する「明日の枕崎を考える会」が考案し、青年会議所が中心となって、「かつおのぼりを広める会」を組織し、市民への普及につとめたのである。(29)

このように、さまざまな人びとが、さまざまなかたちでカツオと関係しながら暮らす地域に、今井鰹節店は存在してきた。そして、カツオ危機が表面化しつつある時期に、敏博さんは後を継いだのであった。

4　生鮮カツオへのこだわり

〇一年度における枕崎水産加工業協同組合の会員数は、七九社である。そのうち、従業員五名以下が三〇社と、四割弱を占める。六～一〇名規模の一七社を合わせると、一〇名以下の企業が全体のほぼ六割を占める。従業員数の最多は七四名で、五六名が続く。[30] しかし、このうちわずか一社が、大手のかつお節メーカーと強い関係をもち、かつお節類を専門に製造するにすぎず、もう一社は、かつお節類にかぎらず塩干魚や鮮魚も扱っている。

従業員八名(うち二名は中国人研修生)の今井鰹節店も、零細とはいわないまでも、典型的な小規模かつお節製造業者といっていいだろう。現在の生産設備では、本枯節に加工すると、一日一トンの原魚を処理するのが精一杯である。一方、荒節ならば三トンが可能である。加工業者としては本枯節にこだわりたいが、会社として利益をあげるためには、生産量をこなす必要もある。そのため、現在の生産は荒節が主力である。原魚で八〇～九〇トンの月産をあげている。

今後の生き残り方策としては、「これこそがかつお節」というような品質を高く保ち、高級化指向の差別化をはかるしかない。敏博さんがいま取り組んでいるのは、近海カツオ一本釣り漁船が獲った生食用生鮮カツオを用いた本枯節の製造だ。

生鮮カツオにこだわるようになったきっかけは、九二年にベトナムで味わった料理だという。珍しい味だっ

今井鰹節店でカツオをさばく女性。かつお節製造の主力は女性だ

たから、印象深かったわけではない。シュウマイや野菜炒めのような馴染みの料理にも感動した理由を自問し、魚も肉も冷凍されていない新鮮な素材ばかりを用いているのが主因ではないかと思いいたったのだった。たしかに冷凍技術や機械の性能が進化したため、かつお節製造の作業効率は向上した。凍結した原魚は加工しやすい。だから、鮮度のよいカツオでも、いったん凍結させた後に加工するのが一般的となっている。敏博さんにとってベトナム旅行は、生産効率ばかりを追求する経営者としての自分の態度を反省する契機となった。

ベトナム旅行において敏博さんは、冷凍原魚の使用が別の問題を誘発していることも自覚した。それは、近年かつお節が塩辛くなったという批判である[31]。輸入された原魚を利用したかつお節は、塩辛くならざるを得ない事情がある。その理由は、次の二点だ。

第一に、輸入物カツオのほとんどが保冷設備が整っていない漁船で漁獲されるため、凍結する段階において、すでに鮮度が悪くなっている。そのため、ブライン凍結液の塩分濃度を高くしなければならない。第二に、原魚の大きさも関係している。同一時間で比較すると、魚体が小さい魚は、大きな魚より体重比において多量の塩分が浸透する。フィリピンのジェネラル・サントスからインドネシアのマナドにいたる海域で漁獲されたカツオは、体重量〇・五

〜一二・〇キロの小さなものが多いうえ、鮮度も悪いため、必然的に塩辛い原魚として日本に輸入されるのである。

敏博さんが実際に生鮮カツオを用いて本枯節の生産を試みたのは、九五年である。さまざまな工夫を重ね、九九年一〇月に商品化が実現する。柔らかい食感に仕上がり、自分でも「おいしい」と思える味であった。しかし、セールスポイントのひとつでもある柔らかさは、視点を変えると、カンナ屑のような立派な「花」が咲かない短所ともなる。また、時間が経つにつれて、製品にひびが入りやすくなるように節が「進化」する点で、要注意である。かつお節はあくまでもおいしさの追求が基本であるべきで、節の「進化」は問題とならないはずだ。(32)しかし、消費者の使い勝手を考えると、その防止が今後の技術的な課題だと敏博さんは言う。

節の「進化」の克服以外にも、生食用カツオを安定的に仕入れて納期を守れるかどうかも、深刻な問題である。仮に生食用カツオが水揚げされたとしても、一キロあたり六〇〇〜一二〇〇円もすれば、本枯節への加工はコスト的に不可能である。例年、六月ごろから枕崎市でも生食用カツオの水揚げが多くなるが、価格が高く、節類に加工するのはむずかしい。九〜一〇月に銚子市で生鮮カツオの水揚げが始まると、枕崎市の原魚価格は低下する。九九年に商品化が実現したのも、原魚価格が下がったためである。五回に分けて五〇トン強の原魚を仕入れ、九トンの本枯節が生産できた。

生鮮カツオのもうひとつの難点は、せっかくの豊漁に対応できないことだ。仮に安く入手できても、傷みやすい。ただし、豊漁時の魚価の安いときに大量に買いつけて、多めにゆで、一次加工をすませておけば、量産が可能ではないか。そう考えた敏博さんは、他社に一次加工をお願いしたが、断られてしまった。生鮮カツオは、身が割れやすく、骨抜きの作業が大変だからである。

る。

5 「泳ぎ方」の試行錯誤

敏博さんによると、かつお節類の出荷値は八〇年代初頭から変化していない。その状態で会社の事業を拡大するには、品質を落としてでも節類の生産量を増大するか、従業員数を減らして合理化を進めるか、のいずれかしかあり得ない。彼は後者を選択した。当初の従業員数一三名(男四、女九)から六名(男性二、女性四)にまで、半数以上の合理化を行ったのだ。〇二年六月からは、中国・山東省出身の女性研修生二名を受け入れてい

かつお節の大量生産が進むなか、高級化指向を選択したのは、逆説的ではあるが、資本力のない自分なりの経営スタイルを模索せざるを得なかったからだ、と敏博さんは言う。生き残りを考えて、さば節ビジネスに参入したこともある。サバの水揚げの多い台湾の蘇澳《スーアオ》から、生鮮サバとさば節を輸入しようと試みたのだ。八〇年代初頭のことである。第二次石油ショックによる原魚高を回避するための、ひとつの方策のつもりだった。並行して、喫茶店の経営も行った。とにかく本業を支えるための副業を模索していた、と回顧する。

しかし、かつお節とさば節は似て非なるものであり、商業ベースに乗せるのはむずかしかった。また、当時、鹿児島県では「一〇〇円する箱を返してくれれば、サバはタダであげる」というほどサバが豊漁だったため、鮮魚の輸入もやめた。喫茶店の経営は軌道に乗っていたが、当時生まれたばかりの長女の育児もあって身体的な負担が大きく、結局たたんでしまった。

さまざまな試行錯誤の末に目標としたのが、自分が納得する味の追求であった。生鮮カツオを用いて、冷凍

技術が未発達であったころの味を再現しようとする試みも、その一環である。

生産量を増やせば、生産コストは下がる。かつお節製造の場合、生産量は乾燥機の大きさで決まる。近年では、薪を焚かずに摂氏五〇度程度で電熱乾燥する業者もいる。しかし、ことは簡単ではない。単に製品を乾かせばよいのではなく、乾燥機で乾かした後に、日干しと呼ぶ天日乾燥が必要となるからだ。日干し工程の重要性は、製造業者のだれもが認めるところである。日干しせずに機械で乾燥させると、なんとなくカビ臭い感じがするが、日干ししたものにはそれがない。いや、かつお節の風味と旨味は、日干ししてこそ醸し出されるものなのだ。

しかし、日干しは、太陽が照りつけるなか、しゃがんで一本ずつ手作業で行う、過酷な作業である。私は七月末に枕崎市を訪れた際に、日干し作業を目にしたことがある。頭上から射す太陽だけではなく、アスファルトの照り返しも厳しい。立っているだけで身体中から汗が噴き出し、眼鏡が曇っては拭き、曇っては拭いたのを思い出す。しかも、日干しを行う期間中、収入はゼロだ。本枯節だと、最低でも三～四カ月は日干しが必要である。これこそが、製造業者の資金繰りを苦しめる要因なのである。

八五年九月のプラザ合意以降に生じた円高によって、原魚の輸入が促進されるようになり、安価な仕入れも可能となった。一方で本格的なかつお節の海外生産も始まり、かつお節業界全体の競争を激化させる原因ともなった。作業効率をあげるため、焼津市や山川町では行政指導のもとに加工団地が整備されもした。そして、国内の生産量が増え、従来の供給バランスがくずれたため、さらなる価格競争が出現する。合理化による価格競争が際限なく繰り返されているのが、現状である。

この循環を強化した要因として、全国規模の大手メーカー（便宜的にブランド・オーナーと呼ぼう）が開発した削りパックや液体だしの販路拡大が無視できない。その結果、独自の商品開発をやめ、ブランド・オーナーへ納入する荒節だけを生産するようになった加工業者も少なくない。この現象について、枕崎水産加工業協同組合の中釜正彌組合長(当時)は、次のように語っている。[33]

「カツオ節パックの出現は、食生活のインスタント化にあわせて登場したと言われていますが、カツオ節業界に一大革命を起こしたといえるでしょう。その一方でパックの出現によって、地場産業の典型であったかつお節の生産が県外大手企業のパック生産に占められ、地元は大手の下請けという感じになり、一抹の寂しさをぬぐうことができませんね」

これに関連して、山川町でかつお節生産に取り組む最年長の鈴木輝次《てるじ》さん(一九一三(大正二)年生まれ)は、こう指摘する。

「ヤマキやマルトモなどのコストだけを気にする大手のやり方は、そろそろ限界にきているのではないか。第一、大量生産では質が落ちる。質はいったん落ちると、取り返しがつかない。技術力の維持と経営効率を追求する『泳ぎ方』がむずかしい」

そもそもかつお節製造業は、カツオの回遊に左右されるために季節性が強く、家族単位で経営する零細な産業であった。それが、日本をとりまく政治経済環境の変化とともに、さまざまな変革を求められてきたのである。

明治時代以降のかつお節産業の推移をみると、富国をめざした勧業政策、日清・日露戦争、南洋への進出など、さまざまなかたちで日本社会の変化とともにあることがわかる。昭和初期に南洋節の生産が国内の生産を追い上げつつあったことなどは、輸入かつお節(荒節)が国内の生産者を脅かしている現状と同様であろう。明治時代の漁場の外延的拡大によって原魚がだぶつき、魚価が低迷したことも、海外巻き網船が一般化し、冷凍原魚が一〇万トン単位で備蓄され、魚価安を招いた今日と、似た状況といえる。いつの時代も社会は変化し続ける。とすれば、今後のかつお節産業は、どのような社会像を念頭に置いたものであるべきなのか。

鈴木老人のいうように、そろそろ大量生産の発想を抜け出す時期にきたのではないだろうか。そのために、どうするか。敏博さんは、「独自性のあるかつお節生産をこころがけるしかない」と主張する。それが、生鮮カツオを用いた本枯節の製造であった。

とはいえ、敏博さんは本枯節だけを専門的につくっているわけではない。会社の経営安定のため、削りパック原料用の荒節も製造し、大手メーカーに納めている。量的には、削りパック原料とする荒節製造のほうが多いのが現状である。経済的な合理性を追求しつつ、自分の納得する本枯節を製造する。それが、現在の「泳ぎ方」であり、挑戦課題である。

そんな敏博さんがもっとも怖いのは、消費者の舌の変化だという。いくら自分が「おいしい」と誇れるかつお節をつくっても、消費者がおいしいと思ってくれなければ仕方ないからだ。では、はたして、消費者は味を正当に評価できる舌をもちあわせているだろうか。ブランド・オーナーの消費戦略に乗って、グルメを自称しているだけではないだろうか。たしかに、ブランド・オーナーが繰り出す商品群なら心配はないだろう。いつでも、どこでも、そこそこのおいしさが保証されているからだ。しかし、それは失敗するリスクを回避する一方で、それ以下でも以上でもない味を放棄したといえないだろうか。

敏博さんの悩みは、消費者の舌だけではない。「グラムいくら」のような製品は、スーパーなどの棚には陳列されない。削りパックなど一定したものがスーパーには好まれる。一見、便利な消費生活も、実は流通業界がしかけたライフスタイルに踊らされているだけではないだろうか。

こうしてみると、カツオをとりまく環境だけではなく、私たちの生活環境も時代とともに変化してきたことに気づく。この変化は、時間に追われつつ、規格を統一し、多様性を排除しながら、効率を高めるための工夫を凝らしてきた帰結でもある。鈴木老人のいう「大量生産思考からの転換」は、経済的合理性からの脱却を模索する、近年のスローな、ゆったりした生活を求める声とだぶってはいないだろうか。なにも、かつお節を削ることがスローなのではない。毎日とはいわず、休日にかつお節を削ってみるほどの心の余裕をもてないものだろうか。

枕崎市では、家内工業的に本枯節を専門に製造する業者も、少数ながら健在である。彼らのなかでも、生鮮カツオの評判はいい。枕崎市における生鮮カツオの需要は当然、近海でカツオを釣る奄美諸島や宮崎県の一本釣り漁船を活気づける。残念なのは、枕崎市の漁船のすべてが大型遠洋カツオ一本釣りであるため、生鮮カツオを活用しようとする敏博さんの取組みとマッチし得ないことだ。

自分の味をひたすら追求する敏博さんの姿に、私は惹かれている。同時に、膨大なエネルギーを使って遠洋から運ばれてくる冷凍ものではなく、近海で獲れた生鮮カツオを活用しようとする試みが、表面的なグルメブームを超えた地域活性化の源となり得るのではないか、と注目している。そして、そのような地域おこしが軌道にのるか否かは、消費者である私たちが選択するライフスタイルと密接に関連しているのである。

（1）以上の数字は、『水産物流通統計年報』による。なお、枕崎水産加工業協同組合資料によると、二〇〇二年に枕崎で生産されたかつお節類の合計は一万四四〇〇トンであった。そのうち、本枯節は四二〇トンにすぎず、荒節が一万三三五〇トンと九三%を占める。
(2) 枕崎市誌編纂委員会『枕崎市誌(上巻)』枕崎市、一九八九年、五三七〜九一四ページ。
(3) 柳田國男『明治大正史世相篇・新装版』講談社学術文庫、一九九三年、七二ページ。吉田忠・秋谷重男『食生活変貌のベクトル』農山漁村文化協会、一九八八年、一三一ページ。
(4) 宮下章『鰹節(下巻)』日本鰹節協会、一九九六年、三一五ページ。
(5) 前掲(4)、四二五ページ。
(6) 稲葉美二『東京鰹節物語』チクマ秀版社、二〇〇一年、一三五ページ。
(7) 週刊朝日『値段の明治・大正・昭和風俗史(上・下巻)』朝日文庫、一九八七年。
(8) 前掲(4)、八二八ページ。
(9) 『南日本新聞』一九八九年一一月一二日。
(10) 前掲(4)、八二九ページ。岸康彦『食と農の戦後史』日本経済新聞社、一九九六年、一一二〇ページ。
(11) 高度経済成長期の生活の変化を示す事例として、赤嶺家における「三種の神器」購買歴を紹介しておこう。まず、白黒テレビを一九六二年六月に四万五〇〇〇円で購入し、翌年一一月に冷蔵庫を購入した後、洗濯機を六四年一二月に三万円で購入している。白黒テレビは、六八年にカラーテレビ(一五万円)におきかわった。同年、電話も設置したが、当時の電電公社に発注してから一年半待たねばならなかった、とのことである。
(12) 前掲(6)、二七〇ページ。
(13) 前掲(9)。
(14) 現代経営研究所編『かつお節物語――日本の味から世界の味へ』にんべん、一九七九年、一八九ページ。
(15) 前掲(4)、八三五〜八三六ページ。
(16) 前掲(4)、六三三ページ。
(17) 前掲(2)、七〇六〜七一一ページ。
(18) 前掲(2)、七〇七ページ。

(19) 前掲(2)、七〇八ページ。
(20) 前掲(19)。
(21)『南日本新聞』一九八二年一月九日。
(22)『南日本新聞』一九七九年一二月二六日。
(23) 枕崎市漁業協同組合創立五十周年史特別編集委員会編『枕崎市漁業協同組合創立五十周年史』枕崎市漁業協同組合、二〇〇〇年。
(24) 二〇〇三年一〇月現在、枕崎船籍のカツオ漁船六隻はいずれも四九九トン級の一本釣り漁船である。五月～一〇月にかけてトンボ(ビンナガ)漁に従事するほかは、カツオ漁を行っている。
(25)『広報まくらざき』二四一号(一九七八年五月)。
(26)『南日本新聞』一九七八年七月二六日。
(27)『鹿児島新報』一九七九年二月二四日。
(28)『鹿児島新報』一九八〇年一月七日、『南日本新聞』一九八〇年一月一二日。
(29)『南日本新聞』一九八三年五月二日、『南日本新聞』一九八六年二月三日。
(30) 枕崎水産加工業協同組合「平成一三年度組合員事業所従業員調査」。
(31) 前掲(6)、三六六ページ。
(32) 経験的には、生鮮カツオを用いた場合、七～八割が「抜き」と呼ばれる粗悪品となる。「抜き」とは、加工途中でヒビ割れを起こした節で、見た目が悪いため、そのままでは商品とはなり得ないかつお節を指す。冷凍カツオを使用していなかったころも、ヒビ割れは当たり前であったが、当時は家庭での使用が盛んだったから、「抜き」となることはなかったという。
(33)『朝日新聞(鹿児島版)』一九八三年八月二四日。

第5章　大航海時代を生き抜く漁民たち

北窓　時男

1　在地漁業の起源を考える

目には青葉　山ほととぎす　初鰹（山口素堂）

カツオは近世の江戸でことに珍重された。カツオの群れが沿岸に近づくと人びとは和船を出し、竿を手にカツオを釣った。これを一本釣り漁法という。

カツオが生息する海は広い。ほとんど世界中の暖かい海に生息するといってもいい。広い生息域と重なるように、カツオを一本釣り漁法で漁獲する地域が広がっている。かつて日本の初夏の風物詩であったカツオも、熱帯の海では年中沿岸近くで見ることができる。そうした地域で、カツオは人びとの生活に欠かせない食料であり、商品であった。

インドネシア東部に位置するマルク海周辺（図1）は、カツオ一本釣り漁業が盛んな地域だ。ここには現在、二種類のカツオ一本釣り漁法がある。一二〜三〇トンの船を用いるフハテと、一〜四トンの小型船で行うフナ

図1　カツオ一本釣り新法の分布地域

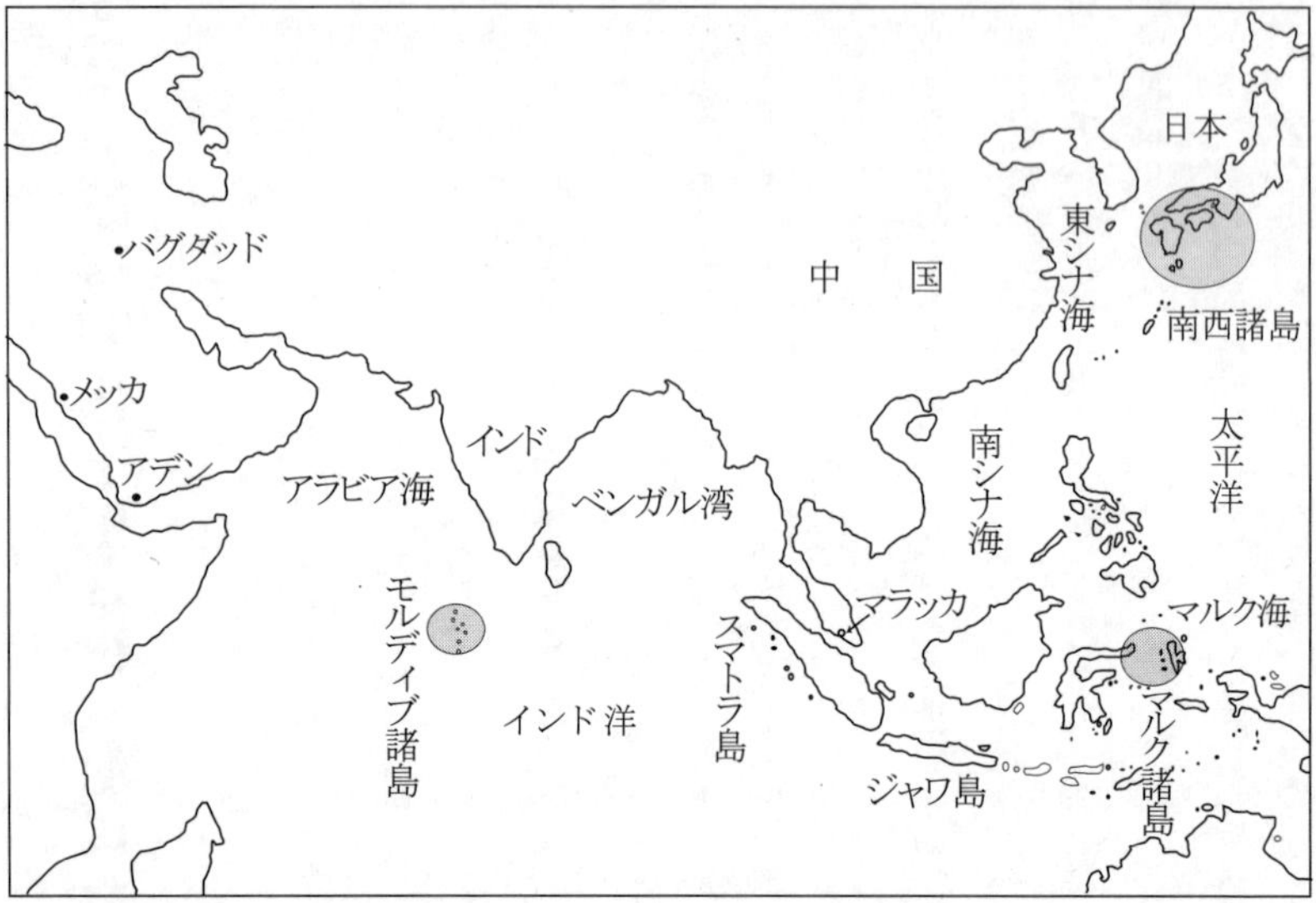

（注）◎はカツオ一本釣り新法の分布地域。

イだ。前者は一九二五年以降、この海の豊富なカツオ資源を求めてやって来た日本漁船のカツオ一本釣りが現地化したものである。当時、日本漁船がこの海域を訪れたとき、地元の人びとは彼ら独自の一本釣り漁法でカツオを釣り上げていた。それがフナイという在地漁法だ[1]。二つの漁法は共存しながら、地域の人びとにカツオという恵みをもたらしてきた。

ところが、八〇年代になり、当地のカツオ漁業は輸出指向に偏重していく。とくに、九〇年を境にして、アジアを中心とする水産物流通の国際化が拡大するなかで、インドネシアでも外貨の獲得をめざしたモノカルチャー型に偏った生産力の展開が指向されてきた。これまで地域住民に水産タンパクを供給してきた漁業は、輸出指向を強める。そのなかで、生産性重視の価値観が強まり、伝統漁法のフナイは効率重視のフハテへ転換していく。それは、水産物の輸出をめざす水産会社が沿岸漁民を傘下におさめ、彼らの生産力を統合する傾向が強い地域ほど顕著である。

私はそうした傾向のゆきすぎに不安を感じる。海外市場に依存するモノカルチャー型経済への偏重は、国際市場の動向や政治環境の変化など外部条件に影響を受けやすい。ひとたびその影響を受けると、地域経済に大きな打撃を与えがちだ。多様な価値観のもとに多様な生業形態が併存する社会が、体質的に強い地域社会だと考える。[2]

ここでは、漁業の輸出指向化という大波のなかで翻弄される、フナイという在地漁業の歴史を明らかにしたい。一七世紀、ヨーロッパ人による香料交易の管理体制というモノカルチャー型経済への密かなる抵抗手段として、この地のフナイが生まれてきたのではないか。それについて考えてみたい。

2　東進するイスラムと交易のネットワーク

ヨーロッパ人がアジアの海へやって来るはるか以前から、アジアの海ではさまざまな人びとやモノが行き来していた。そうした人やモノの交流のなかで、カツオ一本釣り漁法がある地域から別の地域へ伝播したのではないか。もしそうだとすれば、イスラム・ネットワークや香料などの物産を求める交易ネットワークがそれを支えたと考えて、さほど見当違いではないだろう。

西暦五七〇年ごろに生まれたムハンマドが創始したイスラムの信仰は、商業都市メッカを基盤に形成された。アッバース朝（七五〇～一二五八年）の時代になると、帝国内の都市は経済都市としての性格を強め、インド洋と南シナ海を結ぶ海の交易ネットワークが形成されていく。[3]インド洋に真珠のネックレスのように浮かぶモルディブ諸島の島民がイスラムに改宗したのは、西暦一一五三年のことだ。イランのタブリーズ出身のシャイフ＝ユースフ・シャムス・ウッディーンが演じた奇蹟を恐れた島民が、こぞってイスラムへの改宗を誓った。[4] モルディブ諸島はアラブと東南アジアを結ぶほぼ中央に位置する。この地の人びとは東西を結ぶ交易ネットワーク上の好位置を利用し、古くから航海と交易で活躍してきた。[5]

一三四三年にモルディブを訪れ、一年近く滞在したイブン・バットゥータは、[6] モルディブ人はアラビア、インド、中国との定期貿易に従事し、これらの国々へ宝貝、[7] 竜ぜん香、[8] ココヤシ繊維からつくった紐縄[9]などとともに、かつお節[10]を輸出していたことを記している。[11] 彼の記録から、当時のモルディブ諸島ではすでにカツオ漁業が行われ、かつお節が製造されていたことがわかる。

一五世紀に七回にわたって東南アジアからアフリカ東岸までの海域を遠征した明の鄭和に随行した馬歓は、『瀛涯勝覧《えいがいしょうらん》』という見聞録を著した。そのなかの溜山国（モルディブ）の記述を見てみよう。[12]

モルディブ諸島に住む人びとの多くは、漁労を生業としている。住民は、漁獲したカツオを大きな切り身にし、日に乾しあげておく。すると、他国の商人がそれを仕入れ、海溜魚（hai-liu-yü）と名付けて販売する。海溜魚とは、現在モルディブ・フィッシュと呼ばれるかつお節のことだ。また、ココヤシを植えて生業とする。その実の繊維を編んで紐縄をつくり、家に積み重ねておくと、商船に乗って各地から来た人びとが、船をつくる材料として買っていった。ココヤシの紐縄は、木造船を建造するときに外板（舷側板）を固定するために用いられた。外板に小さな穴をあけ、紐縄を通して、縫い合わせたのである。こうしてつくられた船は縫合船と呼ばれる。

一六世紀初頭に書かれたトメ・ピレスの記録によれば、当時国際貿易の一大中心地として栄えていたマラッカでは、カイロ、メッカ、アデンのイスラム教徒などさまざまな人びとに混じって、レケオ人、マルコ人、

［マル］ディヴァの人びとが交易に従事していた(13)。ここでレケオ人とは琉球の人びと、マルコ人はマルク諸島の人びとであり、［マル］ディヴァとはもちろんモルディブ諸島のことである。モルディブ人は自らの故郷でココヤシの栽培と漁業という生業をもち、ひとたび島を離れれば、船乗りや商人として東西交易に従事し、マラッカなど東南アジア各地の港市を訪れていたのだ。

イスラム教徒にとって、交易と布教は不可分に結びついていた。アラブやペルシャの人びとはすでに七世紀後半から、交易船に乗り込んで東南アジアの島嶼部を訪れていた。しかし、この地域に最初のイスラム国家が現れるのは、一三世紀後半、スマトラ島北端のサムドラ＝パサイの成立を待たなければならない(14)。サムドラ＝パサイはすでに港市国家の機能をそなえ、一二七一年にはイスラム教徒の王をいただく国家を形成していた(15)。

前述の『瀛涯勝覧』によると、馬歓がマラッカを訪れた一五世紀の前半、王も人びともみなイスラム教徒であり、その教えをかたく信じているとある。マラッカに住むイスラム商人がその後ジャワ島北岸へ訪れるようになり、イスラムはジャワ島から東方の島々へ徐々に浸透していく。マルク諸島への伝播は、ジャワ島のイスラム商人の影響による。その最初は、イスラム教徒であるジャワ島の身分の高い女性と結婚したテルナテ王だったという。一四三〇年ごろのことだ(16)。

こうしてモルディブ諸島にイスラムが伝播して三〇〇年たらずの間に、東南アジアの島嶼域がイスラム化し、それがマルク諸島にまで達したのだ。イスラム商人や船乗りたちの移動によるイスラムと交易のネットワークは、イスラムの教義や物産ばかりではなく、その担い手である人びとの生活文化や情報をもたらしたにちがいない。

3　カツオ一本釣り漁法の広がり

漁撈文化人類学者のJ・ホーネルは、インド洋のモルディブ諸島からポリネシアに至るカツオ一本釣りの分布と漁法の類似性を指摘した。それを受けて、藪内芳彦は漁撈文化圏設定試論のなかで、モルディブ諸島のカツオ釣りは大正時代までの日本のカツオ釣りと寸分違いはなく、「どちらからどちらへの伝播かは定かではないが、インド・パシフィック・シヴィリゼーションの一要素と考えてよいであろう[17]」と語っている。日本とモルディブ諸島にははるかな距離があり、その間には広大な海と多くの島々が横たわっている。そのほぼ中央に、インドネシア東部のマルク海が位置する。マルク海を北上すれば、南西諸島を経て黒潮洗う九州、四国、本州の太平洋沿岸部へと行き着く(二七八ページ図1)。

カツオ一本釣りには新旧二つの漁法がある[18]。旧法とは、二～五人乗りの小舟を用いて、水中で疑似針を巧みに動かし、カツオを釣り上げる漁法である。新法になると、活餌を用いるようになる。船上で活餌を撒きながら、カイベラ(水をすくい上げるために竹をひしゃくのような形にした道具)で水面にしぶきをあげ、無数の小魚がいると思い込ませてカツオを釣る。新法では一三～一五人乗りの比較的大きな船を用いたから、一度に大量のカツオが漁獲されるようになる。

藪内芳彦がモルディブ諸島と大正時代までの日本の漁法の類似性を指摘したのは、ここでいう新法である。マルク諸島のフハテとフナイもまた、新法に含まれる。カツオが分布する広大な海域のなかで、日本とモルディブ諸島とマルク諸島という三地域に、カツオ一本釣り新法が出現したのだ。

インドネシアからポリネシアの海域で現在も見られる旧法は、古代もしくは有史以前から広く行われていたと考えられる。ところが新法は、日本においては室町中期(一五世紀後半)に紀州(和歌山県)・熊野で始まったとされている。[19]そのころ、アジアの海ではマラッカ王国(一四〇〇～一五一一年)が国際貿易の一大中心地として栄えていた。当時、マラッカ港では八四の言語が話されていたという。世界中のさまざまな国からマラッカに集まってきたなかに琉球、マルク諸島、モルディブ諸島から来た人びとの姿があったことは、すでに述べた。

この時代、西からのダウ(インド洋から中東、アフリカ東岸海域で交易を行うアラビア系商人がおもに用いてきた航海用木造船の総称)がインド洋と南シナ海を結ぶ海上ネットワークを構築し、東からのジャンク(中国沿海で交易を行う中国系商人がおもに用いてきた航海用木造船)も東南アジアからインドやペルシャ湾にまで航海していた。マルク諸島は香料(クローブ)を介して、ジャワ島北岸の諸都市やマラッカ王国と交易ネットワークで結びつく。人やモノが活発にアジアの海を移動する時代である。

モルディブ諸島のカツオ一本釣り漁法を、一九五〇年以前にこの地を訪れたJ・ホーネルの記述から見てみよう。[20]モルディブ諸島の人びとは漁業を天職とし、そのおもな対象がカツオである。漁場へ向かう前、活餌として用いる小魚を集めなければならない。彼らはラグーンのなかで四本の棒で張られた四角形の網に餌を入れ、小魚を漁獲する。舟は活餌を入れておくための生簀となり、その底には栓がされた四つから六つの穴があいている。活餌を入れて帆走すると同時に、穴の栓が抜かれ、絶えず水流が船内にほとばしる。

私は八八年と九九年にマルク諸島のバチャン島とモロタイ島で、伝統的なカツオ一本釣り(フナイ)操業に立ち会った。彼らは日の出前の早朝に浜を出発し、最寄りのラグーンで活餌を採った。袋網の両側に長い袖網を

浅瀬で小魚の群れを追い込む(1988年8月、バチャン島近海にて)

つけた網具を用い、小魚の群れを海のなかで追い込みながら漁獲する。活餌の漁獲方法はいくらか異なっているが、カツオ船が活餌を自給すること、船底にいくつかの穴をあけ、活餌を入れると同時に栓を抜いて水舟の状態にすることは、同じである。

マルク海の周辺地域で、カツオ船の乗組員が活餌を自給する形態は、すべてのフナイ船とティドレ島出身のフハテ船で今日もなお見られる。その他のフハテ船は、バガンと呼ばれる敷網で小魚を採る漁民たちから、活餌を購入するのが一般的である。これは、活餌の自給が昔から行われてきた操業形態だということを示している。

ホーネルのモルディブ諸島の記述に戻ろう。ひとたび魚群が見えると、舟はその群れに向かって進み、利用できる手はすべて竿を握り、後ろのプラットホームに群がる。一人の男が活餌を二～三匹すくいあげて、できるだけ早く船外へ投げつける。二人の男はカイベラを使って水しぶきをあげる。ホーネルは明確には記述していないが、このとき舟を微速前進させながら、後ろのプラットホームに群がった釣り手が竿を船尾後方に伸ばし、魚群を常に舟の後方に位置どりさせて漁獲するらしい(21)。カイベラを使う人とカツオを釣る人が分業する点が異なってはいるものの、釣り手が船尾に位置し、船を微速前進させながら釣る方法は、マルク諸島のフナイと共通している。

マルク海において、カツオ魚群を発見したフナイ船は、船尾に並んだ釣り手が片手に釣り竿を抱え、他方の手に持ったカイベラで水面をすくい、舟の後方にしぶきをたてる。船は微速前進している。活餌と水面のしぶきで、カツオ魚群が興奮し始める。カツオが喰うと竿をしゃくり、魚を引き寄せる。そして、カツオを脇の下にはさみ、針をはずして後方の魚艙に入れる。つまり、魚群を船の後方に位置どりさせ、舟を微速前進させながら釣るのである。いわば、曳縄と一本釣りとの折衷型のような漁法である。私はこの漁法に、くり舟が疑似針を流して手漕ぎで舟を進める曳縄《ひきなわ》漁や一本釣り旧法から、カツオ一本釣り新法へと変化した痕跡が認められるのではないかと考えている。

一方フハテでは、カツオ魚群に接近すると、船首から舷側《げんそく》にかけて装備されたホースから、撒水が始まる。釣り手は船首から船尾に並び、竿を出す。活餌と撒水で興奮するカツオ魚群は船の付近を回り始め、船はその場でカツオを釣り上げる。[22] それは現在の日本船の漁法に準ずるものである。

フナイ船によるカツオ一本釣り。釣り手は船尾後方に竿を出し、カイベラでしぶきをあげる（1988年8月、バチャン島にて）

4　マルク海のカツオ漁伝承

マルク海の周辺地域（図2）には、一七世紀にティドレ島の漁民によってカツオ一本釣り漁業が始められ、彼らの移動によってそれが周辺地域に伝播した、という伝承がある。ティドレ島はテルナテ島の南隣に位置し、かつて二つの島はクローブという香料をめぐって覇権を争った。ここではその伝承を整理し、伝承の舞台となった一七世紀のマルク諸島がどのような時代であり、そのなかでカツオ一本釣り漁業がどんな役割を果たしたのかを考えたい。

カツオ漁業に関するこの地の伝承とは次のようなものだ。

① ティドレ島第二〇代スルタン・サイフディン［即位年間一六五七～一六七四年］が村ごとに生業を定める。トマロウ村の生業をカツオ漁業とし、トロア村の生業を造船業とする。こうして、トロア村でつくられた舟を用いて、トマロウ村の漁民がカツオを漁獲する生業形態が、ティドレ島で成立する。

② カツオ一本釣りや造船技術はその村固有のものとされ、外部へ技術を漏らすことが禁じられる。

③ ティドレ島の漁民は、カツオを求めてハルマヘラ島のウェダ、パタニ、マバなど、当時のティドレ王国領へ漕ぎ出す。彼らはカツオを出漁先の村々に販売しながら一～二カ月の航海を行い、家族が待つトマロウ村へ帰った。

④ ティドレ島の占師は出漁に備え、カツオ魚群の位置を占う。占いの結果、南方のバチャン諸島やオビ島へ向かう舟もあった。

図2　テルナテ島とティドレ島の周辺図

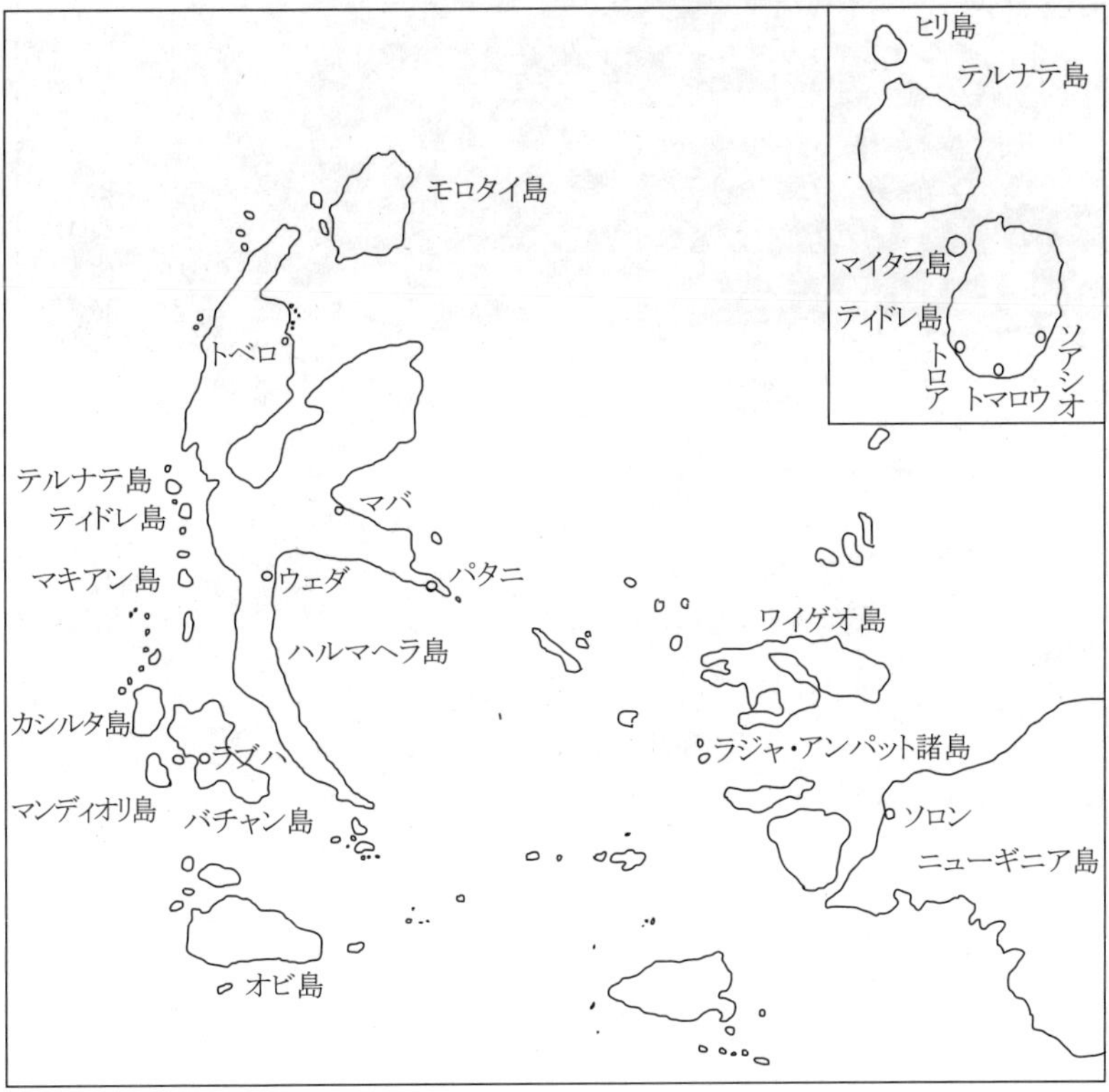

⑤　ハルマヘラ島北部にカツオ漁業を伝えたのはマバの人びとである。

⑥　ティドレとマバは、カツオ漁業の能力で肩を並べていた。マバには舟大工が多く、ティドレの人びとはカツオを釣る技能に習熟していた。

これらの伝承を整理してみよう。スルタン・サイフディンが村ごとに生業を定めた行為は、一つひとつの村がそれぞれの生業分野へ特化するということだ。これは、自家や地域内の需要に応えるだけの生産段階にあったカツオ一本釣りという漁労活動が、市場での販売を目的とする漁業へ移行することを意味する。[23] 漁労段階から商業的漁業へ移行する契機としては、一本釣り旧

図3　16世紀末のテルナテ島付近

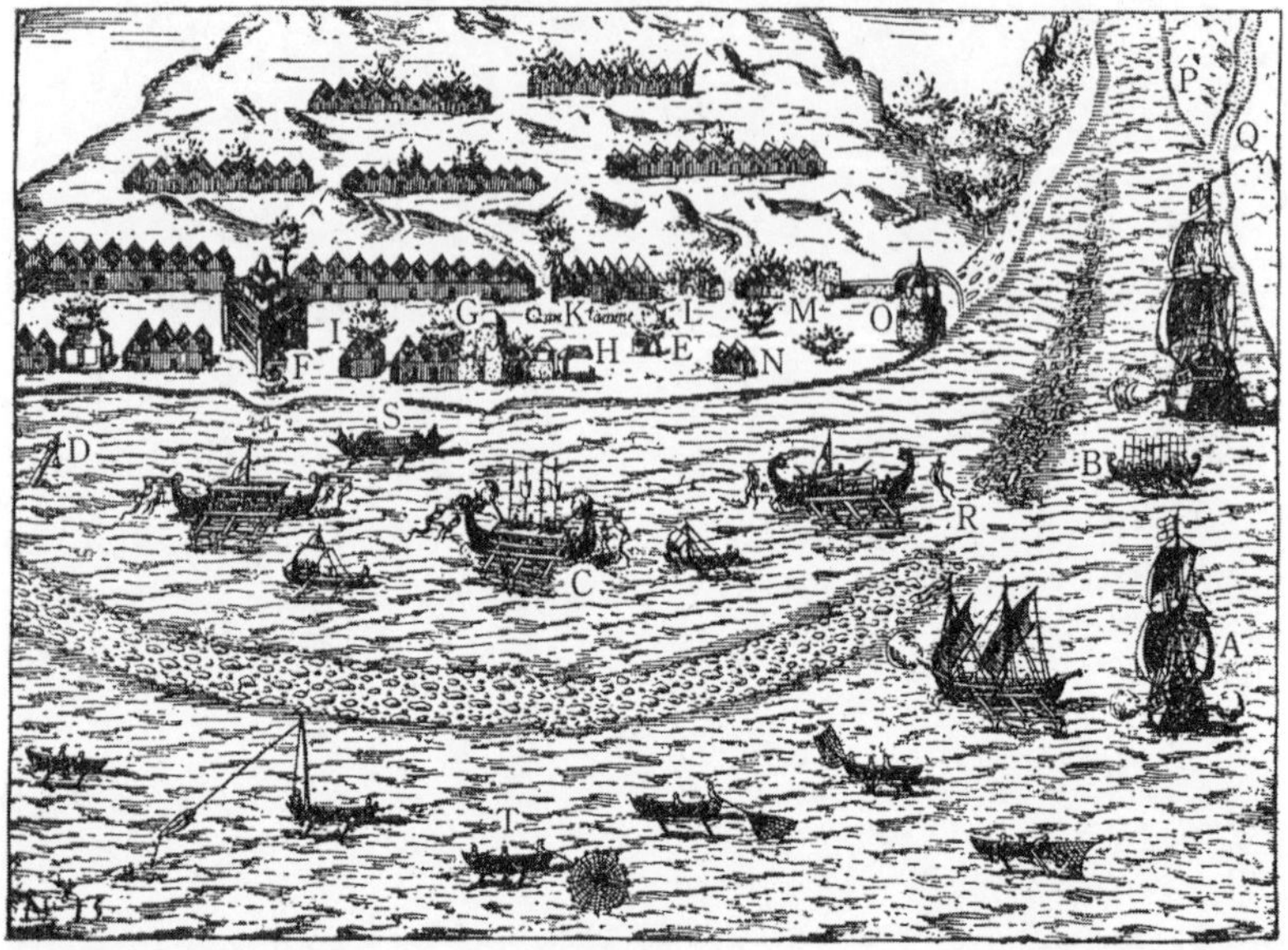

（注）前方左に見えるのがテルナテ島。その右にある、Pがマイタラ島、Qがティドレ島。図中Tとして、地元の人びとの漁法が描かれている。手前に見える6隻の小舟のうち、向かって右側の2隻が行っているのは叉手網漁（船首部に取り付けた三角形の網を舟で前進させる）、その左手の2隻が行っているのは投網漁である。また、左端から2隻目の舟には竿のようなものが見え、釣り糸の先に大きな魚がかかっている。
（出典）ハウトマン、ファン・ネック著、渋沢元則訳・生田滋注『東インド諸島への航海』岩波書店、1981年、461ページ。

法（少人数で疑似針を使用）から一本釣り新法（十数人で活餌と撒水を併用する）への転換があったのではないか。新法の導入はカツオの大量漁獲を可能にし、地域外部へ漁獲物を販売する必要が生じるからである。

一五九九年にマルク諸島を訪れたオランダのアムステルダム号とユトレヒト号の乗組員は、テルナテ島の様子について次のような主旨を記している。

「この島にはクローブはあふれるばかりにあるが、食料は非常に乏しく、魚も豊かではない。島民はある木（サゴヤシ）から食物を得ている」[24]

同じ書物に挿入された図を見ると、テルナテ島とティドレ島が並んであり、その沖合にさまざまな船が浮かんでいる（図3）。「かれらの漁法」と説明される部分で、何隻かの小舟が行っているのは投網漁《とあみ》や叉手網漁《さであみ》である。そのなかに竿釣りしている一隻の舟が描かれ、竿から伸びた釣り糸の先にはやや大きめの魚がかかっている。カツオかもしれない。舟の上には二人の姿が見える。

もしこれがカツオ一本釣りの図だとすれば、漁夫の数からして、まだ活餌とカイベラを用いない旧法による一本釣り漁法である。「魚も豊かではない」という記述が正しいとすれば、島民たちは、自分たちが消費するだけの魚しか漁獲せず、市場を介してヨーロッパ人たちに提供するような、商業目的の漁業を行ってはいなかったのだろう。

そのことから想像すれば、この時点まで、マルク諸島のカツオ漁法は一本釣り旧法だった。その後、一七世紀にスルタン・サイフディンが村の生業を定めるまでの約六〇年間に、カツオ一本釣り新法がマルク諸島で始まり、それが村の生業として特化できるまでに成長したのである。

スルタンが漁法や造船方法の秘匿を命じたにもかかわらず、ティドレ島の漁民が出漁したマバでは、これらの技術が普及していた。これは、ティドレ島漁民が出漁する前から、マバにカツオ一本釣り漁法があったのだろうか。それとも、スルタンの秘匿命令にもかかわらず、ティドレ島の技術が伝わったのだろうか。この点について、私は後者の説をとりたい。海を媒介として人やモノや情報が多様に結びついていく、この地域が風土としてもっているネットワーク性を考えれば、治者が情報の拡散を防止する努力以上に、情報が拡散していくベクトルがより強いと感じるからである。おそらく、ティドレ島漁民の出漁によって、カツオ一本釣り新法が周辺地域に伝播していったのだ。

5　大航海時代というグローバリゼーションのはざまで

一五世紀末、ヨーロッパ人がアジアの海へ進出し、大航海時代が幕をあける。ポルトガルはインドを経由し、スペインは太平洋を横断して、両者はともにマルク諸島をめざした。そこにクローブがあったからだ。ポルトガルはマラッカを占領した一五一一年、さっそくマルク諸島に船隊を派遣する。テルナテ島に要塞を建設したポルトガルに、テルナテ王は積極的に接近する。

一方マゼラン提督をフィリピンで亡くしたスペイン船隊は、一五二一年にティドレ島に入港する。当時ティドレ王であったラジャ・スルタン・マンゾールは、スペイン船隊のメンバーを前に、「私と全国民は永久にスパーニャ国王のもっとも忠実な友人であり、また臣下でありたいと希望する」[25]と語った。これは、テルナテ王がポルトガルに接近していた状況に対する対抗措置と考えるべきだろう。マルク諸島では、クローブの生産が多いテルナテ王国が優勢で、ティドレ王国がそれに対抗していた。クローブの買い手としてのポルトガルとスペイン、売り手としてのテルナテとティドレという図式のなかで、売り手は顧客を獲得し、クローブという商品をいかに高く売りつけるかということが、その文脈だ。

ヨーロッパ人の来航でクローブの交易量が増大し、それとひきかえにもたらされる輸入品の量も増加した。たとえば、一五二一年にティドレ島に入港したスペインの船隊がティドレ王に献上した贈り物には、トルコ服、ひじ掛け椅子、緋色の織物、金襴《きんらん》(錦地に平金糸を織り込んだ織物)、黄色い緞子《どんす》(生糸または練糸を用いた絹織物で、地が厚く光沢がある)、金と絹で刺繍したインディアの麻布、カンバヤ製の白いベラニア布、縁なし帽子、ガラス玉の首飾り、小刀、大鏡、櫛、金のコップなどがある。こうした外来の珍奇な品物は、領民に対する王のカリスマ性を高めるために用いられた。こうして、テルナテ王国とティドレ王国はその覇権を拡大していく。

テルナテ王国がテルナテ島を中心として北方と西方に勢力を拡大するのに対して、ティドレ王国は東方と南方へその覇権を拡張する。一七世紀前半における両王国の勢力範囲をみると、テルナテ王国がハルマヘラ島の北部からミンダナオ島南部、スラウェシ島北部、バンガイ諸島、ブトゥン島、ヌサトゥンガラ(小スンダ列島)の一部など、北部と西部をおさえているのに対して、ティドレ王国はハルマヘラ島の南部から西パプアの地域へと、南部から東部に覇権を広げている。

一六世紀の末には、オランダがマルク諸島に参入する。複数のヨーロッパ勢力が互いに対立し合うことで、テルナテ王国もティドレ王国も取引を優位に進められた。ところが、一六六三年にスペインがマルク諸島を撤退するにおよんで、オランダ東インド会社がマルク諸島における唯一のヨーロッパ勢力となる。

オランダ東インド会社は利益をあげるため、マルク諸島での香料生産を統制するようになる。香料の密輸を防ぐため、毎年遠征隊を組織し、監視の目が届かない地域の香料樹を伐採させる政策を採ったのである。[26]たとえば、ティドレ王国の重要な支配地のひとつであったハルマヘラ島東岸のマバは、質のよい水が沸き出す泉や川があり、投錨地にも恵まれ、香料交易で栄えていた。マバへの初めてのオランダ遠征隊がティドレとの合同隊として組織されたのは、一七〇二年だ。遠征隊の目的がクローブ樹の伐採だと知ったマバの人びとは、オランダ人を彼らの居住地に連れてきたパタニの人びとを呪う。マバに到着した遠征隊を待ち受けていたのは、マバの人びとの怨嗟に満ちたあからさまな敵意であった。[27]

生産統制は一七世紀前半から始まり、徐々に強化される。マルク諸島の王国は、こうしてオランダの圧迫に苦しむようになっていく。その時代に、ティドレ王国のスルタンとしてサイフディンが活躍する。

ティドレ人は、サイフディンに理想的な君主像をみた。彼はマルクの伝統と習慣を重んじ、先人の格言を多用した。そして、王国の役人が住民を圧迫することを禁じる。テルナテ王国の支配者が交易の富を銃や船に変え、自国の住民と敵国を服従させるために用いたのに対して、サイフディンは交易の富を布や鉄など希少な品々に変え、それを住民に分配することで、配下との結びつきを強固なものとした。王が配下にサービスを提供することで、配下の王に対する忠誠を獲得する、地域の伝統的な社会関係を重んじたのである。

ハルマヘラ島の南東部に位置するマバ、パタニ、ウェダやその沖合に広がるラジャ・アンパット諸島は、ティドレ王国の重要な勢力範囲だ。これらの地は辺境であることに加え、予想できない風のパターンや複雑な海流があるため、テルナテ王国やオランダの勢力にとって、近づきがたい場所だったらしい。(28) オランダの圧迫が厳しくなるなかで、竜ぜん香、鼈甲、極楽鳥、奴隷、香料などをこれらの地域で入手し、売りさばくことが、ティドレ王国の生命線であった。

アンダヤは、ティドレ王国がこの能力によって一八世紀に至るまで外部勢力に対して独立を保てたと分析する。(29) 私はそれに加えて、当時ティドレ王であったサイフディンが交易の利益だけに偏重せず、地域の特性に応じた産業を起こし、それぞれの地域に住む人びとの生業を定着させることで、その生き残りを図ったのではないかと考えている。

マルク諸島における香料の顧客がオランダ東インド会社だけになる状況のなかで、香料交易から得られる利益の確保とその安定化を求めて、同社はますます交易の統制を強めていく。売り手である王国側はテルナテとティドレの二者だ。香料市場が売り手市場から買い手市場へ移行したことに加え、ティドレ王国はテルナテ王国に対して常に劣勢だった。こうした不利な状況を克服するために、サイフディンは遠隔地でのゲリラ的な交易を維持しつつ、第三の道を模索する。それは、香料などの交易活動だけに依存しない体制を整えることであり、その具体策がカツオ一本釣り漁業や造船業を興すことであった。つまり、ティドレ王国は生き残りを賭けて、生業形態の多様化への道を模索したのである。

多くの商店が軒を連ね、カラオケの騒音が夜空に響きわたる現在のテルナテ島と、村固有の生業を今日にまで引き継ぐ静寂なティドレ島のたたずまいは、きわめて対照的だ。数百年の時を経て、そこにサイフディンの残影をかぎとるのは、うがちすぎだろうか。

（1）フハテとフナイの語源はともにティドレ語のようである。ティドレ島では、Oti が舟、Fanai が餌を意味し、Oti Fanai でカツオ一本釣り用に装備した漁船を意味する。また、一本釣り用の竿を Hohati と呼ぶ（北窓時男『熱帯アジアの海を歩く』成山堂書店、二〇〇一年、一六六ページ）。

（2）マルク海のカツオ漁業が一九八〇年代以降輸出指向を強め、生産活動のモノカルチャー化が進むとともに、地域の伝統的な生業や食文化を圧迫する状況については、北窓時男『地域漁業の社会と生態――海域東南アジアの漁民像を求めて』（コモンズ、二〇〇〇年）一六七～一九四ページに詳しい。

（3）八～九世紀に、アッバース朝の中心バグダッドで原型がつくられたとされる『千夜一夜物語』には、船乗りシンドバッドなど、ユーラシア大陸に広がる海のネットワークで活躍した人びとの姿が描かれている（宮崎正勝『イスラム・ネットワーク――アッバース朝がつなげた世界』講談社、一九九四年）。

（4）家島彦一「西からみた海のアジア史」尾本惠市・濱下武志・村井吉敬・家島彦一編『海のアジア1　海のパラダ

イム』岩波書店、二〇〇〇年、九二～九三ページ。
（5）家島彦一『海が創る文明――インド洋海域世界の歴史』朝日新聞社、一九九三年、二九三～三一一ページ。
（6）モロッコ生まれの大旅行家。一三二五年から四九年まで西アジア、インド、中国をまわり、一三五一年から五四年までアフリカ西部を旅した。
（7）偏平な巻貝で、美しい光沢がある。古代中国をはじめ、多くの地域で原始貨幣として使われた。モルディブ島産の小型宝貝（*Cypraea moneta*）や東アフリカ海岸産の大型宝貝（*Cypraea annulas*）があり、運搬に便利な小型宝貝が好まれたという。
（8）マッコウクジラの腸内で生成されるロウ状の分泌物質で、海上に浮遊しているものを拾うか、捕獲したクジラの体内から取り出す。マルコ・ポーロの『東方見聞録』によれば、アデン湾の入口に位置するソコトラ島では、住民が捕鯨を生業とし、多量の竜ぜん香が採取されたという。
（9）カンバルと呼ばれた。ココヤシの実を柔らかくし、こん棒でたたいて繊維を取り、女たちが糸に紡ぐ。
（10）モルディブ諸島では、カツオをカルビラ・マスという。一尾のカツオを四つ切りにして、簡単に煮たのち、煙で燻し、乾燥させてつくられるかつお節は、ヒキマスと呼ばれる（第Ⅱ部第3章参照）。
（11）イブン・バットゥータ著、イブン・ジュザイイ編、家島彦一訳注『大旅行記6』平凡社、二〇〇一年、一九六～二七九ページ。
（12）小川博編『中国人の南方見聞録　瀛涯勝覧』吉川弘文館、一九九八年、一三四～一四〇ページ。
（13）トメ・ピレス著、生田滋他訳『東方諸国記』岩波書店、一九六六年、四五五ページ。
（14）サムドラ＝パサイ王国は、一三～一六世紀にマレー系の人びとが建てた国である。一二九七年に世を去ったパサイ王マリクル・サレーの王名がアラビア語であることや、『パサイ王国物語』がマリクル・サレーのイスラムへの改宗を伝えていることから、この王がサムドラ＝パサイで最初にイスラムを受け入れた王だと思われる（野村亨訳注『パサイ王国物語　最古のマレー歴史文学』平凡社、二〇〇一年、二〇～八二ページ、二七五～二八五ページ）。
（15）一二七一年にこの地を訪れたユダヤ人ジャコブ・デ・アンコナは、サムドラ王はイスラム教徒で、港には市場や倉庫があると記録している（石澤良昭・生田滋『東南アジアの伝統と発展（世界の歴史13）』中央公論社、一九九八年、二九〇～二九一ページ）。

(16) ハウトマン、ファン・ネック著、渋沢元則訳・生田滋注『東インド諸島への航海』岩波書店、一九八一年、五二六～五二七ページ、参照。

(17) 藪内芳彦編著『漁撈文化人類学の基本的文献資料とその補説的研究』風間書房、一九七八年、六九六～六九九ページ。

(18) 宮下章『鰹節（上巻）』日本鰹節協会、一九八九年、一一二～一一四ページ。

(19) 前掲(18)、二八七、三三三～三五三ページ。

(20) 前掲(17)、九八～一〇四ページ。

(21) カツオ・かつお節研究会の他のメンバーが、二〇〇〇年七月にモルディブ諸島を訪れ、カツオ一本釣り操業に参加した。その報告によれば、舟は動力船となり、カイベラは撒水ポンプに転換したものの、釣り手が船尾部に位置し、舟を微速前進させながらカツオを釣る形態に変化はないという。

(22) このとき重要な役割を果たすのが、船の舳先《へさき》（船首部）に立つ舳《へ》乗《の》りである。舳乗りとは、釣獲技術にもっとも優れ、体力がある壮年の釣り手で、舳先に位置する（乗る）者をいう。舳乗りは、魚群を先導するリーダー格のカツオを引っかけ釣りで漁獲する。次々と現れる代役のリーダーを片っ端から釣り上げるのだ。同時に、撒水と活餌で魚群の移動速度を失わせ、リーダーをなくした魚群を円運動に転換させるようにする。魚群の横へ船をつけ、魚群の退路を断ちながら漁獲する方法が、日本の無動力船時代の漁法なのだという（前近畿大学農学部長の倉田亨氏から、二〇〇一年二月二六日付けでいただいた書簡による）。

(23) ここでは、人間による自然発生的な自然への働きかけを漁労とし、自然への働きかけがより明確な目的と手段をもつ職業としての漁労を漁業と定義する。

(24) 前掲(16)、四四一ページ。

(25) アントニオ・ピガフェッタ著、長南実・増田義郎訳注「最初の世界一周航海の報告書」『コロンブス・アメリゴ

・ガマ・バルボア・マゼラン、航海の記録』岩波書店、一九六五年、六〇四ページ。

(26) 鈴木恒之「オランダ東インド会社の覇権」『岩波講座東南アジア史3 東南アジア近世の成立』岩波書店、二〇〇一年、九五～一二〇ページ。

(27) Andaya, L.Y., *"The World of Maluku: Eastern Indonesia in the Early Modern Period"*, University of Hawaii Press, 1993, pp.99–100.

(28) ティドレ王国がこれらの地域に勢力を延ばした背景には、厳しい自然条件に加え、北部と西部へ延びるテルナテ王国圏と南部と東部へ延びるティドレ王国圏という、マルク世界の形式上の二分論があることも事実である。それは、ハルマヘラ島やセラム島など、一つの島の支配圏においても観察できる。さらに、ティドレ王国の支配圏であったパタニなどでは、ティドレのスルタンの同意なしでは、いかなる者も訪問を許されなかった。港に舟が着くと、数百人のパタニ人が弓と矢を持って浜に現れたという。

(29) 前掲(27)、九九ページ。

終章　市民調査研究で広がる世界――報告を終えて

藤林　泰

「何でも石油を焚いて、それで船を自由にする器械なんだそうですが、聞いて見るとよほど重宝なものらしいんですよ。それさえ付ければ、舟を漕ぐ手間がまるで省けるとかでね。五里も十里も沖へ出るのに、大変楽なんですとさ。ところがあなた、この日本全国で鰹船の数ったら、それこそ大したものでしょう。その鰹船が一つずつこの器械を具え付けるようになったら、莫大の利益だって云うんで、この頃は夢中になってその方ばっかりに掛かっているようですよ」(『夏目漱石全集6』「門」筑摩書房)

主人公・宗助の留守中に訪ねてきた叔母は、宗助の妻・御米《およね》に向かって、息子・安之助の自慢話を繰り広げる。大学で器械科を出た安之助がカツオ漁船を動かす石油発動機を開発しているというのだが、叔母にもそれがどんなものか定かではない。

『門』が朝日新聞に連載されたのは、一九一〇(明治四三)年三月一日から六月一二日の約三カ月間。静岡県水産試験場が日本最初の動力漁船富士丸を建造したのは、その四年前の一九〇六年。まだまだ動力船の量産には至らず、試行錯誤が繰り返されていたこの時期に、後に漁業の大転換期をもたらす話題を女性二人の日常会話にさりげなく挿入する。日本の近代化と日本人の心性を意識し続けた漱石の時代感覚が、こんなところにも織り込まれていた。

明治期に停滞していた日本の漁業は、漁船動力化による遠洋漁業時代の到来で、大正・昭和期の大躍進を迎える。それを漱石はいち早く見通していたのだろうか。あるいは、ひょっとするとさらにその先、「器械科」に象徴される近代工業化がその絶頂期の果てにもたらす地球的規模での環境破壊、人びとがモノとカネに身も心も取り込まれる社会状況、弱肉強食がまかり通る国際社会、その結果としての地域と地域あるいはひとりひとりのつながりの喪失など、重苦しい閉塞期の到来すら思いめぐらしていたのかもしれない、などと妄想がふくらむ。

「これはおもしろそうだ」から始まった

カツオ・かつお節研究会(通称/自称「カツカツ研」)の多彩なメンバーの五年の調査と研究が対象とした時代は、まさに漱石が『門』に挿入した漁船動力化に始まって今日に至るおよそ一世紀だ。それは、日本社会に近代化と工業化が到来した一世紀であり、それにともなう政治的・経済的・軍事的海外進出の時代であり、さらには大量生産・大量消費・大量廃棄へと連なる時代でもある。会の発足について、宮内泰介はつぎのように書きとめた。

「家中茂さん(カツカツ研メンバー、沖縄大学地域研究所)に「おもしろそうだよ」と教えてもらって、あまり深く考えずに、沖縄県池間島の戦前の移民たちの聞き取りを始めた。一九九五年のことだった。この小さな島の多くの島民が、男も女も、戦前、ミクロネシア(ポナペ、トラック)やボルネオへ移住し、カツオ漁やかつお節作りに従事していた話を聞いて、ちょっとびっくりした。戦前ミクロネシアやボルネオへ行った男たちの多くは、戦後今度はニューギニアやソロモン諸島へカツオ漁に出かけていた。日本の近代の歴史とかつお節が、沖縄の離島を巻き込む形でつながっている。これはおもしろそうだ」(『カツカツ研ニュースレター』創刊号(一九九九年六月))

その前年(九四年)一月、私はマナド(インドネシア北スラウェシ州の州都)に出かけたついでに、近くの港町ビトゥンを訪れていた。停泊中の漁船Kisin(五〇〇トン)の甲板で雑談していたフィリピン人船員に声をかけたことがきっかけで、この海域から大量のカツオが枕崎(鹿児島県)に運ばれているのを知る。広島県竹原《たけはら》市出身の船長は「このところ倍々ゲームだ」と自慢げに話してくれた。満載の冷凍ガツオを枕崎までピストン輸送していると言う。船名を近くで見ると、「Kisin」と書かれたペンキの下に「きしん丸」の文字が読み取れた。池間島とビトゥン。後に、カツオ・かつお節を媒介にした沖縄、東南アジア、太平洋の島々相互の濃密なつながりを知ることになるのだが、当時の私たちにはなじみのない二つの地名にどんな関係があるのかないのか、漠とした状態でしかなかった。ただ、小さな地域と小さな食品がおもしろそうだという勘のようなものから、カツカツ研は始まった。

最初の顔合わせが九七年三月。そこから何が見えてくるのか定かでもない研究会の呼びかけに応じて、旧ヤシ研究会のメンバーを中心にした多彩な「モノ研究」好きが二〇名近く参加した。本書執筆者を含めて約一五名の最終メンバーは、二〇代前半から五〇代までの、会社員、団体職員、フリーランスライター、大学教員、高校教員、大学院生、研究機関研究員など。年齢も仕事も、たまたまとしか言いようのない構成である。それから五年、メンバーが出かけた調査地は、発足時の想像をはるかに超える広がりを見せた。

国内＝宮城、茨城、千葉、東京、神奈川、静岡、愛知、三重、兵庫、高知、長崎、鹿児島、沖縄。

海外＝台湾、ソロモン諸島、ミクロネシア連邦、フィリピン、タイ、インドネシア、モルディブ。

そもそも私たちのモノ研究は、『バナナと日本人』(岩波新書、一九八二年)を著した鶴見良行さんに感化されて始まる。バナナという身近な食べものを手がかりにして、プランテーション経済の実態と、日本とフィリピンの間に横たわる政治・経済・社会の構造を現代史のなかにわかりやすく位置づける手法は、当時大きな注目を浴びた。これはと見定めたモノを執拗に追うことで、アジアの人びとに出会い、アジアを学び、アジアと日本の関係を探り、根底にある構造を捉える。「鶴見良行のアジア学」におけるモノ研究とは、単なる知識の蓄積をめざすのではなく、市民による調査研究運動の一手法であり、戦略であった。


バナナのつぎに、鶴見さんは共同作業によるモノ研究としてエビ研究会を組織した。東南アジアと日本の関係を考える手法としてのモノ研究は、バナナからエビへ、エビからヤシへ、そしてヤシからカツオへと展開する。その間、鶴見さん自身は平行してナマコ研究をひとりで続け、大著『ナマコの眼』(筑摩書房、一九九〇年)を著している。

エビ研究会の成果は、村井吉敬『エビと日本人』(岩波新書、一九八八年)、宮内泰介『エビと食卓の現代史』(同文舘、一九八九年)、鶴見良行・村井吉敬編著『エビの向こうにアジアが見える』(学陽書房、一九九二年)に、ヤシ研究会の作業は、鶴見良行・宮内泰介編著『ヤシの実のアジア学』(コモンズ、一九九六年)にまとめられた。だが、ヤシ研究会のまとめを待たずに、九四年一二月一六日早朝、鶴見さんは唐突に他界する。カツカツ研は、鶴見さんなしに鶴見さんの手法を実践する最初の試みとなった。

市民共同調査研究の試み

ここで「市民」というとき、その対極には「職業的専門家」を意識している。

行政機関や研究所の発行する報告書、学者による研究論文、あるいはマスコミの報道など職業的専門家の手になる文章が、私たちを取り巻く社会の姿を十分に描いているだろうか。そこに生じるさまざまな問題や私たちの暮らしに影響を与える事象に対して、納得のいく説明を提示しているだろうか。とうてい満足できる状態とは言えない。そもそも、行政機関の報告書や学者の論文の多くは、広く読まれることを前提として書かれていない。

ならば、私たちなりに調べ、理解し、考察した結果を書きとめて、市民の視点から見えてきたことを市民に対して広く伝えてみたい。市民の視点とは、中央よりも周辺の、強い側よりも弱い側の、上からよりも下からの視点を大切にしたいとの意気込みである。モノ研究はこの点でも効果を発揮した。そんな意気込みが共有できるのなら、生活の糧が職業的専門家であってもメンバーとして参加できる。

バックグラウンドの異なるメンバーの共同調査研究には、共同ゆえの愉快さと困難さがつきまとう。調査対象、調査地、調査内容、記述の方法など、とかくばらばらとなる。しかし、それもやむをえない。全体としてのまとまりを重視しすぎると、おもしろさは半減する。ばらばらゆえの愉快さと困難さとが重なり合って、新たな発見も生まれる。

仕事の関係で海外調査が困難な秋本徹は、いそいそと出かける海外組を横目に見ながら、東京湾で出会った餌屋の調査を続け、メンバーの多くが見落としていた「餌屋の世界」を報告して研究会を沸かせた。餌屋の常宿を泊まり歩いた秋本は、餌屋ネットワークで知られる存在となったようだ。鹿児島大学出身の北村也寸志は、学生時代に培った土地勘を発揮して、かつお節の最大生産拠点である鹿児島の山を歩いた。そして、薪の切り出し作業に携わる人びとと酒を酌み交わしながら、かつお節製造と里山のつながりを環境面から考察した。かつお節をつくるうえで欠かせない餌と薪。二つの脇役が描かれることで、カツカツ研の視野はうんと広がった。

情報収集もまた、複数ゆえの機動性がある。冒頭に引用した『門』の一節を「発見」したのは赤嶺淳であったし、「南洋」出漁経験をもつカツオ漁師を探していた私に伊平屋島在住の元漁師を探して教えてくれたのは家中茂であった。こんな小さなことでも、ひとりで探すとなれば手間がかかることこのうえない。

共通の関心事について議論を交わすひとときも、共同調査研究の楽しさを生む。なかでも大きな話題となったのがモルディブのかつお節と日本のかつお節のルーツ論争で、両者が同一ルーツか異なるルーツなのかという興味津々の問いだった。製造法から語る者、カツオの漁法から推測する者、調理方法から考える者、成分分析から類推しようと試みる者、文献をひもとく者……。いまのところ同一ルーツ説が優勢だが、確たる決め手はまだない。

一方、市民による共同調査研究のむずかしさについて、宮内はヤシ研究会の経験からつぎの指摘をした（『ヤシの実のアジア学』三四〇～三四二ページ）。

①フルタイムの研究者とそうでない者との間の調査研究時間の格差
②メンバーシップをオープンにすることの弊害
③研究期間の設定
④自由なテーマ選びと研究会の報告のまとまりとのバランス

①の解決は、思いのほかむずかしい。職場で仕事として資料を探し、報告をまとめられる立場と、同じ作業を平日の夜か週末の限られた時間でこなすしかない立場との違いは大きい。資料探しの手間を研究機関に属するメンバーができるだけ担おうと意識はしたが、結局、部分的な協力に終わった。この課題は、いまのところ名案はない。だが、大学教員や大学院生だけが資料入手で優位に立つ現実への疑問はなお残る。

②ヤシ研究会では希望者を無条件で受け入れていたため、ときには四〇人以上が集まり、自己紹介だけでかなりの時間を費やした。その反省から、カツカツ研ではセミ・クローズとし、ほぼ十数人の規模で推移していく。途中参加の希望者には、調査研究報告の提出が義務づけられていることを伝え、メンバー協議のうえで迎えた。

③ヤシ研究会では後半いささか活動が緩慢となった反省から、カツカツ研は三年で区切りをつけようと決めたが、結局、五年が過ぎてしまった(出版までには、さらに二年を要した)。これは、①の問題ともかかわっており、別の仕事をしながら調査研究をするメンバーの時間のやり繰りは、このあたりが限界かもしれない。ただし、最初から五年とすれば、結果的に七年かかった可能性が大きい。出発点では、三年を目標とするのが妥当なところだろう。

④について。個々の関心を尊重すれば、全体としてはまとまりを欠いた最終報告になることは避けられない。かつお節製造技術の改良と伝播、大手ブランドが支配的なかつお節業界の構図、あるいは、かつお節製造とカツオ漁にまつわる民俗学的視点など、取り組めなかった分野も少なくない。市民の共同調査研究につきまとう困難さが、克服できたとは言いがたい。

新たな試みとして、発足二年後の九九年、少しずつ見えてきたことを身近なところで発表する場として『カツカツ研ニュースレター』の発行を始め、六号(二〇〇一年一〇月)まで続けた。研究の中間報告を印刷物にしたことで、メンバーが互いの調査研究を共有することができた。同時に、調査のため各地のかつお節製造に携わる人、カツオを釣っている人などさまざまな方にお話をうかがう際、自己紹介代わりに手渡したり、後で報告を兼ねてお届けしたりする役割も大きかった。

また、カツカツ研の調査研究の進展と平行して、個々に発表する機会も増えてきた。

＊見目佳寿子「池間島の海人《インシャ》と鰹一本釣り」『魚まち』(沖縄地域ネットワーク社)第二〇号、一九九八年六月二五日。

「池間島の鰹節づくり」『魚まち』第二一号、一九九八年八月二八日。

「島の味をファイミィサマティ」『魚まち』第二三号、一九九八年一二月二〇日。

＊秋本徹展示発表「佐島の漁業、餌イワシ他」横須賀市自然・人文博物館付属天神島臨海自然教育園ビジターセンタ展示室、一九九九年一二月。

＊『月刊オルタ』(アジア太平洋資料センター、二〇〇〇年一〇月号〜二〇〇一年一二月号)には、メンバー一三名が一四回の連載を執筆した(『カツカツ研ニュースレター』と『月刊オルタ』の連載は、宮内が作成しているホームページに全文を掲載している。http://reg.let.hokudai.ac.jp/miyauchi/katsuo.html)。

＊北窓時男『地域漁業の社会と生態――海域東南アジアの漁民像を求めて』コモンズ、二〇〇〇年。

＊藤林泰「カツオと南進の海道をめぐって」尾本惠一・濱下武志ほか編『海のアジア6 アジアの海と日本人』岩波書店、二〇〇一年。

＊宮内泰介「かつお節と近代日本――沖縄・南進・消費社会」小倉充夫・加納弘勝編『国際社会6 東アジ

アと日本社会』東京大学出版会、二〇〇二年。
＊赤嶺淳・北村也寸志・見目加寿子・家中茂報告「鰹節考現学――鰹節生産の現在」第二七回民族自然誌研究会関西部会、二〇〇二年四月二七日。
＊赤嶺淳「『鰹節考現学――鰹節生産の現在』第二七回民族自然誌研究会例会レポート」『エコソフィア』（昭和堂）第一〇号、二〇〇二年。
＊北村也寸志「かつお節製造における里山林利用―鹿児島県南薩地区を事例として―」『環境社会学研究』（環境社会学会）第八号、二〇〇二年。
＊秋本徹報告「三浦半島に於けるカツオ一本釣漁船への活餌供給について」横須賀市自然・人文博物館第四四回郷土研究発表会人文科学部門、二〇〇三年一一月三日。
＊秋本徹「三浦半島に於けるカツオ一本釣漁船への活餌供給について」（第四四回郷土研究発表会発表要旨）『横須賀市博物館館報』五〇号、二〇〇三年一二月。

ゆっくりと出会う

カツオとかつお節を追って、十数名のメンバーが縦横無尽に動き、現場を訪ねれば、そこにさまざまな出会いが生まれる。こちらが熱心であればあるほど、反応も強い。そこでできた関係は、研究会が終わった後も継続する場合が少なくない。

関係が生まれ、継続するのは、人だけではない。かつお節製造過程を追っているうちに、いつの間にか、カツオ漁とかつお節製造を取り巻く環境や、薪の供給地となる林の存在、切り落とした残滓の処理方法など周辺の風景が少しずつ見えてくる。

エビ研究会やヤシ研究会を経験した者は、東南アジアを歩く際の重要な手がかりとなる、養殖池、マングローブ、ココヤシやアブラヤシのプランテーション、湿地帯のサゴヤシ、森のなかの籐、それらを巧みに使った暮らしの風景を学んだ。カツカツ研の経験からは、海、魚、漁、舟、漁村、水産加工、流通、さらには戦前の歴史的景観などを視野に入れることになった。モノ研究を重ねていくことで眼が肥えていき、土地や暮らしの景観がより立体的に見えてくる。鶴見さんは、こうした作業がうまくいった状態を「足に眼がついている」と表現し、そのプロセスを「眼を鍛える」と言っていた。

別の形の出会いもある。

二〇〇二年秋、大阪狭山市の奥田修一郎さんという方から宮内に連絡が入った。中学校教員である奥田さんは、授業で活性炭を調査するという生徒のために関係資料を探していたところ、宮内の作成しているホームページを見つけたという。『ヤシの実のアジア学』で活性炭について書いた藤林がいくつかの資料を届けると、やがて、中学生の愉快な研究報告が送られてきた。

アブラヤシからつくられるパーム油が、チョコレート、ポテトチップス、石けんその他身近な生活のいろいろなところに使用されていることを写真入りで報告した班、マレーシア製天然ゴム手袋と塩化ビニール手袋の数の比較を「コーナン」(関西を中心に展開しているホームセンター)で実施した班、そして、近くの浄水場で活性炭が使用されていることを「発見」した班……。手づくりの研究報告からは、まだ見ぬマレーシアが身近に感じられるようになった様子がひしひしと伝わってくる。本を刊行して六年後の、ゆっくりと時間をかけた出会いとなった。

調査研究を続けていると、その最中であれ終了後であれ、ときには意図し、ときには意図しないままに、ときに予想を超えたところで派生的に、ときにゆったりと、人や風景との出会いが生まれる。変幻自在に広がっていくつながりは、ゆるやかだがそれだけに揺るぎのないスロー・ネットワークとなって、目に見えない財産となる。こんなおもしろさを専門家だけに独占させておく手はない。調査研究の過程でつぎつぎと出くわす発見、その副産物としての多様な出会い。そんなわくわくするようなプロセスの節目節目で、私たちはそれぞれに、目からウロコが落ちる快感を何度も味わった。この心地よい興奮は、その気のある市民すべてに用意されているはずだ。

モノ研究という手法は興奮を加速する。メンバーのなかには、すでにつぎのモノを探し始めている者もいる。どうやら、モノ研究には人を病みつきにする力があるようだ。

あとがき

この本は、一九九七年に始まった市民による共同研究グループ「カツオ・かつお節研究会」の研究成果をまとめたものである。カツカツ研の調査は五年に及んだが（その経緯については終章で述べた）、九八年の秋から二年間、トヨタ財団から研究助成金を受けた。カツオとかつお節の現場は旅費のかさむところが多く、ありがたい助成だった（助成番号98―B1―102「カツオ・かつお節の生産―流通―消費をめぐる日本とアジア・太平洋――過去から現在へ」）。さらに、本書の出版に際しても同財団の助成を受けることができ（助成番号D04―S―002）、購入される方への負担をいくぶん軽くできた。あわせて感謝します（なお、文中の市町村名は、二〇〇四年九月三〇日現在のものである）。

調査を終えてから出版までのおよそ二年、今回もコモンズの大江正章さんの手を煩わせ、原稿には手厳しく朱を入れられた。執筆者のなかには反発を覚えた者もいる。しかし、『ヤシの実のアジア学』をコモンズ最初の刊行物とした大江さんが、それに続く本書に注いだ意気込みは、執筆者をたじろがせるに十分の迫力だった。できあがってみると、反発が安堵に変わっているから不思議だ。

また、私たちの調査研究は、国内外の数多くの方の協力なしには成り立たなかった。多くの場所で、私たちを受け入れてくださったみなさんへ、心から感謝します。

藤林泰・宮内泰介

二〇〇四年秋　戻りガツオの頃

に関する年表

年　代	できごと
1942	南洋でのかつお節生産拠点づくりを目的とした「皇道産業焼津践団」が焼津で発足。 この年、南洋群島には95,392人の日本人が在住。うち、沖縄県人が56,927人。うち、6,164人が水産業に従事。 日本軍の命令で、ニューギニアのニューアイルランド島ケビアンに漁業基地がつくられ、南洋群島にいたカツオ漁船がこれに従事。
1960	シアミル島にて大洋漁業(マルハ)がカツオ漁業を開始(1963年に撤退)。 焼津水産加工協同組合が、かつお節の削り工程の機械化に成功、全国に広まる。
1966	カツオの頭切り機が登場、かつお節製造工程が合理化される。
1969	にんべん、花かつおの小口パック「フレッシュパック」を発売開始、大ヒット。
1970	鹿児島県枕崎市の漁船の大型化が始まる。
1970ごろ	かつお節の原料として近海カツオより遠洋カツオが好まれるようになる。
1971	極洋、ケビアンで、沖縄漁民を中心にしたカツオ漁業開始。
1972	日本水産・報国水産・伊藤忠商事がパプアニューギニアで、やはり沖縄漁民を中心にしたカツオ漁業開始。
1973	大洋漁業がソロモン諸島で合弁会社ソロモン大洋を設立し、カツオ漁業を開始。
1975	かつお節生産量が2万トンを突破。
1980年代初め	インドネシアで、水産分野で初めてPIRシステムが導入される。
1980年代中期	スラウェシ島北部で、輸出をめざした水産冷凍会社、缶詰会社、かつお節会社が増加。
1990	出入国管理法改正にともない「外国人研修生制度」が創設される。
1990年代	スラウェシ島ビトゥンでのかつお節生産が軌道に乗る。
1993	宮崎県南郷町で、近海カツオ船にフィリピン人研修生57名が漁業研修生として乗り組む(漁業分野での外国人研修生の最初)。 モルディブ政府、カツオ加工業を世界市場へ向かわせるために、モルディブ水産公社(MIFCO)を設立。
1996	モルディブ水産公社で、日本人技術者の指導のもと、かつお節生産が本格的に始まる。
2000	かつお節生産量が4万トンを突破。 この年、1800名を超える外国人漁業研修生。
2001	マルハ、ソロモン大洋の閉鎖を決定。 枕崎市のかつお節工場で、中国人研修生の受け入れが始まる。

年　代	できごと
17 世紀後半	紀州の角屋甚太郎、かつお節製造の重要なプロセスである培乾技術を発明。
江戸後期	かつお節製造技術が土佐に伝わり、以来、大阪や京都の上層階級の間に、かつお節の消費が伸びる。のち、土佐与市が、土佐のかつお節製法を関東に伝え、その後全国に製法が広まった。
1890 年代	各県は殖産興業の一環としてかつお節産業の育成を図り、先進県から技術者を積極的に招聘。
1901	沖縄県座間味島で、沖縄初のカツオ漁・かつお節製造が開始される。
1910	沖縄県、カツオ漁・かつお節製造の技術者を先進地から招聘し、県内のカツオ産業が盛んな地域へ派遣。 台湾でかつお節の生産が開始される。
1920	農業開拓者・江川俊治、ハルマヘラ島調査でカツオの好漁場を知り、各方面に情報提供。
1921	沖縄でのかつお節生産がピークを迎える。
1922	南洋庁、水産業奨励規則を設け、水産業奨励補助金制度を開始、南洋群島におけるカツオ漁業の振興を促す。
1925	沖縄県糸満出身の玉城松栄、トラック諸島でカツオ漁業を開始。
1926	折田一二、北ボルネオのシアミル島でボルネオ水産を創業。
1927	鹿児島の原耕、南洋カツオ調査に成功。
1929	愛知県出身の大岩勇、蘭領東印度(インドネシア)のスラウェシ島マナドで造船所経営を始める。 原耕、日本政府より多額の補助金を得て、アンボン島でかつお節生産に着手。
1930	このころから、台湾でのかつお節・宗田節生産が凋落。
1931	大岩勇、ビトゥン(スラウェシ島)で鮮魚販売とかつお節製造業に乗り出す。
1935	静岡県焼津の庵原市蔵、南興水産を創立。
1936	ボルネオ水産、沖縄県水産会と契約し、「英領北ボルネオ移住漁業団」が組織される。
1937	このころ、南洋群島のカツオ産業を南興水産が統合。日本のかつお節生産高の 6 割を南洋群島が占めることに。
1939	ボルネオ水産、バンギー島に第二漁業基地を建設。
1941～	太平洋戦争開戦にともない、ボルネオ水産の従業員たちは、北ボルネオ政府によって収容される。また、南洋群島のカツオ漁船のほとんどは軍に徴用される。

報国水産　116
坊勢島(兵庫県)　218, 219
坊津(鹿児島県)　257, 258
ボーソン　240, 241, 243
ホーネル, J.　282～284
ポナペ(島)　164, 166, 167, 170, 171, 173, 175, 299
ポルトガル　290
ボルネオ(島)　8, 119, 146～148, 162, 234, 299
ボルネオ水産　8, 91, 115, 148, 162, 183, 185
本枯節　25, 26, 38, 41, 44, 206～208, 257, 267, 269, 271, 273, 274

ま

マーレ(モルディブ)　103～106, 108
巻き網　15, 16, 215～224, 228, 229, 265
枕崎市　9, 10, 22, 34, 136, 198, 199, 201, 202, 204, 205, 207～210, 212, 213, 256～276
枕崎水産加工業協同組合　262, 267, 274
マテバシイ　203, 207
マナド　67, 77, 80, 81, 87, 149, 299
マラッカ　280, 281, 283
マルク海　76, 79, 141, 277
マルク諸島　65, 277～296
マルシップ　135
マルトモ　11, 23, 30, 31, 33, 42, 272
丸紅　86, 108
マレーシア　122
ミクロネシア　4, 7, 15, 164, 299, 300
ミツカン　55
三菱商事　109
宮下章　264
無償資金協力　118
村松正之助　145, 146, 155, 156
室戸岬　143, 144
麺つゆ　3, 20, 23, 50～56
モステン　192
本部(町)　152, 178
モルディブ(諸島)　17, 19, 96～106, 108, 110～114, 232, 279, 280～284, 295, 300, 302
モロタイ島　283

や

焼津(市)　22, 30, 33, 34, 53, 111, 143～145, 206, 258, 271
焼津式　205, 207
焼津式乾燥機　32, 37, 200, 207
八代海　227
柳屋本店　30, 33, 40, 156
八重干瀬(ヤビジ)　233, 236
藪内芳彦　282
山川町　22, 34, 39, 40, 198～202, 205, 207～210, 212, 213, 257, 258, 271
ヤマキ　11, 23, 30, 31, 33, 48, 55, 122, 129, 272
山師　200, 201, 204, 205, 208, 210, 213
弥満仁　31
横須賀市鴨居　219, 221, 222
横須賀市佐島　218, 219

ら

ラバウル　83, 175
ラブディ収容所　150, 151
蘭領東印度　8, 115
緑島(リュイタオ)　249, 251～253
ルソン島　147, 148
レケオ人(琉球人)　280
労災　124
ロヌマス　102～104, 108, 112

わ

若林良和　231
割子　200, 202, 210
ワローマス　104, 105, 107

アルファベット

JAS 規格　35, 38, 42
KAO　17
MIFCO(モルディブ水産公社)　103, 104, 108, 109, 111～113
ODA　118
PIR システム　60～62, 66～69, 73

ティドレ王国　290～293, 296
ティドレ島　284, 286, 288～290, 293, 296
手火山　32, 205, 206, 237
テルナテ(島)　63, 64, 80～82, 286～288, 290, 293
テルナテ王国　290～293, 296
東海澱粉　88, 89
土佐市宇佐町　39, 208
土佐清水市　39, 134
土佐与市　6
富江町(長崎県)　39
トラック(諸島)　153, 164～167, 171～173, 176, 234, 299
トラック大空襲　175
トンダノ(スラウェシ島)　150

な

夏島　153
夏目漱石　297
ナブラ　215, 216
生切り　36, 236
ナマコ　71, 103
生工　261
なまり節　23, 104, 106, 213, 263
南興水産　91, 146, 152, 153, 168, 169, 176, 178, 260
南郷町(宮崎県)　131, 134
南方出漁奨励助成金　163
南洋群島　7, 8, 91, 115, 119, 164, 165, 168～172, 178, 260
南洋庁　78, 164, 165, 173,
南洋節　170, 260, 272
西伊豆町　34
日系インドネシア人　9, 92
日中戦争　142
日本水産　108, 116
ニューアイルランド島　116, 175
入漁料　16
にんべん　3, 11, 23, 27, 28, 33, 40, 48, 53, 55, 264
農商務省　78
野口武徳　233
ノロ　117, 118, 121, 122, 126

は

パーム油　306
培乾　5, 32, 37, 38, 198, 200, 205～211, 237
バチャン島　65, 68, 283, 286
花かつお　4, 20, 29, 30, 207
パプアニューギニア　9, 116, 117, 119, 234, 265
パヤオ　168, 246
パラウイ島　147
パラオ(諸島)　128, 141, 146, 152, 168, 234
原耕　78, 80, 84, 85
ハルマヘラ島　5, 62, 63, 69, 77, 90, 286, 287, 291, 292, 296
バンギー島　183, 191
半燻製品　59, 67
引揚船　192, 193
ヒキマス　96, 97, 101, 103～107, 112～114, 294
ビジャック組合　81
ビトゥン　5, 9, 59, 61, 64, 75, 76, 81, 82, 85, 86, 88～92, 299
日干し　271
フィリピン　5, 19, 90, 141, 146～148, 155, 268, 300
フィリピン人　134, 299
風味原料　49～51, 56
風味調味料　49～51, 54, 56
フカヒレ　103
福山市　30
フナイ　5, 66, 70, 74, 277～279, 282～285, 293
フニヌカン　238, 239
フハテ　66, 277, 278, 282, 284, 285, 293
ブライン凍結　15, 31, 110, 264, 268
ふりかけ　48～50
「ふりかけ」　28, 41, 43
プリカニ社　61, 62
「フレッシュパック」　11, 26～29, 31, 32, 40, 41, 43, 44, 264
ブレンド商品　42
ベトナム　268
ベトナム人　134
棒受網(ボーキ網)漁　235
宝幸水産　108, 109

基隆(キールン)　247, 249
北ボルネオ会社　182, 183, 190
キハダマグロ　103, 109, 113
急造庫　32, 37, 38, 205〜207, 237
極洋　128
漁船の徴用　142〜144, 153, 174
キリバス　5, 17
キリバス人　9
近海一本釣り　15, 216, 267, 274
近海カツオ船　134
金城漁業協同組合　81
クッドゥ島(モルディブ)　108〜112
削り　236, 261, 262
削り師　262, 263
削りパック　25〜28, 30〜36, 38, 40〜44, 207
削り節　4, 20, 26, 27, 29, 41
気仙沼　131, 132, 136, 225, 226
ケビアン　116, 175, 176
減船政策　132
高知県　23
皇道産業焼津践団　146, 148, 154
広葉樹　199, 200, 202, 204, 208〜211
コタ・キナバル　192
五島列島　39
コロニア(ポナペ島)　166, 167, 170, 171
ゴロンタロ(スラウェシ島)　67, 68

さ

サイパン(島)　146, 152
佐賀町　134
サシ　71, 74
刺身　18
雑節　30
薩摩藩　257, 258
里山　198, 210〜212, 300
サバ　30
さば節　24, 25, 30, 270
座間味島　158
鮫島幸兵衛　159
サンダカン　147, 185, 186, 191, 192
三陸沿岸　225, 226
シアミル島　8, 115, 162〜164, 166, 180, 183, 187, 188, 190, 191
志津川町　220
志摩　218, 220
煮熟　5, 32, 36, 236, 237
収容所　177
水産加工の研修生　136
水産業奨励規則　165
水産業奨励補助金制度　165
蘇澳(スーアオ)　250
スラウェシ(セレベス)島　5, 8, 59, 65, 74, 75, 78, 146, 149
スリランカ　99, 103, 109, 112, 113
スルタン・サイフディン　286, 287, 289, 292
世界銀行　108
ゼッセルトン(コタキナバル)　192
尖閣諸島　177
センポルナ　166
ソウダガツオ　213, 249, 250
宗田節　23, 30, 249
ソロモン諸島　6, 9, 19, 117, 118, 127, 128, 141, 177, 234, 265, 299, 300
ソロモン大洋　117, 118, 127, 128

た

タイ　17, 19, 300
大洋漁業(マルハ)　115, 119, 122, 127, 128
台湾　5, 14, 17, 132, 247〜250, 300
台湾総督府　78
焚き納屋　206
たきものや　210, 212
拓務省　79, 183, 190
田子(静岡県)　206
だしの素　3, 20, 23, 25, 44, 49
たたき　18, 215
館山(市)　218, 219, 221
タバコ　182, 183, 257
玉城松栄　164, 168
玉寄善次　167, 168
タワオ(タワウ)　166, 185, 186, 190, 192
炭酸ガス(CO_2)　209
ちきり清水商店　33, 34, 40
中国人研修生　9, 136, 267, 270
成功(チュンコン)　250, 252
定置網　218〜220, 225, 226

さくいん

あ

赤城丸　174, 179
味の素　11, 23, 48
あじ節　25, 30
東町　218, 227, 228
頭切り　236, 261, 264
アブラヤシ　306
荒仕上節　36
荒節　11, 36, 38, 55, 110, 122, 206～208, 238
261, 262, 267, 272, 274
荒本節　209
安部和助　30
アンボン　79
イカン・フフ　59
イギリス領北ボルネオ　180～183, 186, 190,
191, 195
池間島　116, 121, 158～179, 232～236, 238～
240, 243, 245～247, 252～255, 298, 299
石巻市　220, 225
一本釣(り)　14, 131, 215～217, 221, 230, 265,
266, 274, 277～279, 282, 283, 285, 289
伊藤忠商事　116
糸満　162, 164, 168, 178
庵原市蔵　146, 168
伊平屋島(村)　92, 152
今井鰹節店　11, 208, 256～276
伊予市　30
伊良部島　116, 119, 129, 176, 178, 180～182,
184, 185, 194
イワシ　25, 30, 216, 217, 219, 221～226, 227
～230, 266
インティ　73
インドネシア　5, 14, 17, 19, 58～95, 122, 134,
141, 268, 277, 278, 282, 283, 300
インドネシア人　9, 92, 131, 134, 226
インヌミ　177
ウサハ・ミナ社　67, 68
英領北ボルネオ移住漁業団　184, 185
江川俊治　77, 93
餌買い　218～220, 224, 227, 228, 230, 231
餌問屋　216, 220, 225, 228, 229
餌場　216～219, 221, 227, 230
餌屋　215～231, 300
エディ・マンチョロ　89
エビ　59
遠洋(カツオ)一本釣り　15, 132, 266, 274
追い込み(網)漁　159, 181, 242, 252
大洗町　9, 91, 92
大岩勇　8, 9, 75, 80, 85, 86, 92, 94, 149
大岩漁業　81～84, 86, 87, 91, 92, 94, 146, 149
大岩トミー　75, 81, 83, 84, 92
沖縄県水産会　184
音代漁業　17
折田一二　8, 115, 148, 162, 183, 186, 192

か

海外漁業協力財団　118
海外漁業実習生　169
海外巻き網　15, 265, 266, 273
外国人(漁業)研修生　132, 134, 136
外国人漁船員　135
外国人研修生制度　133
カイベラ　284, 285, 289
カシ　200, 207
加世田市　202, 204, 205
かつおエキス　49, 50, 51
かつお削りぶし　36
かつおぶし削りぶし　36
かつおぶし粉末　49, 51
角屋甚太郎　6
カビ付け　26, 36, 38, 257
亀節　26
枯節　11, 38, 55
川口博康　76, 88, 95
川辺町(鹿児島県)　202
韓国　14, 132
漢那憲徳　119

雀部真理（第Ⅱ部第4章）
（ささべ・まり）1961年生まれ。元大阪YWCA職員。91年から95年にかけて南太平洋のフィジーに住み、太平洋島嶼諸国における日本の経済活動の影響についてリサーチし、『もこもこ通信』をとおして日本の支援者に情報を送りました。現在は兵庫県北部で循環型の暮らしを志し、小規模有機農業に従事しています。
marisasabe@msd.biglobe.ne.jp

北澤　謙（第Ⅱ部第5章）
（きたざわ・けん）1968年生まれ。独立行政法人勤務。最近は、雇用形態の多様化が社会に与える影響に関心があります。職場の多様化は、多民族化や多人種化という形でとらえた場合に外国人労働力という問題にも直面します。
主論文＝「イギリスにおける在宅ワークの実態と政策」『欧米における在宅ワークの実態と日本への示唆』労働政策研究報告書No.5、2004年。

高橋そよ（第Ⅲ部第3章）
（たかはし・そよ）1976年生まれ。京都大学大学院人間・環境学研究科博士後期課程在籍。人類学。現在は、沖縄・伊良部島の素潜り漁師さんに弟子入りし、アオリイカの追い込み漁に参加しています。サンゴ礁とともに生きる人びとの民俗知識や自然観から、暮らしのあり方を学んでいます。今後は、離島からみた沖縄の戦後史についても勉強していきたいと思っています。
主論文＝「いつか、チャハヤ号に乗って」『オルタ』2004年8・9月号（アジア太平洋資料センター）。「沖縄・佐良浜における素潜り漁師の漁場認識：漁場をめぐる「地図」を手がかりとして」『エコソフィア』第14号、2004年。

北村也寸志（第Ⅳ部第1章）
（きたむら・やすし）1957年生まれ。兵庫県立西宮今津高等学校教諭（理科）。最近は、鳥獣保護区である大阪湾の甲子園浜での潮干狩りについて調査しています。人と自然との関係性を見つめる環境教育を模索中です。
主論文＝「かつお節製造にみる里山林利用――鹿児島県南薩地区を事例として」『環境社会学研究』第8号、2002年。

秋本　徹（第Ⅳ部第2章）
（あきもと・とおる）1959年生まれ。高等学校教諭。「カツオのエサ」を調査するため日本各地を歩き、たくさんの人との出会いがありました。とりわけ、漁師の親方はみんな素晴らしい人でした。いまを記録することが将来の貴重な記録となります。また各地を歩き、新たな発見をしたいと思います。
共著＝『飽食日本とアジア』家の光協会、1993年。主論文＝「ヴィクトリア湖岸の水産業」『アフリカレポート』No.18（アジア経済研究所）1994年。

見目佳寿子（第Ⅳ部第3章）
（けんもく・かずこ）1973年生まれ。会社員。学生時代に鶴見良行さんの『ナマコの眼』を読んで感動し、かつお節を手がかりに沖縄を渡り歩いていたら、カツカツ研に出会いました。歩くたびに、「ヤマトゥ」が、「日本」が、私の前に現れてきました。小さなモノや人との出会いにも心を震わせられるフィールドワークを続けていきたいです。
主論文＝「池間島の海人（インシヤ）と鰹一本釣り」『魚まち』第20号、1998年。「台湾で出会った鰹漁師」『魚まち』29号、2000年。

赤嶺　淳（第Ⅳ部第4章）
（あかみね・じゅん）1967年生まれ。名古屋市立大学教員。海洋民族学。日本、東南アジア、南太平洋の人びとの暮らしと海との関係に関心をもっています。環境保全には賛成ですが、ナマコや貝といった「地先」の資源までも、国際条約で規制しようとする理不尽さに怒りを感じています。
主論文＝「干ナマコ市場の個別性――海域アジア史再構築の可能性」岸上伸啓編『先住民による海洋資源利用と管理』（国立民族学博物館調査報告46）国立民族学博物館、2003年。

執筆者一覧

宮内泰介(序章・第Ⅰ部第1章・第Ⅱ部第4章・第Ⅲ部第2章)
(みやうち・たいすけ) 1961年生まれ。北海道大学助教授。環境社会学・開発社会学。ソロモン諸島および日本国内のムラやマチをぼちぼち歩きながら、人びとの生活と自然環境、地域づくりといったことについて、ああでもないこうでもない、と考えています。研究や市民活動のなかでの自分の役割やポジションみたいなものが、見えそうで見えない、そんな日々です。
miyauchi@reg.let.hokudai.ac.jp
ホームページ http://reg.let.hokudail.ac.jp/
主著=『エビと食卓の現代史』同文舘、1989年。『自分で調べる技術』岩波書店、2004年。
共編著=『ヤシの実のアジア学』コモンズ、1996年。『コモンズの社会学』新曜社、2001年。『新訂 環境社会学』放送大学教育振興会、2003年など。

酒井　純(第Ⅰ部第1章・第Ⅱ部第3章)
(さかい・じゅん) 1968年生まれ。食品需給研究センター主任研究員。おいしい料理や食べ物への関心から、自分が口にする食品の生産・流通・加工について調べる仕事をするようになりました。勤務先では現在、食品のトレーサビリティシステムの開発や調査に従事しています。

白蓋由喜(第Ⅰ部第2章)
(はくがい・ゆうき) 団体職員。法政大学大学院政策科学専攻修士課程在籍。だれでも知っている身近な食材かつお節を調べることで、日本の高度成長の舞台裏を垣間見ることができました。人びとが求めた「豊かな暮らし」へのプロセスのなかで何を得て何を失ったのか、もう一度、考えてみたい。
共著=『ヤシの実のアジア学』コモンズ、1996年。

石川　清(第Ⅰ部第3章)
(いしかわ・きよし) 1964年生まれ。最近は趣味的に魚醤に関心をもっているほか、引きこもり問題に傾倒しています。ときに暴力をふるい、ときに徹底して部屋に閉じこもる20代、30代、40代の若者の心の闇の深さに愕然としています。感想などはcandoal 18@yahoo.co.jpまでお願いします。
共著=『ヤシの実のアジア学』コモンズ、1996年。

北窓時男(第Ⅱ部第1章・第Ⅳ部第5章)
(きたまど・ときお) 1956年生まれ。アイ・シー・ネット(株)コンサルティング部所属。東南アジアの海を歩き、そこで漁業にたずさわる人びとの生き方や生活のあり方の一端に触れることができました。そこから見えてきたのは、人やモノや情報が多様に結びつくネットワーク型の社会の姿です。ここ数年は西アフリカのマングローブ・デルタに暮らす人びとと向き合っています。東南アジアや西アフリカの人びとと、日本で暮らす私たちが、いまこの瞬間を生きている同時代性を考えたいと思います。
主著=『地域漁業の社会と生態――海域東南アジアの漁民像を求めて』コモンズ、2000年。『熱帯アジアの海を歩く』成山堂書店、2001年。共著=『海のアジア3　島とひとのダイナミズム』岩波書店、2001年。「漁業考現学――21世紀への発信」農林統計協会、1998年。

藤林　泰(第Ⅱ部第2章・第Ⅲ部第1章・終章)
(ふじばやし・やすし) 1948年生まれ。埼玉大学共生社会研究センター助手。東南アジアや太平洋の島々を訪ねる機会をできるだけつくるようにしていますが、なかなか思うようにいきません。今回、太平洋の島々で繰り広げられた日本とアメリカの衝突にふれながら、もう一つの大切な点が描けませんでした。よそ者同士の身勝手な戦争が島の人びとにどう見えていたのか、という点です。きっと、島の人びとにはまったく別の光景が見えていたはずです。
編著=『アジアを考える本5 ゆたかな森と海のくらし』岩崎書店、1995年。共編著=『ODAをどう変えればいいのか』コモンズ、2002年。共著=『海のアジア6 アジアの海と日本人』岩波書店、2001年など。

カツオとかつお節の同時代史

2004年11月10日●初版発行

編著者●藤林泰・宮内泰介

発行者●大江正章
発行所●コモンズ

東京都新宿区下落合 1-5-10-1002
☎03-5386-6972 FAX03-5386-6945

振替　00110-5-400120

info@commonsonline.co.jp
http://www.commonsonline.co.jp/

印刷／東京創文社　製本／東京美術紙工
乱丁・落丁はお取り替えいたします。

ISBN 4-906640-86-9　C 1030

＊好評の既刊書

ヤシの実のアジア学
●鶴見良行・宮内泰介編著　本体3200円＋税

ODAをどう変えればいいのか
●藤林泰・長瀬理英編著　本体2000円＋税

日本人の暮らしのためだったODA
●福家洋介・藤林泰編著　本体1700円＋税

地域漁業の社会と生態　海域東南アジアの漁民像を求めて
●北窓時男　本体3900円＋税

開発援助か社会運動か　現場から問い直すNGOの存在意義
●定松栄一　本体2400円＋税

いつかロロサエの森で　東ティモール・ゼロからの出発
●南風島渉　本体2500円＋税

グローバリゼーションと発展途上国
●吾郷健二　本体3500円＋税

利潤か人間か　グローバル化の実態と新しい社会運動
●北沢洋子　本体2000円＋税

地球買いモノ白書
●どこからどこへ研究会　本体1300円＋税

安ければ、それでいいのか⁉
●山下惣一編著　本体1500円＋税